海洋生物多样性
全球治理与区域实践研究

姜玉环　张继伟　薛雄志　潘新春　著

海洋出版社

2022年·北京

图书在版编目（CIP）数据

海洋生物多样性全球治理与区域实践研究/姜玉环等著．—北京：海洋出版社，2019.11
ISBN 978-7-5210-0498-4

Ⅰ．①海… Ⅱ．①姜… Ⅲ．①海洋生物-生物多样性-研究 Ⅳ．①Q178.53

中国版本图书馆 CIP 数据核字（2019）第 273105 号

责任编辑：程净净
责任印制：安　森
海洋出版社　出版发行
http://www.oceanpress.com.cn
北京市海淀区大慧寺路 8 号　邮编：100081
鸿博昊天科技有限公司印刷　新华书店北京发行所经销
2019 年 11 月第 1 版　2022 年 3 月第 1 次印刷
开本：787mm×1092mm　1/16　印张：16.25
字数：300 千字　定价：178.00 元
发行部：010-62100090　总编室：010-62100034

前　言

海洋生态系统是人类赖以生存和发展的重要物质和文化基础。随着人类社会经济活动的范围和强度不断拓展和加深，全球海洋生物多样性及其持续向人类提供生态系统服务的功能面临着日益严峻的破坏和威胁。如何加强和完善海洋生态系统养护和管理，实现海洋生物多样性可持续发展，是全球共同面临的重要课题，同时也考验着人类在自然-社会生态系统互动中形成怎样的关系和响应策略。海洋生物多样性保护作为人类共同关切事项所具有的公共产品属性，要求全球、区域和国家多层面采取集体行动来共同应对。在此背景下，世界范围各国逐步发展和完善了相关的国际治理体系和区域性实践，为区域海洋合作和维护海洋生态系统健康与可持续发展目标的实现提供了基本的原则和框架指导。但是，现有的海洋生物多样性保护和管理的国际制度和措施具有多样化的目标、原则和方法，在实践中存在诸多冲突和不一致；区域海洋管理（治理）对于海洋生物多样性保护来讲，在跨部门、跨区域的纵向与横向协调规划和管理方面存在很多不足；已有的海洋空间规划方法和规制措施在尺度和综合性水平上与基于生态系统管理的目标存在很大差距。因此，需要以海洋生物多样性保护为核心，运用多学科的理论和实证方法开展整合性研究，构建基于生态系统方法的区域海洋生物多样性保护与综合治理体系，为促进区域海洋可持续发展提供科学依据，这也是本研究的基本目标和内容，具有重要的现实意义。

全球海洋治理体系变革背景下的海洋生物多样性保护与区域合作发展是一个不断推进的政治过程，也是一个需要完备的科学知识予以支撑的研究领域。本研究在已有科研成果基础上，运用理论与实证相结合的跨学科研究方法，从全球、区域和国家的多角度观察、认识海洋生物多样性问题及其影响，基于海洋生物多样性全球治理理念和制度框架，从治理与合作两个方面解析以海洋生物多样性养护和可持续利用为核心的区域海洋合作治理理念、原则、要素、结构和过程，将现有不同层面的规划、保护和管理工具整合融入区域一体化治理的发展进程中，为南海区域海洋治理体系的全方位构建提供系统性的思路框架。

受作者的研究水平和能力限制，书中难免出现遗漏和不足之处，敬请广大读者批评指正。

作　者

2019 年 8 月

目 录

第一部分 理论与实践研究

第二部分　南海区域研究

第一部分　理论与实践研究

本部分基于海洋生物多样性的基本概念内涵和属性，进一步系统阐述和分析海洋生物多样性保护全球治理体系的构成和运行机制，并以类型化的区域海洋生物多样性保护与合作治理实践为案例，分析和总结有益经验和启示，最后，综合理论分析和实践探讨结果，明确并初步建立以海洋生物多样性为核心的区域海洋治理结构、机制和过程体系，为进一步实证研究提供理论支撑。

第一章　海洋生物多样性问题概述

对于海洋生物多样性保护问题的研究需要建立在对其科学内涵和本质属性的正确认识的基础上。本章首先阐述海洋生物多样性的基本内涵和属性特征，透过对其自然、社会和法律等综合属性的描述，反映海洋生物多样性内在价值与外在价值相统一的要求，以及人类社会与自然生态系统之间相互作用的价值关系取向，进一步明确海洋生物多样性及其保护在海洋管理/治理中的地位以及启示。

第一节　海洋生物多样性的内涵、属性和价值

科学的定义是理论研究的基石，也是影响实践应用的因素。生物多样性的概念界定、组成结构和作用机理的揭示是相关理论和方法研究与实践的基础。海洋生物多样性的定义及其价值是以生物多样性和生态系统服务（Ecosystem Service，ES）等概念为依据具体界定的，因此，本节主要基于生物多样性以及生态系统服务和价值的内涵与外延，阐释海洋生物多样性的内涵、属性、功能和价值。

一、内涵

（一）生物多样性

生物多样性是与生态系统密切相联的概念。1992 年《生物多样性公约》（Convention on Biological Diversity，CBD）关于生物多样性的定义是：所有来源的形形色色生物体，这些来源除其他外包括陆地、海洋和其他水生生态系统及其所构成的生态综合体；这包括物种内部、物种之间和生态系统的多样性。生物多样性是生态系统的一个结构特征。

对于生物多样性的研究普遍认为，生物多样性的组分具有层级结构这一共性，主要包括三个水平：①基因多样性（Genetic Diversity）；②物种多样性（Taxonomic/Organismal Diversity）；③生态系统多样性（Ecological Diversity）（表 1-1）。遗传多样性是指遗传信息的总和，包含在栖息于地球的动物、植物和微生物个体的基因内。物种多样性是指地球上生命有机体的多样化。生态系统多样性包含了生物圈中的生物群落、生境和种群相关的多样化。这三个层次之间相互依赖、密不可分。种群是三个层次共通的联系，生态系统多样性是其他两个层次存在的基础和保证（薛达元，1997）。

表 1-1　生物多样性组分的层级结构

生态系统多样性		物种多样性
生物圈		界
生物群落		门
生态区		纲
景观		目
生态系统		科
群落		属
生境		种
生态位	基因多样性	亚种
种群	种群	种群
	个体	个体
	基因组	
	染色体	
	基因	
	核苷酸	
文化多样性：人类交互作用贯穿于各个层级		

来源：Angermeier and Karr，1994；Koricheva and Siipi，2004。

由于实际条件在不同空间和时间上的差异性和复杂性，不同有机体对这些条件的感知、变迁和响应呈现不同尺度性特征。生物多样性具有多种空间分布上和地理尺度上的差异性特征。简言之，生物多样性的空间范围可以是地方的，也可以是全球的。Poiani 等（2000）将生态系统和物种的多样性分为四个地理范围：地方（Local）、中尺度（Intermediate）、粗尺度（Coarse）和区域（Regional）。物种多样性的空间格局可以提供生物多样性调节机制的相关信息，对于确定优先保护领域具有实践意义

（Green and Bohannan，2006）。世界范围或者一个国家内部的不同区域，生物多样性的丰富程度也会存在差异。那些生物物种丰富、生物特有程度较高以及濒危物种集中的区域就被称为生物多样性热点区域或者关键区域（Hotspots）。进一步地，我们对于自然系统的关注也是特定尺度的，保护目标的设定考虑的可能是全球性、国别或区域性的多样性分布问题，而生态系统服务的参数大多侧重反映地方或景观尺度的群体属性（Hein et al.，2006）。所以说，我们采取的监测、认识和管理生态群落的活动从本质上来讲也是对应着适当的空间尺度边界进行的。生物多样性及其养护和管理的空间边界在不同尺度之间互相渗透，不同管理层次也对应不同的空间尺度方为有效（图 1-1）。

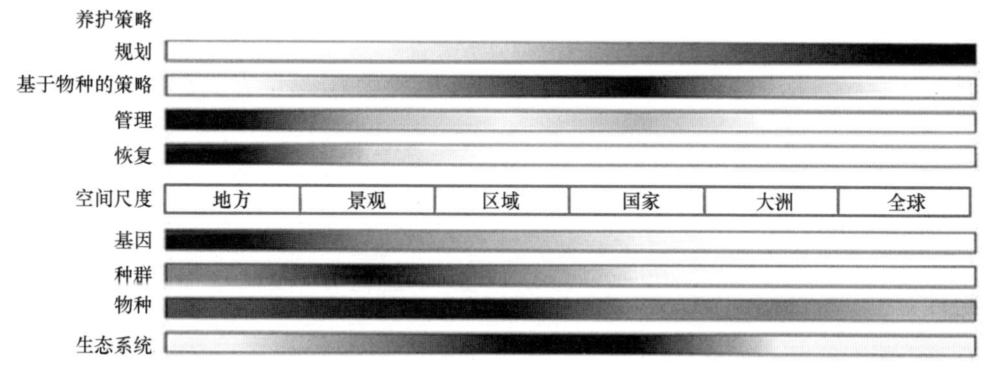

图 1-1　生物多样性层次、尺度和养护策略的空间依赖关系

黑色阴影部分表示相关性及其程度

来源：Lengyel et al.，2014

生物学的另一个基本方面是所有的实体都具有时际性。生态系统内部始终进行着生物物种之间的能量流动以及生物群落与环境之间的物质循环，这是维持物种生存和进化的必要过程。一方面，从动态的时间维度来看，生物多样性是随着时间不断演变的过程。在地球的漫长历史长河中，生物的整个发展历程经过了从低级到高级、从简单到复杂、从自养到异养、从水生到陆生的进化（陈灵芝和马克平，2001），现代遗传、物种和生态系统多样性是古代生物多样性的延续和发展；另一方面，从实践角度来讲，对生物多样性过程范式的认知对于理解生态实体的存在状态十分必要。通过对生物多样性演变和发展趋势的研究可以为制定生物多样性保护和保育措施提供参照。面对当前生物多样性的各种变化形势，特定时空尺度正是生态学对于生物多样性复杂性解析的核心框架（吕一河和傅伯杰，2001）。

（二）海洋生物多样性

1972 年联合国人类环境大会以来，生物多样性逐渐成了环境保护运动的核心议题。目前有 190 多个国家加入了《生物多样性公约》。海洋占地球表面积的 70.8%，养育着地球生物圈的绝大多数生物，对于面临诸多生态环境与资源问题的沿海国家和地区而言，海洋和海岸带的生物多样性受到越来越多的关注。

海洋生物多样性是指海洋中的各种生物体，包括生物之间的多样化和变异性及物种生境的生态复杂性（冯士筰等，2006）。从海洋的物种多样性来看，迄今为止，人类还无法确认地球上到底生活着多少物种，已知的海洋物种多达 23 万~25 万种，并不断有新的物种被发现。种类上，海洋生境比陆地或淡水生境具有更多的生物门类和特有门类。全球范围内，海洋生物多样性不仅具有比陆地生物更大的分布范围，而且呈现出地域上的差异性，从北极到热带地区物种多样性逐渐增加（Kendall and Aschan，1993）。近海物种的多样性通常在东南亚周边水域最为丰富，而多样性丰富的大洋生物在中纬度海域分布更为广泛。深海拥有最为丰富的生物多样性，是地球上最大、人类了解最少的生态系统（Williams et al.，2011）。

海洋生态系统是海洋一定空间范围内，海洋生物体与周围的非生物环境组成的具有一定格局，进行着物种流、能量流、物质流、信息流和价值流的收支规律和相互作用的一个功能单位（陈清潮，2005）。海洋生态系统的分类目前无定论，按海区划分，一般分为沿岸生态系统、河口生态系统、大洋生态系统和上升流生态系统等；按生物群落划分，一般分为红树林生态系统、海草床自然生态系、珊瑚礁生态系统和藻类生态系统等。不同的生态系统反映出各自生态环境特征和与之相适应的生物群落结构，以及环境与生物、群落内各种群之间的生态过程及其所表达的整个生态系统功能的特征（冯士筰等，2006）。

海洋生物多样性也是处于动态发展过程中的，而这个过程受到内力和外力因素的综合影响。地质史上已发生过五次自然大灭绝，原因可能为地质变化和大灾变。自工业化初期至今，主要受人类活动影响，当代物种灭绝速度远比自然灭绝速度快，学界毫不讳言“地球又一次进入大灭绝时期”（Monastersky，2014）。在不受人类活动干扰的条件下，海洋生物多样性结构、功能及其自然演替一般能够达到某种动态平衡，物种多样性在数量上的自然减少或增加可以通过其自我修复、顺应或适应能力达到生物多样性的相对平衡状态。而当人类活动导致的生物多样性减少打破这种力量的平衡节点，生物多样性就会呈现复杂甚至加速的变化。有研究表明，近80%的生物群落在物种组成方面发生了变化，59%的生物群落的物种多样性增加了，41%的生物群落的物种多样性有所下降；全球物种在快速周转，导致某些新的生物群落出现，物种多样性也开始变化（刘宁宁，2014）。例如，珊瑚礁的消失会造成众多海洋物种因栖息地的丧失而减少，有研究发现，衰落的珊瑚礁可能由其他藻类取代，因此能保持海洋中相同物种的数量和多样性，但是珊瑚的减少也可能不会让渔业和旅游业像过去那样受益于珊瑚礁。因此，保护的策略主要是从维护自然生态平衡出发保护生物多样性，尽可能减缓人类活动的影响并将其限制在生物多样性适应和修复能力范围内。

二、属性分析

单纯从生物多样性概念的文义来看，对于其隐含的重要性来讲属于偏中性的定义，但是鉴于生物多样性相关国际协定、法律文书、研究报告等不同的目的导向和侧重，生物多样性这一概念更多被决策者、环境组织、经济学者甚至普通民众赋予了积极的含义。为了更好地理解海洋生物多样性，有必要从不同角度分析其本质属性。

（一）自然属性

海洋生物多样性在自然意义上的本质体现为生物与其环境形成的生态复合体，以及与此相关的各种生态过程的总和，概括来讲，包括生物的组分、结构和过程三个方面。海洋的整体性和流动性是海洋生态系统区别于大陆自然系统的根本特点，同时也构成了海洋自身属性的基本特征，因此也导致了蕴藏在海洋水体环境中的海洋生物多样性具有显著的自然特性（傅秀梅和王长云，2008）。

首先，海洋生物多样性包含了种群的繁殖、发育和生长过程，海洋生物资源属于可再生、可更新的自然资源。其次，海洋生物多样性由于处在不同的海洋环境中，受到不同外界因素的作用和影响，表现出地域差异性，近海、外海和深海等不同类型的海域有着不同的海洋生物多样性特征。再次，海洋生物多样性受到气象、水文环境、人为干扰等因素的影响，环境的变化如果超过海洋生物的适应能力范围，将会引起生物群体特性、结构等的变化。而且，由于海洋的立体和整体性，海洋生物多样性组分在空间分布上复合程度高。海洋生物资源中除了固定的生境，大部分物种都可以随海水的移动而在海洋中自由移动，如海洋鱼类种群的流动性或洄游性就是保证其生存和繁衍的重要习性，同时也决定了生物资源分布所具有的广泛性和共享性特征。

另外，因为海洋生态系统是生物与环境共同组成的相互作用的整体，生态系统的基本组成包括了非生物成分和生物成分两大部分，非生物的环境是海洋生物生活的场所，为生物生存提供必需的物质条件和能量源泉（辛仁臣等，2013）。这部分海洋环境也是受到人类破坏最多的，进而也直接或间接地威胁到了物种和生态系统的健康与可持续发展。

（二）社会-经济属性

1. 环境资源经济属性

海洋生物多样性的自然形态包括了资源和环境的实体要素，资源是基础，环境是条件。其中，对人类具有实际或潜在用途的遗传资源、生物体或者生态系统中任何其他生物组成部分就是海洋生物资源。海洋生物资源是包括人类在内的地球生命生存和发展的基础，海洋生物多样性为人类的生产生活提供了丰富的物质资料来源。因此，海洋生物多样性的社会-经济属性是以自然特性为基础，在人类开发利用海洋中产生的，能够满足或适应人类物质、文化及精神需求，同时也受到人类活动的影响。按照生物学特征，海洋生物多样性资源主要包括海洋鱼类资源、甲壳动物资源、哺乳类动物资源、软体动物资源、海洋植物资源等，还包括作为环境要素存在的水体资源、景观资源等。当这部分稀缺性自然资源因其对人类的有用性而被赋予了价值（包括有形的财产或无形的权利），并能够为权利主体带来一定的经济效益时，便具有了资产①的属性（朱坚真，2010）。具体还可以分为海洋水体资源资产、海洋生物资源资产、海洋滩涂资源资产、海洋景观资源资产等（贺义雄和勾维民，2015），既包含了有形资产，又包含了无形资产性质的海洋旅游景观资产。自然资产有两个基本性质：一是耗竭性，即随着生产而导致其数量减少；二是自然重置性，自然资源一般不能重置，而只能基于自然的作用得到重置（于连生，2004）。

海洋生物资源是可更新和再生的特殊资源。但是由于人类大规模地开发利用海洋，对海洋生物资源的需求不断扩大，因而某些海区生物多样性产生了供给的稀缺性，这种稀缺性的日益增强也导致了一系列海洋经济问题的产生。同时，海洋生物多样性资源具有多种用途，比如同一片海域可以开展生态旅游，也可以养殖，或可以开展休

---

① 资产是一种能够为人类提供产品和服务并能够带来经济利益的经济资源。

闲渔业，而这种资源利用上的多重经济特性并不一定相互兼容，至少空间上利用方式的变更具有困难性，怎样在各种可能的用途之间进行选择、安排和配置以达到最佳效率是需要研究的关键问题。基于海洋生物多样性可持续发展的基本要求，这就需要在规划和确定利用模式时，充分勘查、长远考虑、整体布局、合理配置，以实现海洋生物多样性资源效益的最大化，即实现海洋生物资源的经济效益、社会效益、生态效益及综合效益。

此外，由于海洋一体的构成和流动的形态，某一海区的开发利用不仅影响本区域内的自然生态环境和经济效益，而且会影响到邻近海域甚至更大范围的海洋生态环境和经济效益。海洋生物多样性资源的开发利用后果具有明显的社会性和外部效应，需要所有相关国家以社会代表的身份对全部海域进行宏观管理、监督和调控（孙吉亭，2008）。

2. 公共产品属性

海洋生物多样性的保护是整个国际社会所面临的共同问题，具有明显的公共产品属性。首先，海洋生物多样性问题不仅仅是某个国家或地区的问题，更是关系到区域社会乃至整个人类生存和可持续发展的问题。其次，由于海洋的流动性和整体性，海洋生物多样性及其影响在空间上具有跨界性。再次，海洋生物体与生态环境各要素之间具有相互依赖性，系统中个体的行为变化都会对其他行为体造成影响。因此，在分析生物多样性问题时，不能局限于一国内，而应考虑根源地或受影响的相邻国家及地区。同时，考察公共产品的概念，根据萨缪尔森的界定和描述，公共产品具有非排他性和非竞争性，这种一般特征决定其被社会公众共同享用，不能排斥他人享用，消费者也不会自愿向提供者支付价格。根据竞争性和排他性的不同，公共产品还可细分为纯公共产品、俱乐部产品和准公共产品①。生态系统本身及其所有包含在其中的生态的、能量的各生物-地球化学循环都表现为最明显的公共产品（黄淼，2009）。海洋生物多样性在消费上具有非竞争性和非排他性，可供所有人享用。但是鉴于海洋生物多样性公共产品的构成和数量庞杂，根据竞争性和排他性，以及直接的受益范围可以粗略地进行更加具体的分类（表1-2）。最后，海洋生物多样性从覆盖范围、发源层次以及影响上可能包括全球、地区和国家层面，从国际公共产品的定义来看，海洋生物多

① 纯公共产品是指同时具有非竞争性和非排他性属性的公共产品，如空气、臭氧等；俱乐部产品指消费上具有非竞争性，但却可以很容易排他的公共产品，如公园、海滩等；准公共产品是指消费上具有竞争性，但却难以有效排他的公共产品，如公共渔场、牧场等。

样性的保护是提供给国际公众而不是给予个人的公共产品，是既包括当代又影响未来数代发展能力的公共产品。

表 1-2 海洋生物多样性公共产品的复合分类

范围	纯公共产品	俱乐部产品	准公共产品
全球	全球海洋生物多样性	生态旅游	物种资源
区域	区域海洋生物多样性	区域生物多样性合作机制	西北太平洋渔场
国家	国家海域生物多样性	国家生物多样性风险评价机制	国家级海洋生物多样性保护区

来源：黄森，2009。

同时，海洋生物多样性作为公共产品还具有外溢性。根据外溢性作用范围和形式的不同，区域尺度海洋生物多样性公共产品可以分为区域共享型公共产品和区域关联型公共产品；根据地理空间范围和受益范围不同可以分为全球公共产品、区域公共产品以及一国范围内的国家公共产品，这三个层面的公共产品在一定条件下借由环境要素的渗透、技术和政策的调节可以不断演变和相互转化，一国范围内产生的生物多样性问题可能影响区域甚至全球的环境。虽然生物多样性直接的受益范围不同，但是本质上的差异更多体现为无形产品，即海洋生物多样性衍生的各种制度、规则和机制等。

对于海洋生物多样性的区域公共产品的提供，应充分考虑其外部效应的溢出性，以及一国生产和供给能力的有限性。区域乃至全球生物多样性公共产品的这种特性决定了单个国家无法承担，而通过市场途径也无法实现的情况下，合作就成了寻求区域公共产品的重要途径。通过不同主体间的信息交流寻求解决生物多样性问题的方法，并从区域共同利益的全局出发，通过集体行动共同生产和提供公共产品，才能达到应有的最佳利益。

（三）法律属性

海洋生物多样性由于涉及地理、政治和经济等各方面因素而成为一个复杂的法律问题（Queffelec et al.，2009）。法律属性的确定是解决海洋生物多样性法律规制相关问题的基础。海洋生物多样性是依托海洋及其空间存在的，目前对于海洋的法律属性的判断主要按照国家管辖范围内、外进行区分，据此海洋生物多样性根据国家管辖范围可以分为国家管辖范围内的生物多样性资源和环境、由两个或多个国家共享的生物多样性资源和环境，以及国家管辖范围之外的生物多样性资源和环境。国家管辖范围内海域的生物多样性属于国家的主权资源，而占较大比例的国家管辖外海域的生物多样性由于其对于全球海洋生物多样性保护和改善至关重要，已成为国际社会备受关注的问题。国家管辖范围以外海域的资源和环境，学界对其法律属性的认识存在不同理解，包括根据“全球公域”“人类共同遗产”“人类共同关切事项”等不同理念的各自解读。

全球公域概念是从资源的共同所有、共同利用的观念逐渐演化而来的，是指在任何国家主权和管辖范围之外，为所有国家的共同利益而存在的区域，并且它的利用“影响地球上的全人类”。全球公域概念不同于资源的公共管理，它隐含着对各种开发利用资源的行为加以禁止的意思，即禁止因共同使用而产生的“共有的悲剧”。现在的发展趋势是，全球公域资源概念也包括海洋生物、迁徙鸟类或濒临灭绝的野生生物（李广兵和李国庆，2002）。从构成要件上，一般认为，第一，“全球公域”是国家管辖范围之外的环境或资源，不能被任何一个国家占有。第二，“全球公域”是使一切人共同受益而存在的，这就决定了对“全球公域”应当实行全球性的管制和管理，任何国家或国际集团不能控制这些资源。第三，因“全球公域”产生的任何经济利益应当由所有国家共享。第四，“全球公域”的利用只能出于和平目的。此外，“全球公域”的科学利用也不应当被禁止，但不能造成任何生态损害，而且因此获得的任何信息由国际社会共享。IUCN 在 1980 年的《世界自然保护战略》中将南极、海洋、大气层和气候指定为“全球公域”。从法律的角度考察，全球公域是指南极洲和北极地区、公海、国际海底区域、大气层和太空等区域的集体称谓。

当代国际法中存在与全球公域概念相近的几个理念或原则，分别为“人类共同财产①”（Common Property of Mankind）、“人类共同遗产”（Common Heritage of Mankind）（或“人类共同继承财产”）、“人类共同关切事项”（Common Interest or Common Concern of Mankind），以及“世界遗产”（World Heritage）。1982 年《联合国海洋法公约》（United Nations Convention on the Law of the Sea，UNCLOS）规定的国际海底“区域”资源，为全人类所共有、为全人类的共同利益、专为和平目的而利用、公平分享利益，它的获取不是自由的，须有国际机构对其管理和监控（孙灿，2014）。UNCLOS 没有把人类共同遗产适用到深海海床之上的水域，以及海洋任何区域的生物资源，在生物多

① 共同财产理论适用于公海及其资源，公海及其资源不属于任何国家主权范围，所有国家可以自由进行开发、利用。尤其是公海渔业领域，但和传统的绝对公海自由原则相比增加了诸多限制（王铁崖，1999）。例如，一国在开发利用公海资源时，应合理地顾及其他国家的利益与利用公海的自由；在从事公海渔业时，应注意渔业资源的保护和养护，保护珍贵、濒危的野生动植物（王之琛，2012）。

样性领域，联合国大会代之以“人类共同关切事项”（刘卫先，2015）。CBD 在序言中强调“缔约国，意识到生物多样性的内在价值……还意识到生物多样性对进化和保护生物圈的生命维持系统的重要性，确认保护生物多样性是全人类共同关切的问题”。共同关切事项与共同财产和共同遗产最大的不同之处在于它与国家主权是兼容的。可以说，人类共同关切事项的内涵至少包括国际社会共同利益①、各国对共同关切事项享有主权②、承担共同但有区别的责任③、发达国家负有团结协助（Solidarity）的义务等要素或法律特点（秦天宝，2006）。人类共同遗产和人类共同关切事项比较而言，前者中各国出于利己动机而强调对相关财产的占有、分配和控制，强调从环境财富中获利的分享，后者强调的是环境责任的公平分担，且强调有关经济财富归主权国家所有（刘卫先，2015）。1972 年《保护世界文化和自然遗产公约》（简称《世界遗产公约》）序言中明确了“保护不论属于哪国人民的这类罕见且无法替代的财产，对全世界人民都很重要”“部分文化或自然遗产……需作为全人类世界遗产的一部分加以保护”“整个国际社会有责任通过提供集体性援助来参与保护具有突出的普遍价值的文化和自然遗产”，体现了在不否定国家主权原则的前提下，对这些世界遗产提供保护。1973 年《濒危野生动植物物种国际贸易公约》和 1989 年《控制危险废物越境转移及其处置巴塞尔公约》也作了类似的规定（秦天宝，2006）。1972 年《世界遗产公约》也为保护具有突出普世价值（Outstanding universal value）的区域提供了可选的手段，尽管目前其适用范围限于国家管辖范围内，但是 2011 年第十八次联合国大会《世界遗产公约》成员国会议曾提议对符合标准的这类区域进行保护而不必限于国家主权管辖内，正如本公约第 1 条和第 2 条所表达的，成员国可以通过相关程序和管理机制在国家管辖外海域设立该种世界遗产保护区（Ardron et al.，2014a）。

人类共同关切事项和世界遗产概念相关国际环境公约对于传统上属于一国国内事

① 如 1946 年《国际捕鲸管制公约》认为“为了后代的利益，保护以鲸这个物种为代表的重要自然资源，是世界各民族的利益”。1968 年《非洲保护自然界和自然资源公约》也表示“为了人类今世后代的幸福采取行动”，从而保护、利用和发展以土壤、水、植物和动物资源为代表的财富。1973 年《濒危野生动植物物种国际贸易公约》指出“各缔约国认识到，野生动植物以其美丽和种类繁多构成自然系统中不可替代的一部分，为了今世后代，必须对之予以保护……”

② 如 1982 年《世界自然宪章》第二十二条原则规定：“在充分考虑各国对其自然资源的主权的情形下，每个国家应通过本国主管机构并与其他国家合作，执行宪章的规定。”

③ 如 1972 年《斯德哥尔摩宣言》第七条原则指出：“国家应采取一切可能的步骤防止危害人类健康、损害生物资源和海洋生物、破坏自然和谐或妨碍对海洋的其他合法利用的物质所造成的海洋污染。”1982 年《联合国海洋法公约》在“海洋环境的保护和保全”部分中规定：“各国应采取一切必要措施，确保其管辖或控制下的活动的进行不致使其他国家及其环境遭受污染的损害，并确保在其管辖或控制范围内的事件或活动所造成的污染不致扩大到其按照本公约行使主权权利的区域之外。”

项的调整尚未形成一个共同的框架，但却充分体现了一个基本内涵，即要实现行使国家主权与保护人类共同利益之间的平衡，具有革命性意义。一般来讲，各国对于那些完全处于其管辖范围之内的环境与资源享有自然资源的永久主权（秦天宝，2006）。但是随着全球各国之间相互依赖程度的加深，海洋生物多样性问题也通常超越一国主权管辖范围，或关乎整个区域性的共同利益。因此，对于那些位于主权国家管辖范围之内，但对全球环境至关重要的那部分自然环境，如具有生态学或生物学重要性的关键生境，或者具有跨境影响的生物多样性资源与环境，如跨界性珍稀或濒危物种，包括列入世界遗产的自然景观，等等，关乎全人类整体的利益，至少可被视为广义上的全球公域。虽然国际法目前并没有正式采纳这种意见（唐双娥，2015），争议主要源于客观实践发展需要与国际法律制定滞后性之间的矛盾，但是这不应该成为海洋生物多样性保护相关积极尝试的阻碍，更不应该成为国家不履行国际责任的借口。对于这部分海洋生物多样性保护与国家主权的兼容，需要转变发展理念，以及所有相关国家的合作与协调（李滨，2010），同时，沿海国应该履行 UNCLOS 所规定的保护和保全海洋环境义务要求。

三、海洋生物多样性的功能与价值

海洋生物多样性与海洋生态系统是密切相联的两个概念，海洋生物多样性也具有生态系统服务的功能与价值。海洋生物多样性是地球生命支持系统的重要基础，为人类生存和发展贡献巨大。全球已知海洋生物资源蕴藏量约 3.4×10^{10} t，约 20 万种海洋生物。2018 年，全球海洋渔业捕捞量达到 8.44×10^{7} t（FAO，2020）。据调查，现代人类生活所需的总动物蛋白，约有 25%来源于海洋生物资源（朱坚真，2010）。2017 年，鱼类约占全球消耗的动物蛋白质总量的 17%，鱼类为大约 33 亿人提供了人均动物蛋白摄入量的近 20%（FAO，2020）。

（一）海洋生物多样性的生态系统服务功能

海洋生态系统服务是人类从海洋生态系统获得的效益，海洋遗传生物资源、物种资源和生态系统为人类提供了多种多样的服务。基于《千年生态系统评估》（Millennium Ecosystem Assessment，MEA）对生态系统服务的分类和有关研究成果，可以相应总结出海洋生物多样性所提供的生态系统服务（表 1-3）。

表 1-3 海洋生物多样性提供的生态系统服务概览

	海洋生物多样性		
生态系统服务	遗传多样性	物种多样性	生态系统多样性
供给服务			
食物		√	√
原材料		√	√
基因资源	√	√	○
医药资源	○	√	○
观赏资源		√	√
调节服务			
气体调节			○
气候调节			○
水调节			√
废物处理			√
生态控制		√	√
风暴防护			√
侵蚀控制			√
支持服务			
初级生产		√	○
营养循环		√	○
生境服务			√
文化服务			
审美价值		√	√
科学和教育价值	√	√	√
精神和宗教价值	○	○	○
文化艺术价值	○	○	○
娱乐和旅游		√	√

注：标注√代表相关多样性资源和环境有提供该服务，标注○代表各种海洋生物多样性类别潜在可能提供的服务。

来源：彭本荣和洪华生，2006。

可知，海洋生物多样性不同层次的组成部分为人类提供了不同类别的服务。其中，遗传多样性主要提供基因资源和文化服务；海洋物种主要提供供给服务、文化服务和支持服务；海洋生态系统提供了较多的调节服务，其次是供给服务和文化服务，最后是潜在的支持服务。同时可以看出，每一个多样性层级可以同时提供多种类别的服务，加之海洋的空间立体性、整体性和流动性特征，海洋生物多样性因此具有生态系统服务功能上一定程度的复合性和兼容性，反之存在冲突的情况下也会呈现出竞争性。如作为食物来源的鱼类一旦被捕捞和使用就不能同时作为科学、文化和旅游服务的客体；特定生境如果用于养殖或者其他生产活动，则不能同时提供足够的文化服务或者继续发挥生态调节功能，等等。因此，如何实现生态、社会经济和文化效益最大化地利用海洋生物多样性服务功能，需要遵守生态可持续的原则，通过识别主导功能优先级，平衡好保护和发展之间的关系。

已有研究表明，生物多样性的变化会对生态系统服务有着重要影响。一个物种的丧失会对生态系统内部功能稳定性及可持续性造成直接影响（Loreau et al.，2002）。因此，从海洋生物多样性及其生态系统服务的可持续性目标出发，人类获取生态系统服务的同时也从不同渠道影响着这种服务的源泉，也影响到海洋生物多样性资源和环境为人类提供生态系统服务能力的稳定性和持续性。这就要求人类获取海洋生物多样性服务要充分考虑生态系统的变异性、恢复力和门槛，尽可能减少人为干扰造成的环境压力（彭本荣和洪华生，2006）。

（二）海洋生物多样性的价值

对于海洋生物多样性价值及其内涵的清晰认识是全面评估、教育公众、支撑决策和科学管理的前提。据《自然》（1997年）初步估算，全球生物多样性价值为33万亿美元/年，《中国生物多样性国情研究报告》指出中国生物多样性的总价值为39.33万亿元（宋鹏霞，2005）。海洋生物多样性的价值衡量具有多种标准，不同的哲学观点和学派可以产生不同的理解，一般具有功利主义范式和非功利主义范式两类价值评判。前者认为某一事物之所以有价值是因为它对别的事物有用，即工具价值（Instrumental Value）；后者认为某一事物之所以有价值，不是因为其他事物认为它有价值，而是它本身就有价值，即内在价值（Intrinsic Value）。这两种价值范式可以归纳出三种不同观点：以生态系统为中心的价值观、以生物为中心的价值观和以人为中心的价值观。由于生物多样性从物种层次、生态系统层次到生物圈层次都是相互联系、相互作用和相互依赖的整体，任何生物的存在都有内在目的性，都以各自的方式在整个生态系统中体现其存在意义或内在价值（于连生，2004）。依据功利主义范式所采用的使用价值与非使用价值的分类，实质上是一种“人类中心主义”价值思维的典型体现，偏重考虑自然资源对人的有用性，无视自然资源的内在价值及其自动调节生态系统的平衡和稳定功能，认为人们保护环境是为了自身的生产生活，而不是为了维护生态环境的良好生存状态，这将会导致人类对自然资源的无限度掠夺式的开发利用（杜殿虎，2014）。

结合两种不同分析范式来看，人类作为地球生态系统中的组成部分，与所处的自然生态系统是相互作用和对立统一的关系，社会性的人类为自然生态系统赋予了新的价值形式，可以说，生物多样性的价值是其内在价值和外在价值的统一（图1-2）。内在价值又细分为生存价值和系统价值，前者指的是生物多样性各个层次的生物体及其环境的进化和存在形态本身就具有自然界固有的价值，这种价值无论是否以人类或者其他生物为参照系，都是存在的（李广义和肖时秋，2004）。后者是指生物多样性各个组成都是生态系统的一部分，它们通过维持自然生态的稳定与平衡所呈现出来的价值。工具价值中直接使用价值更多体现为资源价值；间接价值主要与海洋生物多样性的调节服务和支持服务有关，是生态系统与可为人类使用的最终产品之间的投入或贡献；文化价值是生物多样性满足人类精神健康、教育、科研和审美等多方面非物质福利的属性。

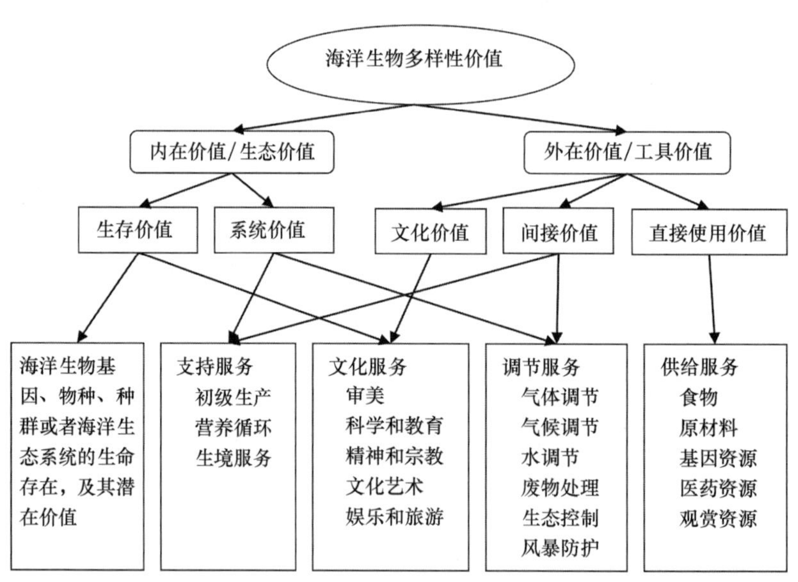

图1-2　海洋生物多样性价值分类及其与生态系统服务的关系

从海洋生物多样性这一价值客体角度来看，其价值体现在所提供的生态系统服务功能和人类生存和发展需要的相互作用过程中。这种主体-客体价值系统的结构关系在以人为中心还是以生态为中心的两种观念上存在分歧。尤其当今社会，海洋生态环境问题已成为全球性的问题这一背景下，人类与自然的关系命运相连又矛盾尖锐，迫切需要建立协调、统一、可持续的价值关系，达到一种和谐共生的发展形态。

第二节　海洋生物多样性现状分析

海洋生物多样性是一个环境和生态的有机系统，对于海洋生物多样性现状和趋势的理解建立在对人和生态系统相互作用的系统分析的基础上。DPSIR 模型（驱动力-压力-状态-影响-响应）是一种在环境系统中广泛使用的评价体系概念模型，本部分主要基于该模型简要描述海洋生物多样性的现状、驱动力和压力及其影响（图 1-3）。

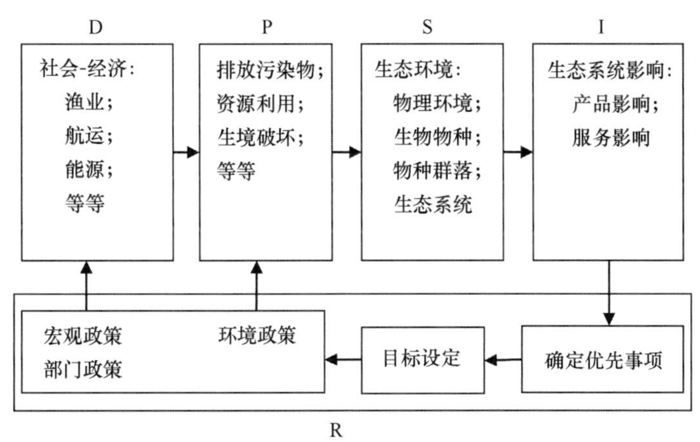

图 1-3　海洋生物多样性的 DPSIR 分析概念框架

D（Drivers）驱动，P（Pressure）压力，S（State）状态，I（Impact）影响，R（Response）响应

一、海洋生物多样性面临的压力及其状态

海洋是生物多样性的宝库，海洋生物资源的开发和利用已成为 21 世纪世界海洋国家竞争的焦点。随着海洋环境不断的恶化，海洋生物资源日益遭受人们大量采集而枯竭，海洋生物多样性亦随之遭受破坏。对于生物多样性三个层次——物种多样性、遗传多样性和生态系统多样性现状主要评析以下方面：①功能丰富度、物种多样性和群落乃至生态系统的稳定性；②地域性生物地理学和区域种类丰盛度；③人类活动和环境退化对生物群落结构的影响。

在物种和种群尺度上，最明显的现状和趋势是全球海洋物种和种群数量的减少乃至灭绝。有学者对 207 个全球海洋渔业种群的评估显示海洋鱼类从 1970—2007 年间下降了 38%（Hutchings et al.，2010），另一份对全球 200 个生态系统的分析得出 1970—2010 年间掠食性鱼类生物量下降了 52%（Christensen et al.，2011）。截至 2020 年，超过 2 100 种海洋鱼类和无脊椎动物被列入 IUCN 物种红色名录的极危和易危类，而这一结果可能被低估。人类活动也直接造成了多种海洋生物的灭绝，包括海鸟、海洋哺乳动物、鱼类、无脊椎动物和藻类。海底生物多样性也受到大型商业拖网捕捞的威胁，与深海珊瑚礁相关的生物多样性同样受到威胁。根据《千年生态系统评估》，全球有 35%的红树林消失，珊瑚礁的数量减少 10%，30%的哺乳动物鸟类及两栖动物濒临灭绝物种灭绝的速度超出正常值 100～1 000 倍（蔡守秋，2011）。在地方和区域生态方面，生物多样性的丧失通常受到化学污染、生境破坏、间接渔获等因素的综合影响。根据联合国粮食及农业组织对评估种群的监测，处于生物可持续水平的鱼类种群比例呈现下降趋势，从 1974 年的 90.0%降至 2017 年的 65.89%，生物不可持续水平捕捞的鱼类比例从 1974 年的 10%上升到 2017 年的 34.2%，2017 年，最大限度可持续捕捞的鱼类占 59.9%，仅剩 6.2%未完全捕捞（FAO，2020）。分析显示，大型掠食性鱼类的物种丰度在过去 50 年间下降到 10%，高敏感度物种如鲨鱼的承载能力下降到 1%，整个海洋金枪鱼和旗鱼的多样性下降了 10%～50%。同时，并不是所有物种数量都是减少的，某些物种由于人类活动的影响反而在分布和数量上增加，如海鸥，或者那些高度入侵物种，地中海就接收了超过 85 种外来入侵的大型水生植物。尽管新品种的入侵增加了物种丰度，但是对于地方生物多样性通常造成消极影响，有时甚至是灾难性的后果。

在生态群落或生态系统尺度上，物种及其种群丰度和数量上的变化会带来生态系统结构和功能的变化。研究发现，四个温带海洋中的 62 种鱼类丰度已经下降到 1992 年前的 81%，下降速率在此后逐渐增大。虽然底栖鱼类普遍处于历史的低位，但中层鱼类却一直都在稳定或者大量增加（Hutchings and Baum，2005）。另有研究表明，全球 23%的海洋哺乳动物正濒临灭绝，一些生长在热带和温带海域的鳍足类种群将会大量减少，但是一些生活在北半球高纬度地区的生物数量反而会增加，如须鲸（Kaschner et al.，2011）。在黑海，远洋掠食性鱼类如鲣鱼、鲭鱼、竹荚鱼、鲯鳅等鱼类的丧失造成了食浮游生物鱼类的增加，这使得浮游动物减少而浮游植物生物量增加，同时还导致了 20 世纪 70—80 年代水母数量的激增，随后进一步造成了浮游动物丰度的下降（Sala and Knowlton，2012）。

二、海洋生物多样性衰退的驱动力-压力

在人类大规模开发海洋以前，影响海洋生物多样性的因素主要来自自然对生态系统组成因素的干扰。世界人口的增加从 1992 年的 50.5 亿增加到 2020 年的将近 76 亿。而世界人口的一半以上居住在距离海岸 60 km 的海岸带地区且仍在快速增长中（Hammond，1992）。人口的迅速增长和人类开发利用海洋生物多样性资源和环境的活动无疑是改变海洋生物多样性各个层级构成最主要的驱动力，这些人类活动导致的压力将会是海洋生物多样性未来趋势的主要威胁因素（图 1-4）。归纳出来主要有以下几个方面。

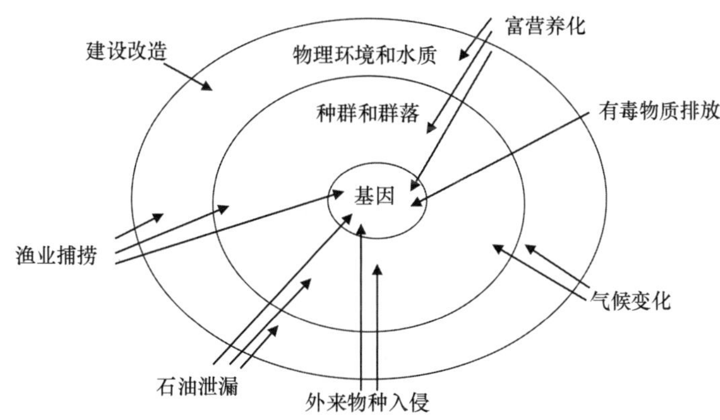

图 1-4　人类活动干扰对海洋生物多样性不同层次和尺度的压力

（1）海洋生物资源的过度捕捞和破坏性开发。目前，海洋捕捞船只大量增加，捕捞技术日益先进，渔业资源急剧衰减或枯竭，无法再形成鱼汛。同时，浪费性捕捞使得许多珍稀海洋生物遭受严重破坏，破坏性捕捞方式，如底层拖网、毒鱼或炸鱼等方式严重影响了海洋生态环境，直接威胁着超过 55%的珊瑚礁（Burke et al.，2011），直接造成海草自 1990 年以每年 7%的速度丧失（Waycott et al.，2009）。

（2）人类海洋工业活动、能源资源开发活动致使生境丧失，严重威胁海洋生物多样性。滩涂围垦、海岸工程或人工构造物、填海造地，以及航道疏浚等活动造成海洋生境的丧失，使海洋生物的正常活动受到严重干扰。如中国红树林分布面积从 20 世纪

50 年代到 90 年代损失了 73%，其中由于围垦就减少了 2/3（廖宝文和张乔民，2014）①。许多洄游鱼类的栖息地受到航道工程的影响。另外，大规模的海洋养殖不仅占据大量海洋生物栖息地，还会造成海域富营养化直至赤潮发生。

（3）人类活动对海洋环境污染直接威胁海洋生态系统安全和健康。主要包括人类陆源污染物的排放、直接向海洋倾废或排污、海洋石油开采以及航运溢油等造成的环境污染物（包括无机和有机化学物质、营养物质、致病细菌、藻毒素和放射性核素等）使得海洋生物被毒死或受到伤害，有的则影响其正常繁殖或导致有害的基因突变，如三丁基锡（TBT）会造成海洋动物的生殖功能紊乱；在海龟和北极熊种群中还发现了因某种环境污染物而出现的性别逆转现象（Crews and Mclachlan，2006）。环境污染物质不仅对海洋生物个体及其种群产生不利影响，如改变生物种群结构，更会从分子水平影响整个生态系统（李文昶和季宇彬，2013）。

（4）人类活动导致的外来物种入侵威胁。航行携带或盲目引进的外来种导致本土的海洋生物生存空间减少，改变了区域内生物种群数量进而影响整个生态系统结构。例如，福建海域发现一种原产南美洲的沙筛贝（*Mytilopsis sallei*），它占据了海岸基岩及养殖设施表面，不仅使当地的附着生物全部消失，还因争夺饵料使人工养殖的各种贝类产量下降。

其他因素，如气候变化，主要通过海洋生物物种分布格局、海洋生物地球化学循环、海洋生物结构功能等方面改变整个海洋生物群落结构并威胁海洋生态系统结构和功能；人类对于海洋及其生命的认知较少，保护海洋生物多样性的意识和努力不足也是海洋生物多样性持续衰退的重要因素。

三、海洋生物多样性的脆弱性和影响

从世界范围来看，海洋生物多样性受到人类直接和间接的影响会使地方和全球海洋生态系统过程、功能和结构及其响应环境因素的稳定性发生改变（Hector and Bagchi，2007）。大尺度的海洋生态系统变化会导致世界范围显著的环境和经济后果（Folke et al.，2004；Möllmann et al.，2009），对人类从生态系统获取的服务供给产生深刻影响。已有相关研究显示，众多典型的海洋生态系统自 20 世纪六七十年代开始生

① 据国家林业与草原局第二次湿地资源调查报告显示，2013 年中国红树林湿地面积为 34 472.14 hm^2（不包括香港、澳门和台湾），其中有林面积 25 311.8 hm^2，比 2001 年有林地增加了 14.92%。中国红树林保护虽然已经取得了很多成绩，但当前的形势仍然不容乐观，红树林资源保护仍然任重道远。

态系统机能逐步发生了转变（Ecosystem regime shift），尤其是海岸带海域、近海、封闭海、半封闭海等不同海洋环境特征的海域较为明显，如缅因湾、阿拉斯加湾、黑海、波罗的海、日本海和墨西哥湾等（Blenckner and Niiranen，2013），而导致这些变化的相似的外在驱动因素主要包括海-气模式、捕鱼压力和人为养分排放导致的富营养化。此外，气候变化被认为是影响海洋生态系统和生物多样性的重要因素。未来海洋生物多样性的脆弱性（Vulnerability）将受到气候变化更深刻的影响（Beaugrand et al.，2015）。对海洋生物多样性而言，脆弱性是指对人类活动和气候变化等外部综合因素带来影响的易感程度，主要涉及的因素有系统对外在胁迫的暴露（Exposure）、对胁迫的敏感性（Sensitivity）和适应性（Adaptability）的状态、特征和程度等（徐广才等，2009）。2018年，IPCC预测全球升温1.5℃，70%～90%的珊瑚将消失，若温度再上升0.5℃，99%的珊瑚将消失。

海洋生物多样性是海洋生态系统向人类提供各种产品和服务的重要基础。综合性因素的作用破坏了迅速变化的海洋环境下生物多样性的稳定性和恢复潜力，海洋生物多样性脆弱性增大和适应能力降低，直接影响其向人类提供生态系统服务的水平和可持续性。较早便有研究显示，世界范围内海洋渔业衰竭的速率在加快（Worm et al.，2006）。如海洋渔业的过度捕捞可以改变海域海洋生物物种的组成、丰度和均匀度等生物多样性指标，人类消耗性或浪费性的捕捞将对整个海洋生态系造成极大破坏，反过来会直接导致渔获物种的数量下降、个体质量下降等对人类社会、经济福利的不利影响。其次，人类活动造成的海洋环境污染对海洋生物和人类健康都会构成严重危害，如牡蛎能够在体内富集汞和镉等重金属，使其成为有毒食物；化学污染导致的赤潮可造成无脊椎动物和鱼类的大面积死亡，给生计带来直接损失。还有某些典型的、有代表性的生境如珊瑚礁和红树林生态系统的破坏和丧失会直接导致渔民渔获量的潜在损失。

第三节　国内外相关研究进展

一、全球海洋生物多样性保护的研究

（一）全球尺度的海洋生物多样性评估和研究计划

生物多样性保护、全球变化以及可持续发展已成为国际关注的三个热点。生物多

样性的保护及可持续利用问题自从 1992 年联合国环境与发展大会上《生物多样性公约》签署后，便引起世界各国政府及各界人士的重视，同时开启了全球尺度生物多样性问题研究的新局面。海洋生物多样性是全球生物多样性的重要组成部分。20 世纪以来，已有多个国际计划开展了对海洋生物的监测评估项目或计划，如国际生物多样性科学计划（An International Programme of Biodiversity Science，DIVERSITAS）、水循环生物学计划（Biospheric Aspects of Hydrological Cycle，BAHC）、国际海洋生物普查计划（Census of Marine Life，CoML）、全球生物多样性评估（Global Biodiversity Assessment，GBA）及《千年生态系统评估》等，大大推动生物多样性科学研究的发展。这些全球性的研究计划提升了人类对海洋生物多样性的科学认知，极大地促进了生物多样性研究框架的构建。从当前正在实施的这些国际生物多样性科学计划和规划的研究进展来看，基于全球、区域和国家等大尺度生物多样性及其生态系统服务的研究占主导地位。大尺度的研究对于认识区域层次的生物多样性保护具有重要意义，同时也与社会政治过程的尺度特征相吻合，便于环境公共政策能从相应的尺度（如国家尺度）上有效实施。此外，一些国际和区域组织、机构还通过开发生物多样性的指标评估全球生物多样性的状况，为国际合作、政府决策、民间行动等提供重要的科学基础。

（二）海洋生物多样性保护研究

虽然目前我们对海洋生物多样性的认识仍然有限，但已有较多研究采用不同方法呈现了海洋生物多样性变化趋势。大量研究显示全球的生物多样性呈下降的变化趋势，如 Butchart 等（2008）采用一系列指标评价了生物多样性保护目标的进展，结果显示生物多样性丧失的趋势并未减缓。多年来的很多研究表明，人类活动极大地改变了地方层面上生物多样性过程的变化速度和尺度（Dirzo et al.，2014）。Kaschner 等（2011）基于 115 种海洋哺乳动物的全球分布预测分析了海洋哺乳动物丰度的模式，并探索了在未来环境状况干扰下生物多样性的可能变化。人类海洋活动的大范围、累积性影响会继续导致物种多样性和丰富程度的下降（Halpern et al.，2008；Butchart et al.，2010），如气候变化（李励年和王茜，2009；吴建国等，2009；Burrows et al.，2011；杜建国等，2012）、过度捕捞（Costello et al.，2010）、海洋污染（Editorial，2012）和外来物种入侵（Bax et al.，2003）等。

保护海洋生物多样性及其生态系统服务已经成为科学界、资源管理者、国家和国际政策协议的优先事项，但是对于如何通过管理手段的干预维护较高水平的海洋生物多样性仍然是国际社会面临的难题。毫无疑问，为了便利管理目标的设置和满足管理活动评估的需要，必须以可操作性的方法界定生物多样性。海洋生物多样性资源和环境的可持续利用方面，较多研究着重于物种、种群或者生态系统的利用与养护所面临的主要威胁、变化趋势，以及全球范围渔业养护的需要、可持续发展方式等，如捕捞副渔获物对海鸟、海洋哺乳动物、海龟等大型动物的损害（Wallace et al.，2013；Lewison et al.，2014），海洋渔业资源生物多样性保护（Worm et al.，2009），濒危物种的保护，典型和重要生态系统如红树林、珊瑚礁、海草湿地系统（WRI，2011；Mangubhai et al.，2012；Bento et al.，2015）等。一系列全球性的变化和挑战对海洋生物多样性养护的治理和管理机制提出了新的要求，以增强海洋生物多样性、生态系统，以及相关联的社会-生态系统的恢复力，而区域和全球范围的共同响应是实现这一目标的必然途径。鉴于小尺度、项目式行动的成效不足，有研究提议从更大尺度将生态系统服务目标纳入生物多样性各项目标管理框架中（Talli et al.，2015），将人类活动的影响与海洋生物多样性提供的生态系统服务相对应，便于制定相匹配的管理对策。海岸带综合管理与生物多样性保护之间的关系研究已受到越来越多国家和学者的重视，有些学者研究了将生物多样性评价融入海岸带综合管理中及海洋保护区选址规划中（Campbell and Hewitt，2006），但在应用海岸带综合管理方法去解决生物多样性保护的具体细节方面还有许多问题需要解决，生物多样性从生态系统层面还需要海陆协调的综合管理。

随着生物多样性保护日益成为环境管理的一个重要目标，掌握充足的物种和生境在空间方面的信息显得极为重要。Halpern 等（2008）关于人类对海洋生态系统影响的全球分布分析框架说明了理解和量化展示人类影响的空间分布对于评价和权衡人类海洋利用活动和生态系统保护之间的兼容性十分必要，其有助于明确养护目标，提高人类活动空间管理的合理性。对海洋生物多样性较高的热点区域（Hotspots）的识别及分类已经成为海洋生态系统保护规划的一种基本方法。空间性方法上，已有许多识别重要生态区域的方法或标准，包括关注单个种群的区域、生物多样性关键区域（Eken et al.，2004；Edgar et al.，2008），以及 CBD 描述的具有重要生态学或生物学意义的区域（Ecologically or Biologically Significant Areas，EBSAs）（Dunn et al.，2014）。相关研究同时也表明了在这些重要生态区域内对人类活动的规划协调是有待解决的重要问题。Selig 等（2014）通过将 12 500 种物种空间分布信息与累积性人类活动的空间信息相结合，识别出专属经济区海域和国家管辖外海域生物多样性受人类活动影响最多和最少的优先保护区域。较多研究还表明，地方种或者范围受限的物种因受到来自当地人类或自然的干扰而面临更严峻的灭绝风险（Brooks et al.，2006），对具有较高地方种多样性的区域进行保护对于防止生物多样性丧失、维持基因多样性至关重要。因而，很多规划和保护措施的实施需要基于相关区域的详细信息才能进一步开展，已有的实践如调整捕捞区以降低对脆弱生态系统的影响，调整航行线路来保护脆弱的海洋生态系统区域是较好的实践经验。而除了对于全球范围需要重点保护区域的识别，采取何种具体的、更加系统的保护方法，以及如何整合现有资源和能力实现区域、中尺度可持续管理，还需要更多实证性研究探索。

此外，虽然国家是海洋生物多样性保护的主要主体，国家管辖海域的生物多样性保护仍然起主导作用，但是，公海及国际海底区域生物多样性的保护正受到越来越多的重视。生物多样性作为公海海洋保护最重要的内容之一，现有的评估和量化的研究正处于迅速发展之中。国际上对于推动制定国家管辖外海域生物多样性养护和可持续利用相关国际协议的研究逐步深入（Gjerde and Rulska-Domino，2012），Druel 和 Gjerde（2014）对国家管辖外海域海洋生物多样性养护的新国际协议方案进行了探讨，包括范围、因素和可行性。Ardron 等（2014a）和 Rochette 等（2014）的研究建议采用区域性方法养护和可持续利用国家管辖外海域生物多样性，并强调现有海洋治理机制间的合作和协调的重要性。Fujioka 和 Halpin（2014）基于现有的信息数据对公海生物多样性进行了时空维度的评估框架研究。Ardron 等（2008）和 Ban 等（2013）探讨了海洋空间规划应用于公海生物资源养护的作用和实践。这些研究领域不仅为公海生物多样性保护提供了法律、管理、科技等方面的多种保护方法和工具参考，更推动了全球海洋生物多样性从单一物种为主、部门性或分散性规划管理方式逐渐朝着整体性、综合性保护理念和范式的发展转变。

二、海洋生物多样性保护与区域海洋管理

海洋生物多样性保护是全球海洋治理的重要内容和目标，因而也是区域海洋管理的优先议题。为了应对全球性变化和挑战，海洋治理的动力已经转变为大尺度的海洋管理，形成了海洋景观（Seascapes）、生态区域（Ecoregions）（Spalding et al.，2007）、大海洋生态系（Large Marine Ecosystem，LME）及渔业养护和管理的区域海洋计划（Regional Seas Programmes，RSP/As）等更广泛的概念和模式，为海洋资源管理

和养护提供了重要的生物多样性分析和规划工具。得益于现有的区域实践发展日臻成熟，世界范围的不同海域生物多样性保护和管理的区域模式、机制和方法研究也呈现出多样化特征，并逐步发展完善。欧洲范围实施的区域海洋环境保护项目也都将海洋生物多样性保护作为海洋综合管理和合作的重点，并体现在相关的区域性条约中，相关案例研究较多，如地中海生物多样性保护（Valavanidis and Vlachogianni，2013；Deudero ang Alomar，2015）、波罗的海环境和生物多样性保护（HELCOM，2006）、东北大西洋区域的海洋保护区建设（Riera et al.，2014）等，使欧洲海洋生物多样性保护正逐渐融入区域海洋治理体系的框架机制和网络中。欧洲的海洋综合管理实践也越来越重视基于综合协调的、生态系统方法的海洋生物多样性保护管理。Nieto 等（2015）对欧洲濒危海洋鱼类的评估分析指出，虽然国际自然保护联盟（International Union for Conservation of Nature，IUCN）濒危物种红色名录能够提供物种灭绝的可能性评估，但是对于生物多样性养护的优先事项的设定还需要考虑对不同物种的生态、历史、经济或文化偏好，以及保护行动成功实施的可能性、能力建设、成本效益和法律框架等因素，建议在区域层面的生物多样性保护过程中，需要从全球尺度对需要保护对象的现状、地位和内在联系进行衡量，从而推动制定出科学合理的方案。

除了欧洲，全球范围其他的生物多样性重要海域也都通过采取综合性保护与管理方法保护海洋生物资源和生态系统，如南极生物资源的合理利用以及海洋保护区的建立（Jacquet et al.，2016），澳大利亚基于区域规划的海洋生物多样性和生态系统保护管理（Kenchington and Hutchings，2012），西南太平洋珊瑚礁三角区生物多样性保护的保护区网络建设和生态区域规划措施（Torres-Pulliza et al.，2013），拉丁美洲和加勒比海地区生物资源养护（Turner et al.，2014），等等。这些实践和研究表明，不同区域具有不同的生物多样性状况和保护需求及保护水平与程度，人类多重利用与生态保护体系存在差异，相关的研究既要借鉴已有的经验成果，又要结合区域实际情况，综合多种主要因素设计科学合理的海洋生物多样性保护模式。世界范围尚有很多生物多样性丰富但是情况不乐观的海域仍然没有得到有效保护，如南海大海洋生态系统，虽然已经开展过生物多样性相关的区域性计划（Bewers and Pernetta，2013；Pernetta and Jiang，2013），但是长期和更广泛、深入的区域治理仍然需要可持续的机制安排或具体完善的实施措施，协调多样化的利用和养护目标，获取相关领域组织、机构和社区的支持（Fidelman et al.，2012）等。对已有典型案例的多角度综合分析是学习经验、启发创新和促进实践发展的重要途径。

综上所述，随着海洋的全球治理和区域治理理论与实践的不断丰富发展，海洋生物多样性保护和管理在全球范围的区域海洋管理中也越来越受到重视，如何将全球海洋生物多样性治理中具有普适价值的原则、规则和制度有效吸收到区域层面发展进程中，完成“社会化”（或“本土化”）的转变，是需要运用系统思维、科学规划并付诸行动的。国家管辖外海域生物多样性的养护和利用正经历制度化的进程，成为各国海洋利益角逐的新场所，国家管辖内海域和国际性海域的生物多样性养护与可持续利用的相关机制有待继续完善。大海洋生态系统管理成为区域海洋管理的重要模式，基于生态系统方法的海洋生物多样性保护如何与逐步一体化的区域海洋治理有效融合，急需理论和方法的集成和创新研究。

三、基于生态系统的海洋规划、保护与管理

（一）基于生态系统管理：从理念到实践

基于生态系统管理（Ecosystem-based Management，EBM）的理念和实践在过去几十年间得到了广泛和迅速的发展。EBM 被认为是一种综合性的自然资源管理方法，该理念将生态、环境和人类因素纳入管理的综合考虑之中，提倡在生态系统和政治管辖范围内的协调管理，平衡人类活动的尺度、多样性和强度与海洋提供生态系统服务的能力，并且适当地综合生态、经济、社会和文化层面的因素（Katsanevakis et al.，2011）。然而，EBM 的目标和原则通常被认为太宽泛和复杂而难以有效地付诸实施，实践中更多的是通过具体的管理方法、工具，如生态保护方面通过建立各种类型海洋保护区及其网络保护珍稀海洋物种及生境、典型海洋生态系统、脆弱或敏感海洋生态系统等（Ehler and Douvere，2009），通过实施海洋空间规划（Marine Spatial Planning，MSP）协调与生态系统服务相关的多重目标（Douvere and Ehler，2009a；UNEP，2011）。海洋空间规划也越来越得到世界范围的广泛认可和应用，被认为是一种系统的管理复杂海洋空间利用的方法，中国将 MSP 作为合理配置海洋空间资源、促进海洋综合管理的一种重要手段和途径。较多实践将 MSP 作为促进实现 EBM 综合性目标、生物多样性保护目标，以及解决潜在或现实冲突以实现长期可持续发展的重要途径。虽然当前国际上对海洋生物多样性保护采用了多种区划工具（place-/area-based tools），如各种特殊区域、海洋保护区等，现有的海洋空间规划在区域尺度和综合性水

平上与基于生态系统管理的目标存在很大差距。欧洲许多国家的实践，如比利时、荷兰、德国和英国等，都表现出了 MSP 在管理海洋的多重利用、促进单一部门管理向综合管理发展方面的功能和潜力（Douvere and Ehler，2009b；Kelly et al.，2014）。欧洲区域层面更是通过推动采用一种系统、协调、包容和跨界方式的 MSP 和海岸带综合管理（Integrated Coastal Management，ICM）框架促进海洋综合治理。有研究从海洋保护区（Marine Protected Areas，MPA）出发，探讨了 MPA 和 MSP 的联系（Douvere，2010），通过大尺度的 MSP 促进 MPA 等管理方法的更有效实施，以促进 EBM（Rees et al.，2014）。这些研究为明确 MPA、MSP 等方法对于促进 EBM 的重要作用提供了理论和实践的有力论证，也为 MSP 等基于区划的管理方法、工具和过程能够更有效、更广泛的实施提供了很好的启示，对基于生态系统的海洋空间规划（Ecosystem-based Marine Spatial Planning，EB-MSP）理念研究和实践过程的发展奠定了基础。

（二）基于生态系统方法的海洋空间规划：大尺度和多元化发展

欧盟海洋战略和政策确立了基于生态系统的空间规划原则，并在波罗的海、地中海、黑海和东北大西洋几大区域海域，将空间规划作为实施基于生态系统方法的工具性手段。Douvere 和 Ehler（2009a）系统论述了 EB-MSP 作为一种发展中的新的海洋空间管理范式的缘起、内涵、原则和实施过程，及其实践发展的机遇和挑战。Katsanevakis 等（2011）也对 EB-MSP 的概念、政策工具等方面进展进行了综述，强调 EB-MSP 是确保海洋生态系统可持续发展、处理不同海洋利用之间矛盾的最佳方法。Crowder 和 Norse（2008）、Baldwin 和 Mahon（2014），以及 Campbell 等（2014）的研究还指出了 EB-MSP 的成功实施所需要的新科学手段，如地理空间分析、遥感、分子技术和定量分析等，都对理解海洋生境和物种变化之间的联系、空间时间变化和海洋食物链结构功能之间的联系具有重要作用。Gilliland 和 Laffoley（2008）提出了开展 EB-MSP 的要素和实施步骤，以及目标具体化和公众参与等相关内容，为这一理念的实际应用提出了对策建议。

随着相关国家、区域性的实践发展，海洋空间规划作为海洋空间综合管理的方法、工具，在区域、跨界和国际层面的进展也逐渐受到关注。Ardron 等（2008）提出了 MSP 在公海实施的前景，并探讨了相关的障碍、制度性需求和进一步实施的步骤等，将 MSP 理论的扩展延伸和公海保护相结合。Backer（2011）以波罗的海为例探讨了跨界海洋空间规划（Transboundary Marine Spatial Planning，TMSP）的发展，该区域的

EB-MSP通过国家间的合作，协调现有的部门性机制，包括渔业区域或时间限制措施、航行线路设置、海洋保护区的建立。其他区域海洋空间规划的案例研究也从各自的经验特征和发展情况进行了论述，如地中海、北海、波罗的海、西北太平洋海域，等等（Shucksmith et al.，2014；Tammi and Kalliola，2014；Reuterswärd，2015），这些案例基于不同的问题和现实需要，在区域 MSP 的规划过程、利益相关者参与、信息交流与支持等具体方面提供了多样化的经验和启示，也提出了一些有待继续改进和完善的问题，如跨界空间规划过程的协调一致性有待深化，各方相关规划政策和环境信息的广泛交流，合作与协商的贯穿始终，等等。

目前，海洋保护区（包括自然保护区）建设已经成为全球范围保护海洋生态系统的重要策略之一。但是对于海洋保护区之于海洋生物多样性保护的有效性，却还要取决于保护区的位置、大小和保护对象等诸多因素。有研究严格区分了海洋保护区和海洋自然保护区，并建议通过设立禁捕的海洋自然保护区养护生物多样性，以实现种群、群落和生态系统尽可能恢复到自然状态（Costello and Ballantine，2015；Costello，2015；Mccauley et al.，2015）。Halpern 等（2010）通过评估海洋保护区对于实现 EBM 目标的有效性，论证了海洋保护区对于改善海洋现状的重要作用，及其在实现保护和多重利用的综合性目标上的不足，进而提出应该将海洋保护区等空间性方法综合考虑到 EBM 方法框架内，更有利于实现全球和区域尺度的 EBM 目标。

另外，鉴于海洋环境、物种、生境以及影响因素的跨界性自然属性，许多研究对各种类型的跨界性或大尺度的海洋保护区进行了探讨。McCallum 等（2015）通过问卷调查法分析评估了美国和加勒比地区跨界海洋保护区的有效性。Mackelworth（2012）认为和平公园和跨界计划的方法可以为海洋跨界养护提供政治动力，跨界海洋保护区在东非也被认为是应对海洋生物多样性威胁，实现全球海洋保护区建设目标，促进海洋旅游业发展，并减少贫困的一种途径（Grilo et al.，2012），国际和区域的环境法律和工具对东非海洋生态区域的跨界海洋保护区建设也会起到重要的作用（Guerreiro et al.，2011），关键在于如何建立起协调的海洋保护区网络。还有学者对大尺度海洋保护区在海洋生物养护方面的作用持谨慎态度，Singleton 和 Roberts（2014）基于对全球范围已有的大尺度海洋保护区实践分析，指出这一方法的不完善之处，以及当前过度关注海洋保护区的数量、范围大小，而不是关注实质的保护质量这一偏见，改进的难点和重点在于如何通过合理规划兼顾保护和利用目标。

（三）综合性海洋空间规划方法：从单一目标到多目标的协调与平衡

EBM 和 EB-MSP 的内涵及其发展都要求海洋综合管理从传统的单一部门到注重跨部门利益、政策和管理的协调，海洋空间规划也以协调社会经济和生态环境的不同目标为主要任务。国际组织框架内采取此类综合性空间规划工具的有国际海事组织（International Maritime Organization，IMO）针对国际航运可能带来的污染而设置的特别敏感海域（Particular Sensitive Sea Areas，PSSAs）制度和联合国粮食与农业组织（Food and Agriculture Organization，FAO）设置的脆弱海洋生态系统（Vulnerable Marine Ecosystems，VMEs）制度等。对此，较多研究基于已有实践发展对相关措施进行了探讨，Roberts 等（2005，2007）的研究系统全面论述了 PSSA 对于海洋环境保护和生物多样性养护的理论内涵和实践应用，他对已有区域海洋的 PSSA 案例进行了详尽的分析，并对 PSSA 实施过程中的科学和技术问题进行了阐述，还提出了未来进一步完善 PSSA 的战略框架构建，可以为潜在特殊海域运用 PSSA 理念和方法提供一些建设性的启示。Kachel（2008）从国际法角度论证了 PSSA 的属性、原则、方法，及其在海洋治理中的作用和未来发展。Uggla（2007）具体对西欧、波罗的海 PSSA 的实施和相关法律冲突的平衡，以及 PSSA 理念和机制在未来的调整适用进行了分析。Beckman 和 Bernard（2013）研究建议在南海通过多边合作形式，采用适当措施保护特别敏感的海域环境，防治航运油污污染。Rusli（2012）探讨了在马六甲海峡和新加坡设置 PSSA 以保护关键海洋交通线的生态环境及防治海洋污染的可行性、合法性，以及相关合作机制的建立等。

在渔业资源养护方面，尤其是底栖鱼类及其脆弱的生境，根据联合国大会 2006 年的相关决议（第 61/105 号、第 64/72 号和第 66/68 号），FAO（2009）以及区域性渔业管理组织或协议（Regional Fisheries Management Organizations/Agreements，RFMO/As）在识别标准、导则和采取各种措施保护脆弱海洋生态系统方面逐步取得进展（Rogers and Gianni，2010）。Ardron 等（2014b）提出了从 VMEs 的识别到具体保护的包含十个步骤的较为系统的框架指导，对不同区域的分散性实践经验予以发展，为未来的实施提供强有力的最佳实践借鉴和概念性框架指引；同时，研究对基于不同保护目标而提出的生态保护区域，如 CBD 的具有重要生态学或生物学意义的区域（EBSAs），南极海洋生物资源养护委员会（Commission for the Conservation of Antarctic Marine Living Resources，CCAMLR）的保护区，以及 FAO 的 VMEs 识别和设置标准进行了比较，可以为其他具有不同保护需求的海域 VMEs 或 EBSAs 等特殊保护区域的划定提供参照。现有的案例研究较多，Fabri 等（2014）对法国地中海巨型动物群的 VMEs 空间分布和人类影响进行了阐述；Muñoz 等（2012）对西班牙在大西洋公海海域设置 VMEs 的国家实践进行了介绍；Anderson 等（2016）研究了南太平洋 VMEs 的栖息地适合度模型应用及其对大尺度渔业管理模型的启示，该研究方法可以为 VMEs 基于空间的管理规划提供保护方案；Pham 等（2015）评估了 VMEs 在亚速尔群岛底栖鱼类养护的实施成效，突出了相关渔业物种与 VMEs 的生态关联的重要性，进而使其发挥出应有的作用；Wright 等（2015）强调通过区域渔业管理促进海洋生物多样性保护，尤其在国家管辖外海域，综合考察当前在世界各大洋的底栖渔业禁捕区现状，表明 RFMO/As 应该强化其能力和作用采取更有效的行动保护底栖鱼类资源。

除了上述航运和渔业领域的相关举措，国际海底区域矿产开发过程中也纳入了相关的环境保护规范，包括事先进行环境影响评价和环境影响的监测要求，而国际海底管理局未来的决策也不可能忽视开发活动对海洋环境的负面影响（Ardron et al.，2014a）。相关的研究正随着新的全球海洋生物多样性保护机制的完善也在不断发展中，未来需要更加前瞻性、综合性和富有创新性的制度、策略和手段的研究实践。区域尺度、多边国家间在特定海域的多部门协调和可持续管理期待更深入的跨学科理论和实证研究。

（四）整合性研究方法：从单一学科到跨学科交叉研究范式

随着海洋生物多样性的保护和管理问题越来越被广泛关注，海洋学、生态学、法学、经济学、政治学和社会学等学科均从自身学科理论视野及研究范式出发，对生态环境与社会的关系进行了研究，从不同的角度和层面揭示海洋生态系统与社会系统之间的关系、理解海洋生态环境问题背后深层的原因、寻求各自领域响应海洋生态环境变化的制度性策略等。传统的研究范式倾向于以人类中心主义的假设为基础，不能够完整反映人类社会系统与自然生态系统的相互关系以及响应机理。新的生态学研究范式是由卡顿（Catton）和邓拉普（Dunlap）于 1978 年提出的，将人类视为全球生态系统中相互依赖的物种组成部分，将环境变量引入社会学分析框架中，以社会学的理论和方法在某些层面研究和揭示环境与社会的关系、相互影响和相互作用机制，目的是促进环境与社会的协调发展（吕涛，2004）。

Brenkert 等（2004）提出了整合性研究范式（Integrated Research Paradigm），其最

大特点和贡献在于将生物物理层面与社会层面综合起来研究，将个体、社会、环境纳入一个“系统”研究，充分强调个体行动者、人类之间的文化话语、物质自然世界这三者对社会结构的形成具有同样的作用。整合性研究范式相应的三个子系统——微观层面子系统、宏观层面子系统和生物物理子系统之间相对独立又相互联系（图 1-5），通过这些联系来处理系统自身复杂性带来的问题，三个子系统的界限和描述方法则取决于具体的研究切入点（江莹和秦亚勋，2005）。整合性研究范式为全面和系统地研究存在复杂海洋生态-社会系统作用关系的特定区域生物多样性问题提供了新的工具和方法，具有广阔的研究潜力和应用价值。

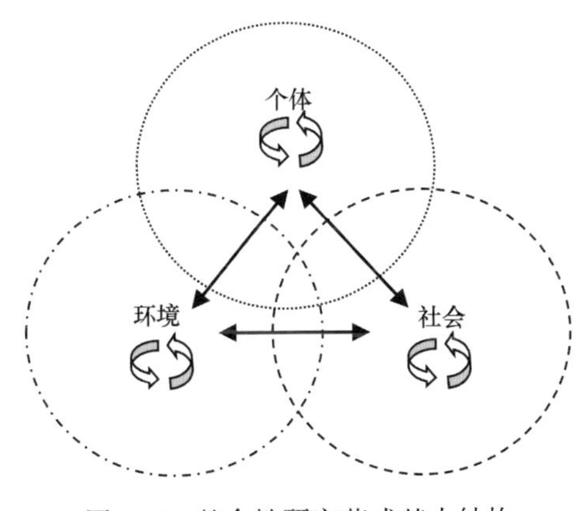

图 1-5　整合性研究范式基本结构

来源：Brenkert et al.，2004

四、南海区域的海洋生物多样性及保护研究

南海区域是全球 64 个大海洋生态系统中生物多样性的热点区域之一，诸多全球尺度的一般性研究直观展示了该区域生物多样性丰度、物种和生境类型及分布范围（Myers et al.，2000）。还有研究从濒危物种，如海洋哺乳动物（Davidson et al.，2012）、海龟（McLellan et al.，2005），以及重要生境，如珊瑚礁（Spalding et al.，2001；Tun et al.，2008；Burke et al.，2011）、红树林（Polidoro et al.，2010）、海草（Nagelkerken，2009）等方面详细描述了所面临的生物多样性状况、重要性及其变化发展趋势，为进一步的保护措施提供了科学数据和基于全球、区域和地方的不同尺度的知识参考。全球尺度的海洋生物多样性衰退和丧失对海洋生态系统及其提供的生态系统服务造成的削弱性影响也越来越被更多研究从不同角度证实（Worm et al.，2006；

Hooper et al.，2012）。

针对南海区域海洋生物多样性方面的研究呈现逐渐增多趋势，尤其是联合国环境规划署/全球环境基金（UNEP/GEF）在其主导的南海区域海项目期间，开展了国家层面和区域层面的评估和综合分析，极大地推动了海洋生物多样性的研究。Vo 等（2013）综合论述了南海海岸带生境的状况和发展趋势，并指明了基于科学知识的规划对于在南海达成包含区域性目标和优先行动计划的多边协议至关重要。Pernetta 和 Jiang（2013）系统阐述了南海项目的管理框架及其成效和经验，并总结了对于实现有效管理的技术性影响因素，包括跨机构联系、透明度要求、网络建设等。Bewers 和 Pernetta（2013）亦将南海的有益经验归结为主要的四个方面：政治承诺、管理框架、合作安排、透明度和科学的真实性。Paterson 等（2013）阐述了渔业庇护所对于渔业和生境综合管理的重要作用。Basiron 和 Lexmond（2013）综述了南海和泰国湾环境管理中的法律问题，指出区域国家在履行相关国际公约规定的合作义务上的不足，南海区域性有约束力的法律框架的欠缺，以及相关国家政策的不协调等问题，并阐明了区域合作对于促进国家实施国际性制度措施的重要意义，还提出了南海形成统一法律实施机制的对策建议。

国内学者对南海生物多样性的现状、存在的问题和保护策略等方面已有相关综述和分析。张莉（2003）从经济学角度诠释了南海生物多样性的特点及减少原因，并提出了保护对策。陈清潮（2011）阐述了生境的变化对南海生物多样性兴衰的影响，并提出维护生物多样性的策略。还有研究从岛礁渔业可持续发展角度提出利用和保护措施建议（陈国宝和李永振，2005）。但是绝大多数研究注重从海洋争端、油气资源共同开发和航行安全等方面总结经验、归纳原则和方法，探索相关领域开发和管理的适合模式与机制。

这些研究内容与实践进展密切相关，相关分析为后续进一步巩固和拓展已有经验、并适应新的情势要求继续深化和创新发展区域合作提供了良好示范和参照。同时也可以看到，已有的合作和项目行动从实施范围、管理模式和法律框架机制等方面与全球范围其他区域项目的综合性或集中式合作管理存在诸多差距，缺乏基于区域整体性考虑的养护规划和合作模式，南海区域海洋生态系统管理/治理的发展进展对于满足全球海洋治理的发展趋势要求存在差距，这也是在未来研究和实证方面有待突破的地方。

第四节　海洋生物多样性：海洋生态系统管理的核心

海洋作为一个整体是地球上面积最大的生态系统，是生物多样性最丰富的一个系统。海洋生物多样性是生态系统的生物成分和非生物成分构成的有机系统。海洋生态系统具有几大特征——生产力、恢复力、生物多样性、相互依存和竞争性（阿戴尔伯特·瓦勒格，2007）。其中，生产力体现了海洋生态系统的食物链复杂性和光合作用，也是海洋向人类提供物质和能量、人-海相互影响的层面，在这一层面，海洋管理的原则就是尽量减轻或避免任何改变生产力的人类输入。恢复力表明生态系统在外部环境干扰下保持的组织能力，当外部输入产生的压力超过恢复力的阈值时，生态系统会发生结构性变化，因此，海洋管理的一个重要职能就是确保海洋生态系统的恢复力不受人类干扰而降低。相互依存的特征是指生态系统建立、保持相互联系，以及与邻近生态系统之间相联系的能力，同时，每个生态系统都被作为它的外部环境的生态系统所包围形成错综复杂的关系网络，海洋管理不仅要保护自然资源，还要保护自然环境系统。竞争性特征是指生物体之间因有限的供给资源或者获得生存资源时相互的消极影响，竞争性和相互依存的特征在自然状态下达到平衡性运行的机制，生态系统的完整性和可持续发展的管理，需要充分认识这一重要性，减缓人类对生态系统动态平衡的影响。生物多样性是衡量生态系统健康的一个重要原则，生物多样性不仅考虑三个层次——遗传基因、物种和生态系统的数量及规模，还显示了从程度上对生态系统复杂性的衡量，体现了海洋生态系统管理的具体化的作用、目标。海洋生态系统管理的目标就在于调节人类活动干扰生态系统及其过程的范围、程度和影响。

海洋生态系统生产力的维持需要首先维护食物链各个层次的物种数量稳定、生态环境的健康，尤其关键性的优势种对生态系统物质能量交换具有主要贡献，是维持生产力的主要部分，保护优势种有利于防止物种多样性的下降。恢复力的要求具体体现在维护物种的可持续利用，避免造成生命组成要素的压力超负荷，从而导致生态系统内在结构的失衡。生态系统内部组成要素，以及生态系统之间的相互依存特征决定了单一物种、单个生境保护和管理方法需要向综合、系统的方法改变，应该充分考虑水平和垂直、系统内部和外部的相互联系，进行网络化的有效管理。生物体之间的竞争性可能因人类活动的介入而更加激烈，人类作为生态系统的客观组成要素，对于有限供给资源的竞争性消耗，以及人类之间获取各种资源时的相互损益关系，都直接作用于和反映在对生物多样性和生态系统平衡的影响上，因此，人类-自然生态系统的可持续发展有赖于人类基于了解和尊重海洋自然生态系统的运作机制，融入并形成良性互动的人与海、人与人竞争机制。综上所述，人类社会的干扰和介入直接影响生物多样性的各个组成要素及其相互关系，进而对生态系统造成消极影响，具体通过相关变量和媒介产生作用，一般体现为数量和质量上的减损会导致生态系统生产力的下降，压力的水平、影响程度和规模，以及强度增大会降低生态系统的恢复能力，最终直接影响海洋向人类提供的生态系统服务；而在结构和过程方面的不当干扰会破坏生态系统内在和外部的相互依存关系，以及良性竞争机制，最终影响人类社会-海洋的整体生态系统平衡。基于海洋生态系统管理的手段和工具通过控制人类干扰的变量和调节人类介入的媒介，实现人类与海洋整体生态系统的可持续发展（图 1-6）。

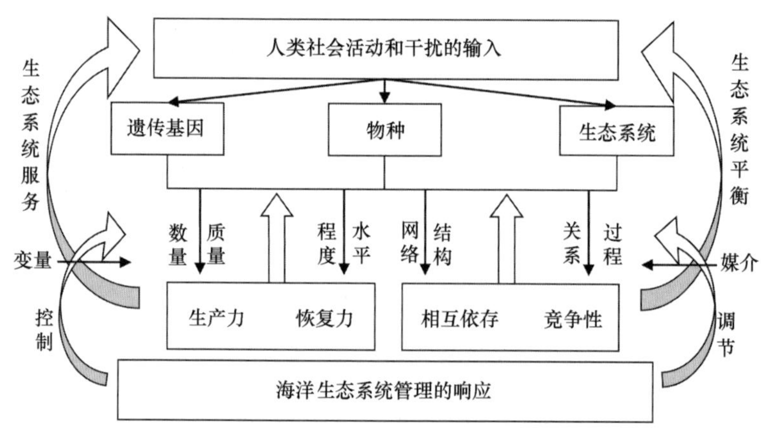

图 1-6　以海洋生物多样性为核心的海洋生态系统管理作用机制框架

海洋生物多样性的自然-社会综合属性决定了其在人类社会-自然生态系统相互作用中的重要作用，同时也反映了海洋生物多样性保护和利用在海洋管理中的重要地位。如果说海洋生态系统是海洋管理的核心，那么，海洋生物多样性的保护和可持续利用就是海洋生态系统管理的核心。其合理性与必要性概括如下：

首先，海洋生物多样性的构成要素包含了从微观基因、物种到宏观的生态系统和景观等层次的静态的内容、结构及其动态过程，在生态系统的三个主要特征——生产力、生物多样性和恢复力中，对生物多样性构成要素的掌握可以揭示生产力和恢复力两个方面的状况，海洋生物多样性的综合系统可以构成较为全面评估生态系统健康状况的指标，并可以进一步上升为海洋管理的各级目标和指标。

其次，海洋生物多样性内在构成部分和外在环境要素都受到人类活动的直接影响，有效的响应有赖于对生物多样性压力因素的综合评估，而非单一物种、单一部门性的调整即可妥善解决的，这也就从系统性和完整性上对管理活动提出了更高的要求，海洋生物多样性相关的基本特征和指标直接为有效调整人类活动方式提供管理上的启示。

再次，从社会属性上，海洋生物多样性具有的公共产品属性要求大尺度的区域性管理和采取跨界合作集体行动，而这正符合区域海洋治理/管理的核心要义，亦是推动区域海洋合作发展形成国际制度或区域制度的推动力和出发点。而生物多样性与全人类共同利益休戚相关这一共识具有推动这种全球治理进程的道义或价值权威性来源，其所隐含的可持续发展理念更被海洋治理奉为圭臬。

再者，根据全球海洋生态系统保护的历史演进，保护重点经历了从单一物种到生境、群落到生态系统和景观环境的不同发展阶段，这个过程与生物多样性的三个层次相吻合，对生物多样性系统的保护将有利于延续和整合不同发展阶段的重点，更加系统、全面，海洋生物多样性成为海洋治理的核心，具有逻辑上和功能上的合理性。

最后，生物多样性相关的已有全球性法律和制度体系较为完善，可以成为区域参与和促进全球治理的实践依据，已有的区域实践发展趋势也证实了以生物多样性为重点的区域海洋治理的合理性、必要性和可行性，相关案例研究结果可以为此提供参考。

第二章　海洋生物多样性保护的全球治理体系

第一节　海洋生物多样性保护的国际规制体系

一、海洋生物多样性国际保护立法的发展演变

海洋生物多样性保护的历史久远，生物多样性保护从近现代开始发展迅速。19 世纪 60 年代开始，欧洲区域已形成早期的海洋生物物种保护条约，如 1867 年《英法渔业公约》、1882 年《北海过量捕鱼公约》和 1911 年《保护海豹条约》等（王曦，2005）。进入 20 世纪，国际社会达成了一系列重要的生物多样性保护相关国际条约，但仍然主要侧重于渔业资源、海洋脊椎动物、哺乳动物等经济性的资源，如 1946 年《国际捕鲸管制公约》。随着世界经济与贸易的迅速发展，国际经济活动尤其是野生动植物贸易对生物物种带来了广泛的负面影响，不合理的资源利用引发了全球性环境问题。这一时期的生物和环境科学研究的发展不断深化了对物种内在价值的认识，出现了一些保护生物物种和栖息地多样性的更为详细、复杂的管制制度，如 1973 年《濒危野生动植物物种国际贸易公约》（《华盛顿公约》，简称 CITES）、1971 年《国际重要湿地特别是水禽栖息地公约》（《拉姆萨尔公约》）和 1972 年《世界遗产公约》。这一阶段还通过了很多综合性的公约，从全球性视角将海洋生物物种的保护认定为关乎全人类共同利益的事项，呼吁所有国家在全球范围内对海洋生物多样性进行保护，如 1979 年《保护迁徙野生动物物种公约》（《波恩公约》，简称 CMS）、1980 年《南极海洋生物资源养护公约》和 1982 年《联合国海洋法公约》等（秦天宝，2014）。

纵观生物多样性保护的国际法发展历史，1972—1992 年间，虽然国际社会制定了一系列国际环境协定保护那些具有较大商业价值的生物物种，但是这一时期的法律多是基于单个物种、单个部门的单行立法模式，不足以对全球生物多样性进行整体保护，

应采取更加广泛、系统性的方式保护包括遗传、物种和生态系统层次的生物多样性（表 2–1）。1992 年《生物多样性公约》建立了一个新的保护生物多样性的国际性框架。此后，保护海洋生物多样性的相关国际、区域法制迅速发展，主要有 1992 年《保护波罗的海区域海洋环境公约》、1995 年《关于地中海特别保护区和生物多样性议定书》和 1995 年签订的《联合国鱼类种群协定》等。

表 2–1　海洋生物多样性养护相关的主要国际法文件概览

<table>
<tr><th>范围</th><th>名称</th><th>属性/类别</th><th>组织机构</th></tr>
<tr><td rowspan="7">全球性</td><td>1946 年《国际捕鲸管制公约》</td><td>鲸</td><td>公约委员会</td></tr>
<tr><td>1971 年《拉姆萨尔公约》</td><td>湿地保护</td><td>公约会议</td></tr>
<tr><td>1972 年《世界遗产公约》</td><td>综合性</td><td>世界遗产委员会</td></tr>
<tr><td>1973 年《华盛顿公约》</td><td>濒危物种贸易</td><td>缔约方大会</td></tr>
<tr><td>1979 年《波恩公约》</td><td>迁徙物种</td><td>缔约方大会</td></tr>
<tr><td>1982 年《联合国海洋法公约》及 1995 年《联合国鱼类种群协定》</td><td>综合性</td><td>缔约方大会</td></tr>
<tr><td>1992 年《生物多样性公约》及 2000 年《卡塔赫纳生物安全议定书》</td><td>框架公约/一般规定</td><td>缔约方大会</td></tr>
<tr><td rowspan="14">区域性</td><td>1952 年《北太平洋公海渔业条约》</td><td>渔业</td><td>公约委员会</td></tr>
<tr><td>1966 年《养护大西洋金枪鱼国际公约》</td><td>金枪鱼</td><td>公约委员会</td></tr>
<tr><td>1969 年《东南大西洋生物资源保护公约》</td><td>生物资源</td><td>公约委员会</td></tr>
<tr><td>1972 年《南极海豹保护公约》</td><td>海豹</td><td>专家小组</td></tr>
<tr><td>1978 年《西北大西洋渔业多国间协作公约》</td><td>渔业</td><td>西北大西洋渔业组织总理事会</td></tr>
<tr><td>1980 年《东北大西洋渔业合作公约》</td><td>渔业</td><td>公约委员会</td></tr>
<tr><td>1980 年《南极海洋生物资源养护公约》</td><td>生物资源</td><td>公约委员会</td></tr>
<tr><td>1983 年大加勒比区域的保护和开发海洋环境公约（《卡塔赫纳公约》）以及 1990 年关于特别保护区和野生动植物的议定书</td><td>综合性</td><td>区域协调组织</td></tr>
<tr><td>1991 年《关于环境保护的南极条约议定书》</td><td>综合性</td><td>环境保护委员会</td></tr>
<tr><td>1992 年《保护波罗的海区域海洋环境公约》</td><td>综合性</td><td>赫尔辛基委员会</td></tr>
<tr><td>1994 年《中白令海峡鳕资源养护与管理公约》</td><td>渔业</td><td>缔约方大会、科学技术委员会</td></tr>
<tr><td>1995 年《巴塞罗那公约》的《关于地中海特别保护区和生物多样性议定书》以及 1996 年附件</td><td>专门性</td><td>特别保护区的区域行动中心</td></tr>
<tr><td>2012 年《南太平洋公海渔业资源养护与管理公约》</td><td>渔业</td><td>公约委员会</td></tr>
<tr><td>2015 年《北太平洋公海渔业资源养护和管理公约》</td><td>渔业</td><td>公约委员会</td></tr>
</table>

参照：张小平，2008。

随着国际环境法的发展，一些新的原则和方法不断产生，除了全球性和区域性的生物多样性保护相关条约、协定和议定书这类“硬法”，还催生出一些非常重要的“软法”文件，如1972年《联合国人类环境宣言》、1982年《世界自然宪章》、1992年《联合国里约环境与发展宣言》《21世纪议程》等，都体现了国际社会在生物多样性保护问题上的共识，对生物多样性保护与利用国际实践起着重要的指导、协调、推动和宣传作用。此外，国家间也有针对特定区域范围、特定生物多样性保护对象的双边或多边协议，如2003年美国与哥斯达黎加签订的《1949年公约设立的美洲间热带金枪鱼委员会的公约》（《安提瓜公约》）、1997年《中日渔业协定》、1996年美国推动签订的多边条约《美洲间保护和养护海龟公约》等。可以说，涉及海洋生物多样性保护的国际法渊源种类繁多，从全球性到区域性层面错综复杂，但是如果按照全球海域的辐射程度来看，却并未能完全涵盖所有海域生物多样性保护的现实需要，因此，海洋生物多样性保护的国际法仍然处于发展完善的进程中。

总而言之，海洋生物多样性的国际立法保护随着生物多样性保护实践的发展演变，呈现出从单个物种、单一部门的分散立法模式主导向与更加整体性、综合性法律框架并行发展的趋势，并初步形成了包括国际条约、区域协定、谅解备忘录、宣言等各种法律渊源的体系，为解决全球生物多样性问题、调整生物多样性国际环境关系提供了主要法律依据，为实践提供了重要原则、目标、规则和制度。一些重要的国际组织、机构相应采取了特别的保护措施和方法逐步推进物种和栖息地保护目标的落实。但是，国家管辖区域的空间分割、国际法律框架的碎片化，以及人类活动影响的多样化和累积性，都需要综合协调内在的社会经济关系，促进海洋生物多样性保护、规划和管理体系的发展变革。

二、海洋生物多样性保护国际条约的模式及特征

海洋生物多样性国际法是调整以国家为主体在开发、利用和养护海洋生物多样性的国际交往中形成的法律关系的规范总和，各种条约的基本模式和特征反映了生物多样性国际法的整体特点和未来发展趋势。

（一）条约的形式特征

生物多样性保护相关条约大多采取“框架公约+议定书+附件”的模式（“框架公

约”模式），其中，框架公约通常只对成员国的权利义务做原则性规定，议定书规定具体的权利义务和保护措施，附件则提出更为详细的清单（秦天宝，2014）。这种形式选择可以使各国绕过科学上的不确定性以及由于各国政治立场和社会经济利益的冲突所造成的障碍，通过这样一种具有普遍性效力的基本法律框架或安排为以后的国际合作奠定基础。一般来看，对生物多样性作一般性规范的条约大多采取“框架公约+议定书”模式，如 CBD 的《卡塔赫纳生物安全议定书》既是对《联合国里约环境与发展宣言》原则 15 中所规定的预先防范方法的落实，又从开发利用现代生物技术的同时确保生物多样性可持续利用与人类健康方面规定了较为具体的措施；相关专门性的条约如《拉姆萨尔公约》也通过议定书形式促进具体事项发展。一些综合性条约也大多制定具体的生物多样性相关实施协定，如 UNCLOS 的《联合国鱼类种群协定》。对于区域性的条约大多具有“区域多边条约+议定书+附件+行动计划”的形式特征，如 1975 年的地中海行动计划、1976 年的《巴塞罗那公约》及其 1995 年的《关于地中海特别保护区和生物多样性议定书》和 1996 年的附件，波罗的海也是同样情形。

这种框架公约模式的优点在于，尽管存在科学上的不确定性，各国对于生物多样性的认识不同，交叉的利益关系复杂，但是通过提供这样一种具备灵活性、普遍性的构造方式，能够有效率地争取尽可能多的国家就原则性、重大的某些问题达成共识，并接受参与集体行动应对全球生物多样性保护与合作。一旦最初的公约缔结，后续的更加详细的规则制定活动就可以陆续开展。同时，框架公约模式也存在内在局限性，公约的概括性、模糊性和原则性的条款有时是屈从于政治需要，达成的共识可能有限或者滞后于现实生物多样性保护的迫切需要，后续议定书和具体措施执行方面通常面临漫长的协商、谈判过程，极大地影响了公约的成功执行及其实际效能（张小平，2008）。较理想的情况是全球范围已积累一定程度的共识，则达成此公约具有广泛的政治基础和现实期望。另外，鉴于环境问题的区域性特征，在经济发展程度接近、地理条件相近和环境问题类似的区域，各国往往较易达成一致，建立区域性条约并付诸执行。

（二）国际性和区域性条约之间的关系

一般地，国际性条约对世界范围生物多样性保护给予原则指导、目标指引、整体监督，具体的实施则有赖于区域海域、国家的执行。区域海域基于国际性条约的基本法律框架根据本区域的实际条件灵活性适用公约，制定区域性条约。国际性条约和区域性条约可以互相补充、促进和转化。

区域性条约，一种情况是为了实施国际性条约，并与区域实际情况和现实相结合而制定的具体落实方案，比如，1995 年《巴塞罗那公约》的《关于地中海特别保护区和生物多样性议定书》；另一种情形则是先有区域性实践，成功的区域合作经验可以为相关领域更大区域范围或者国际性条约的形成提供典范，进而推动国际生物多样性条约的发展，如波罗的海区域（Baltic Sea Region，BSR）的海洋环境保护和生物多样性养护项目就为整个欧洲甚至世界范围的相关实践提供了较好的案例。

（三）习惯国际法和一般法律原则的作用

除了严格意义上的国际条约等正式国际法渊源，还有广泛意义上的国际法渊源，包括一般法律原则和国际习惯法，作为成文法的补充，发挥其灵活、弹性反映复杂国际社会现实的作用。生物多样性领域的基本原则包括：其一，国家资源开发主权权利和不损害国外环境责任原则①，这一原则首先确认了位于国家管辖范围内的生物多样性其主权资源的法律地位，另一方面考虑到具有生态系统整体性的全球生物多样性，各国生物多样性组分的动态平衡及其对其他国家乃至全球生态系统的重要性，将其法律地位确定为“人类共同关切事项”，并对国家主权适当限制，以追求国际社会共同利益，这一定性照顾到国家主权和人类共同利益之间的平衡，为国际社会集体行动应对共同面临的生物多样性问题、承担共同的责任提供了合法性。其二，合作原则，包括国家间、政府间国际组织、非政府组织、跨国公司乃至个人等不同利益相关主体间的广泛、多元的协同合作，构成这一原则的自然基础就在于影响生物多样性行为的共性和海洋生态系统的整体性、流动性，客观上要求任何国家和其他利益相关者通过合作方式、协调一致的行动维护人类社会共同的生存条件（秦天宝，2014），而不论这些国家之间存在着的政治、经济、军事、社会、文化等诸多差异和利益冲突。其三，共同但有区别的责任原则②，“共同的责任”体现了国际社会整体的义务和合作的要求，“有区别的责任”体现了对发展中国家和发达国家间责任的公平分配，兼顾发展权与保护义务。其四，损害预防原则③和风险预防原则④。其五，可持续发展原则，兼

① 这一原则得到国际司法判例的确认，如 1938 年和 1941 年特雷尔冶炼厂仲裁案裁决、1957 年拉努湖仲裁案裁决、1949 年国际法院科孚海峡案判决。

② 这一原则是由 1992 年联合国环境与发展大会初步确立，参见《联合国里约环境与发展宣言》原则 7。

③ 这一原则在许多国际环境法律文件中都有确立，如 UNCLOS 第 12 章，CBD 序言部分。

④ 这一原则在 2000 年《卡塔赫纳生物安全议定书》中得到充分体现。

顾开发利用与保护的平衡与协调。以上生物多样性国际法的诸原则，既体现了生物多样性问题和保护的普遍性又兼顾了特殊性，这些原则将成为相关主体在生物多样性领域活动的行为准则，尤其对一些成文条约缺失或者交叉性事项，能够发挥引导、补充的作用，凝聚共识，推动相关条约规则和具体措施的形成。

三、海洋生物多样性保护的国际法律体系

生物多样性国际法体系是由有关开发、利用和养护生物多样性的国际法律文件组成的、具有内在联系的统一整体（秦天宝，2014）。海洋生物多样性相关的国际法依据就其效力范围分为全球性、区域性、双边国际法文书；就其形式而言有综合性的国际法文书，如 UNCLOS、CBD 等，专门性的国际法文书，如《拉姆萨尔公约》《华盛顿公约》等，以及其他部门法中的相关规范，如国际贸易、海上航运、渔业等领域法律文件中生物多样性保护相关的规范。如何有效实施现有海洋生物多样性国际法律，充分发挥已有规范措施的功能，实现海洋生物多样性可持续利用和养护的目标，是一个重要的课题。

（一）综合性国际框架公约

作为当代的“海洋宪章”，UNCLOS 确立的综合性法律框架适用于一切海洋活动，包括与生物多样性和生物资源与环境有关的活动。公约基于国家主权建立了一种全球性的海洋法律秩序，系统确立了领海、专属经济区、大陆架、公海、“区域”等海域制度，公约首先在其序言中就明确“意识到各海洋区域的种种问题都是彼此密切相关的，有必要作为一个整体来加以考虑”，可见公约认可生态系统整体的方法。海洋生物多样性相关一般规则主要体现在生物资源养护与管理，以及环境保护和保全相关规范中，根据国家的不同管辖范围和国家主体的权利义务而不同。领海属于沿海国主权范围，自然包含了对海洋生物资源开发和养护的完全支配权。第五部分的专属经济区是沿海国享有勘探和开发、养护和管理自然资源的主权权利海域，对海洋环境的保护和保全享有专属管辖权，在生物资源的养护和管理上鼓励通过适当的分区域、区域或全球性合作协调和促进适度利用，并要求保护海洋生物资源时，必须考虑其与独立的鱼类种群数量或其他独立的和相关的物种以及环境因素的关系（第 61 条和第 119 条）。1995 年签订的《联合国鱼类种群协定》就旨在促进这类鱼类种群的可持续利用。

UNCLOS第十二部分专章规定了各国具有保护和保全海洋环境的义务，采取的措施包括“为保护和保全稀有或脆弱的生态系统，以及衰竭、受威胁或有灭绝危险的物种和其他形式的海洋生物的生存环境，而有很必要的措施”（第 194.5 条）。可见，UNCLOS 对海洋生物多样性资源和环境的养护与管理是建立在国家管辖范围和主权权利基础上的，国家作为海洋生物多样性相关问题的权利义务主体，对具有跨界影响或者区域性、国家管辖范围外海域的海洋生物多样性资源养护和环境保护一般应按照其能力、考虑区域的特点、通过政策协调与合作方式处理（第 194.1 条和第 194.2 条）。然而，当国家行使主权权利与海洋环境保护义务相冲突时，UNCLOS 规定“各国采取措施防止、减少或控制海洋环境的污染时，不应对其他国家依照本公约行使其权利并履行其义务所进行的活动有不当的干扰”（第 194.4 条），这一限定造成了对国家法律义务的削弱，故而实践中如何协调不同国家开发利用海洋与养护和保全海洋资源环境的权利义务，仍有待具体考察和分析。另据 UNCLOS 第 211 条“来自船只的污染”规定，沿海国可以根据海洋学和生态条件有关的科学理由划定特定区域，通过主管国际组织相关程序，制定适用于外国船只的法律规则，这一规定在实践中发挥了重要作用。从中也可看出，相关海洋领域的国际组织、区域机构在实践中存在很大的作用空间，能够通过适当途径对于 UNCLOS 环境保护和资源养护目标的具体实施，以及协调合作起到重要的作用。在超出国家管辖范围的两个区域，即公海和“区域”，分别设立了公海制度和国际海底制度，公海的生物资源养护和管理适用第七部分，奉行公海自由原则。依据 UNCLOS 第十一部分的规定，“区域”是指国家管辖范围以外的海床和洋底区域及其底土，第十一部分及 1994 年执行协定规定“区域”及其资源为人类的共同继承遗产。对于国家管辖范围外海域生物多样性的利用与保护问题，已经逐渐成为当前国际海洋法领域的热点问题，相关的执行协定呼之欲出，新的海洋生物多样性养护和可持续利用的国际法律制度将得以确立，可以预见，未来世界海洋将掀起新一轮关于海洋生物多样性利益竞争与主导权的再平衡阶段。

综上所述，UNCLOS 所确立的海洋秩序是以国家主权管辖范围为基础的权利义务划分世界海洋，而海洋的整体性和流动性决定了海洋生物多样性的整体性和立体性特征，依管辖边界分割式的开发利用与养护，开发利用自然资源的主权权利的行政范围特定性与维护海洋生物多样性这一共同责任和义务的区域性、全球性之间的不对等，以及重权利、轻义务的规范倾向，不利于“人类共同利益”的实现，相关原则性的合作要求一定程度上为海洋生物多样性保护的跨界合作集体行动提供合法性依据，实际成效有赖于特定区域采取更加具体的执行措施。同时海洋生物多样性不仅体现为生物物种的自然资源价值和海洋环境保护的目标，而且海洋生态系统的内在价值要求实施基于生态系统的综合性方法，UNCLOS 的规定不能够涵盖所有生物多样性保护的目标和要求，有待进一步发展、补充和完善。

1992 年 CBD 是生物多样性保护方面的综合性国际法律文书，确定了综合性方法和概念，它承认风险预防原则、就地保护的重要性和必要性、科学发展和技术转让、传统生态知识和惠益分享和政府间合作等。CBD 明确强调生物多样性保护的基本原则，即第 3 条规定的国家资源开发主权权利和不损害国外环境责任原则。第 4 条规定了公约适用的范围，即国家管辖范围内的生物多样性，国家管辖或控制下的活动，包括管辖范围内或具有跨界影响的活动。按照第 5 条的规定，公约的缔约国必须直接合作，或者通过主管国际组织合作养护和可持续利用国家管辖范围以外的生物多样性。第 8 条建立就地保护系统，推动保护生态系统和自然生境以及维护自然环境下可存活的物种种群；以及推动退化生态系统的恢复，促进受威胁物种的复原，其方法包括制定和实施计划或其他管理策略。

上述两个海洋生物多样性领域的综合性国际框架公约，在海洋生物多样性的养护和可持续利用的规定上具有互补性。UNCLOS 是基于国家主权对海洋生物资源主权权利进行划分与管理的体系，UNCLOS 倾向于通过预防、减少和控制不同来源的海洋污染，要求国家保护生物资源和保存生物环境，包括国家管辖内和管辖外的区域，这些一般性的规定通过一系列全球性或区域性海洋协定、区域渔业管理机构等细化为具体的措施得以实施。CBD 强调保护地在生态系统、物种和遗传层面上保护生物多样性方面的关键性作用，虽然相关的国际组织和机构如 IUCN、UNEP 通过各种举措推动了对包括保护地在内的空间保护方法的实践发展，但是全球性保护地网络系统尚未建立起来，仍有很多重要区域未被覆盖，全球仅有不足 1% 的海洋、海域和海岸处于受到有效保护状态，一些位于公海等超越国界的生态系统、跨越管辖边界的保护地大多未得到有效保护，需要所有国家的合作行动。

（二）专门性法律框架及措施

根据不同的保护目的和管理需要，在国际层面、区域范围制定了一系列专门保护海洋生物多样性要素的国际法律文件，与之相关建立的组织机构，相应采取了特别的保护措施（表 2-2）。这些专门性法律一定程度上体现了特定范围内国家间就如何适当限制以生物多样性为特征的生态系统范围内的资源利用，对急需保护的物种和脆弱生态系统进行保护达成的共识。总体来看，这些法律工具保护的目标涵盖了物种保护、栖息地保护、生物资源可持续利用等方面，相关的定义和条款为生态系统整体性管理和生态系统各要素管理提供支撑，并且这些措施日益变得丰富和有效。由于需要保护的海洋物种数量大、种类多，针对物种和栖息地保护目标的国家和地方层面法律也逐步得到执行并有望进一步扩大范围。

从广义上来讲，保护区已经构成了生态系统管理的最重要的领域，是部门性组织机构或各国实施生态系统方法的工具之一。但是，这些法律工具并未明确如何建立一个综合性、有代表性的保护各类物种和栖息地的海洋保护区体系（Kim，2013），上述部门性的法律仅适用于特定的部门性活动而没有建立起这种海洋保护区网络，并且相当一部分相关的标准和措施限于科学上的建议性工具或技术指南，执行上的权威性没有保证。与海洋生物多样性养护相关的一般性义务规范缺乏必要的权威规制和执行针对人类活动压力和威胁的有力举措，因而在区域和全球尺度上的有效性存在不足。部门性的基于区划的方法和单一物种性措施的一体化和协调性是未来面临的一大挑战，其中更是涉及了管理主体间的协调、不同目标对象的相互关联、不同保护工具及其标准规范的一致性，以及不同管理空间尺度的联系等，亟须从更高的视域和更开放性的角度论证和检验。

表 2-2　海洋生物多样性保护具体法律方法与措施概览

类别	名称	方法和措施	注释
专门性	《关于执行1982年12月10日〈联合国海洋法公约〉第十一部分的协定》（国际海底管理局，ISA）	特别环境利益区（Areas of Particular Environmental Interest，APEIs）； 保全参比区[1]（Preservation reference zones）	2012年ISA通过了"克拉里昂-克利珀顿区（Clarion-Clipperton）环境管理计划"，划定9块特别环境利益区
	UNCLOS《联合国鱼类种群协定》	预防性做法（第6条）； 养护和管理措施的互不抵触（第7条）； 分区域和区域渔业管理的国际合作机制； 闭海和半闭海的国际合作； 禁渔区和禁渔期，以及配额制度；等等	适用于国家管辖地区外跨界鱼类种群和洄游鱼类种群的养护和管理，但预防性做法的适用与养护和管理措施互不抵触，也适用于国家管辖地区内这些种群的养护和管理。 第21.11（c）条提及禁渔区和禁渔期，但是并未具体规定
	《生物多样性公约》以及相关文件	就地保护和移地保护； 识别开阔海洋水域和深海的、具有重要生态学或生物学意义的区域（EBSAs）； 2010年"爱知目标"（目标11）	缺乏权威性执行机构，有赖于国家、主管政府间组织的具体实施
	《保护迁徙野生动物物种公约》（CMS）	涉及需要特别保护的迁徙物种的栖息地和活动范围，缔约方有特别的保护义务，如那些对消除该物种灭绝危险有重要意义的物种栖息地； 鼓励建立维护与迁徙路线有关的适当的栖息地网络	该公约主要针对有管辖权的国家主体，期许活动范围内国家之间的合作
	《濒危野生动植物物种国际贸易公约》（CITES）	针对列入该公约目录的物种	着重于贸易上的管制限制
	《拉姆萨尔公约》	"国际重要湿地"的保护及其明智利用（Wise use）； 跨界湿地、共享湿地系统或物种的国际合作	

续表

类别	名称	方法和措施	注释
专门性	《国际捕鲸管制公约》（国际捕鲸委员会，IWC）	可捕数量限制； 庇护区（Sanctuaries）和保护区	该公约旨在便利鲸类资源可持续开发而非鲸类种群的全面保护。已建立两个庇护区禁止商业性捕鲸，分别位于印度洋（1979年）和南大洋（1994年）
	《世界遗产公约》	划定世界遗产遗址（World Heritage sites）或自然遗产保护区，如国家公园和其他已指定的物种保护区	目前不适用于国家管辖外海域
	联合国教科文组织（UNESCO）	人与生物圈计划之生物圈保护区及其网络，保护区划分为：核心区、缓冲区和过渡区	已建立620多个生物圈保护区，包括12个跨界保护区。生物圈保护区仍处于国家主权管辖之下，通过生物圈保护区网络促进国家间、区域和国际交流
	国际自然保护联盟（IUCN）	制定世界自然保护联盟濒危物种红色名录；推动成立海洋保护区；世界保护区委员会（WCPA）制定了保护区管制级别	属于国际准政府间自然环境保护组织，没有执行机构
部门性	《防治船舶污染国际公约》（MARPOL）以及其他航运协议	该公约规定的特别区域（Special Areas，SAs），IMO设置的特别敏感区域（PSSA），《国际海上人命安全公约》（SOLAS）规定的禁航区（Areas To Be Avoided，ATBAs）	两处国家管辖外海域的SAs（地中海和南极）；船舶航线措施（Ship routing measures）也可以作为一种方法
	《伦敦公约》及议定书（LC/LP）	控制和管理海洋倾废； 鼓励对于保护某一特定地理区域的海洋环境有共同利益的各缔约国达成区域协定	对项目和行为的许可或批准包含了空间地点的要素，也考虑倾倒地点的特征，但是该公约本身并未设定保护区
区域性	FAO区域渔业管理机构（RFMO/As）	禁渔（Fisheries closures）； 脆弱海洋生态系统（VMEs）； 负责任渔业； 渔业生态系统管理	依据联合国大会决议第61/105号关于底鱼捕捞活动，已经建立了几处禁渔区保护此类脆弱海洋生态系统[2]
	UNEP/GEF区域海洋计划（RSP/As）	海洋保护区（MPA）	其中，7个位于东北大西洋区域、1个位于地中海区域的国家管辖外海域设立的海洋保护区

续表

类别	名称	方法和措施	注释
区域性	南极海洋生物资源养护委员会（CCAMLR）/南极条约体系	海洋保护区； 禁捕区（fisheries closures）； 南极特别保护区（Antarctic Specially Protected Areas，ASPAs）； 南极特别管理区（Antarctic Specially Managed Areas，ASMAs）	1个近海海洋保护区，每年禁捕措施，以及几处海洋相关的特别保护区和特别管理区

[1]保全参比区是指不应进行采矿以确保海底的生物群具有代表性和保持稳定，以便评估海洋环境生物多样性的任何变化的区域。（参见：ISA. Decision of the Council of the International Seabed Authority relating to amendments to the Regulations on Prospecting and Exploration for Polymetallic Nodules in the Area and related matters，2013，ISBA/19/C/17，Section V. 31. 6.）

[2]除此之外还有多个决议，如第59/24号决议——海洋和海洋法，强调对海洋生物多样性和脆弱海洋生态系统的保护；第59/25号、第69/109号决议通过1995年《联合国鱼类种群协定》和相关文书等途径实现可持续渔业。

来源：Ardron et al.，2014a。

四、海洋生物多样性保护国际规制中的法律冲突与协调

（一）跨界养护与国家主权管辖的关系

毋庸置疑地，国家仍然是当代国际法体系的中心，国家在全球生物多样性保护和治理中的地位和作用至关重要。而国家海洋管理在地理空间上存在种种复杂的法律制度，这种政治的复杂性从某种程度上不利于可持续管理或综合管理的实施。当国家间增强跨国互动，各种议题的相互交叉与重叠加深，国内与国际事务之间的界限趋于模糊，各种问题边界便不只是传统意义上国家的政治地理边界（张小平，2008），更多是交织着生态系统元素的边界，这个边界可能考虑物种活动范围、栖息地的地理范围等复杂因素。国家之间的合作不仅是一个有价值的方法，更是国家义不容辞的法律义务。对跨国界、区域或全球共同的议题，国家间通过实施环境政策对各自利用资源的活动施加特别的限制或义务，表面上是对绝对的国家主权的“稀释”，但是从根本上有利于区域范围实现对于保护对象的最优管理目标和整体利益。

全球海洋生物多样性问题的国际治理催生了多样化的国际主体，如在全球或区域层面的政府间组织、非政府实体等，国家让渡一部分权力，或者“分享”其权威空

间，借由这类主体的协调、沟通和网络作用，解决所面临的公共问题，在国家管辖范围内或者跨界海域的合作即是此类情形；而在国际公域，国家和非国家实体的有关活动实际上体现出其管理的空间范围延伸到了非国家财产（如无主物和人类共同继承财产）。这种权力分配模式的重新定义也意味着制定和实行全球规则的基本路径的变化，孤立、片面依靠主权权威的政策制定和单方面行动不能够适应全球海洋生态系统管理的需要。全球海洋生态系统管理的格局也越来越体现为多元主体在不同层次之间纵横交错、相互渗透、彼此竞争的联系。

此外，国际性条约所反映的国家共同意志通常是较为一般性的原则，在较小尺度的执行需要将其融入区域、国家或地方化的制度背景中，通过吸收或转化等方式发挥具体的区域效力，同时需要发挥包括国家、非政府组织、科研机构、跨国公司等广泛主体的积极作用。而区域、跨国家层面的合作由于涉及的主体少、范围有限，较容易达成翔实、可操作性的协议，其将成为区域海洋管理的重要手段。

从具体层面来讲，现有的国际性法律工具为区域性或跨界海洋生物多样性的养护提供了直接依据、方法指导和政策支持。例如，UNCLOS 和 CBD 为跨界性海洋保护区及海洋保护区的跨界性网络建设提供了必要的法律基础，UNCLOS 为海洋环境保护和养护权利与义务提供了基于海洋空间管辖的法律框架，CBD 建立了海洋生物多样性各层次养护的基本原则和方法，其他国际制度为海洋保护区管理提供了多种有益工具。UNCLOS 鼓励环境保护方面的国际和区域合作，呼吁国家采取适当方式保护脆弱或稀有的生态系统、濒危物种和跨界洄游鱼类（第 194 条、第 63 条、第 64 条）；CBD 要求成员国建立海洋保护区养护海洋生物多样性，2004 年《亚的斯亚贝巴生物多样性可持续利用原则和指南》（Addis Ababa Principles）呼吁国家共享跨界性资源促进共同的生态系统管理和决策性安排，并在跨界生境或资源区域开展双边合作或达成多边安排；CMS 鼓励附件 Ⅰ 和附件 Ⅱ 所列迁徙物种及其生境分布国家间的国际合作；MARPOL 的 PSSAs 制度也适用于跨界性区域养护；等等（Guerreiro et al.，2011）。这些国际性的法律手段为跨界海洋合作和海洋保护区建设提供了机会，而这些原则性的国际承诺需要进一步通过区域到国家和地方层面的具体转化或强化得以实现。但是，诸如渔业可持续管理方面适用于国家层面的强制性原则、规则和程序仍然是有限的，国际性的导则、标准和建议（如 FAO 的《负责任渔业行为导则》）因其所彰显的基于生态系统管理、预警和共同管理等原则为国家所广泛认同，在一定程度上促进了跨界性资源环境的一致性保护。

（二）相关法律和措施的协调与综合

通常，具有相近目标和宗旨的生物多样性相关国际条约之间存在着交叉和联系，不同的条约之间也会存在利益上的冲突或矛盾，而往往专门性的生物多样性保护协议缺乏直接的执行能力去规制海洋活动，需要采取适当的方法促进相关法律框架之间的协调一致。单一物种、单一生境的保护需要向着更加趋于整个生态系统以至相互连通的生态系统网络的协同保护目标发展，就要求各法律工具之间的协调与协作。

一般地，国际协议的成员国之间能够有效合作需要满足三个条件：一是该协议接纳足够多的国家以满足保护行动的现实需要或潜在利益；二是该协议明确认定以合作的方式协调与其他条约措施间的关系；三是在制定保护和养护海洋生物资源措施的过程中与那些具有相关领域专家或订立了国际养护协议的其他组织机构竭诚合作（Ardron et al.，2014a）。

在相关条约或协议之间的协调合作上，一种是横向的协调，通过各国际条约主管机构之间建立密切的合作机制，在相同领域通过实施合作或协调的行动方案促进共同目标的实现，如《拉姆萨尔公约》委员会和 CBD、CMS 以及 UNESCO 的世界遗产中心分别签署过合作备忘录，并开展共同工作计划（Joint Work Plans），推进信息搜集、存储和分析等工作任务，推动湿地生物多样性保护相关工作的开展，此外，《拉姆萨尔公约》还与 UNESCO、GEF、FAO、世界银行、欧洲环境组织等开展了广泛的合作。除此之外，一个条约机构也可以派代表成为其他国际条约或组织机构的成员、合作伙伴或观察员，如大部分区域渔业管理机构就采用这种方式建立密切的联系，并已经建立起了区域性渔业机构秘书处网络。另如，《拉姆萨尔公约》秘书处就参加到 UNEP 的环境管理工作组（Environmental Management Group，EMG）中共同开展相关领域的研究和实践。联合国框架下也建立了生物多样性相关条约的广泛的沟通、协调网络平台——由五个相关条约构成的生物多样性联络组（Biodiversity Liaison Group，BLG）（包括 CBD，CITES，CMS，《拉姆萨尔公约》秘书处和 World Heritage），以及致力于促进生物多样性相关多边环境协议间协调的“政府间生物多样性和生态系统科学与政策服务平台”（Intergovernmental Science-Policy Platform on Biodiversity and Ecosystem Services，IPBES，成立于 2012 年）。

另一种是纵向实施上的协调一致性，主要是相关条约机构和国际组织通过实施区域项目，设置区域性分支机构（如各区域中心、区域培训部门），以及设立国家的分支委员会等方式，搭建区域内部以及区域间的合作网络，促进条约在区域、国家和地方层面的有效落实，乃至实现全球范围的目标。如《拉姆萨尔公约》的 15 个区域计划、4 个区域中心和 11 个区域网络就旨在支持特定区域湿地生物多样性保护相关问题的合作和能力建设，代表性的有针对综合管理和合理利用红树林、珊瑚礁、海鸟、湿地的海洋区域计划。

除了上述更多侧重于行动上的协调，以及对于迁徙物种的国家内部实施的协调性规范（如 CMS），另外还有较为重要的空间上的协调，一些基于区划的管理工具或方法会同时纳入不同条约框架下的保护措施中，如一些湿地会被同时认定为拉姆萨尔湿地和世界遗产地，或者同时认定为拉姆萨尔湿地和人与生物圈计划的生物圈保护区。协调不同管辖边界的生物多样性养护还可以通过建立跨界保护地来实现，如跨界拉姆萨尔湿地（Transboundary Ramsar Sites）——丹麦-德国-荷兰的 Wadden Sea，跨界世界遗产地如克卢恩/兰格尔-圣伊莱亚斯/冰川湾/塔琴希尼-阿尔塞克、高海岸/瓦尔肯群岛（陆小璇，2014）。跨国保护地旨在较大尺度上实现更为有效的基于生态系统管理，对生物多样性保护的协调性和完整性具有重要作用。

（三）海洋生物多样性保护与开发活动之间的冲突与平衡

前文所述，海洋生物多样性的驱动力-压力过程和影响因素是生物多样性保护与海洋开发活动之间利益冲突与平衡关系的直观体现，但是实际当中发生的相互作用和冲突关系更加错综复杂。从全球范围来看，不论是国家管辖范围内还是国家管辖范围外，海洋生物多样性保护与海洋开发利用活动之间的互动关系从本质上源于人类享有的海洋自由与海洋控制权之争，具体体现为不同权利义务之间的冲突与平衡。UNCLOS 及相关国际法从整体上确立了海洋开发利用和保护的国际基本秩序，UNCLOS 基于平衡国家利益的目的对海洋进行区域划分，在赋予各国海洋利用和管辖权利的同时，也考虑到海洋生态环境的保护，是国家享有海洋生物多样性资源与环境相关权利义务的基本依据。海洋生物多样性保护的要求不仅体现在海洋环境保护和生物资源养护的内容中，也体现在各项海洋自由，以及航行、海底矿产开发等海洋开发利用的条款中。

（1）在航行权和海洋环境保护义务的关系方面，主要焦点在于解决航行污染对海洋环境的影响，维护航运发展的同时减缓对海洋环境和生态系统的破坏。按照 UNCLOS 所划分的海洋区域，航行权和环境管辖权的关系体现为：①领海内外国船舶的无害通过权，沿海国具有较为严格的海洋环境管辖权［如第 19 条第 2 款（h）、第 23 条、第 211 条第 4 款］和执法管辖权（第 220 条第 2 款），还可以通过航线划定制度对抗无害通过权（第 22 条）；②用于国际航行的海峡内可以享有航行自由权和海峡领海部分的过境通行权，同时，如果外国船舶违反了第 42 条第 1 款（a）关于航行安全和（b）污染物质排放的法律和规章，海峡沿岸国可采取适当执行措施防止和控制污染；③群岛水域的航行制度分为群岛海道通过权和无害通过权，海洋环境管辖权也相应地根据航行权不同而不同，船舶在行使群岛海道通过权时的环境义务以及群岛国关于群岛海道通过权的海洋环境立法均比照适用过境通行权的相关规定（第 54 条）；④专属经济区的航行自由，沿海国具有海洋环境保护和保全的管辖权和执行权（如第 211 条第 5 款、第 6 款，第 220 条第 1 款、第 3 款、第 5 款、第 6 款），故航行自由权受到很多限制；⑤公海的航行自由权的行使“须适当顾及其他国家行使公海自由的利益，并适当顾及本公约所规定的同‘区域’内活动有关的权利”（第 87 条第 2 款），对海洋环境污染的管辖权，一方面表现为船旗国的立法和执法上的管辖权[①]［第 94 条、第 211 条、第 216 条（1）、第 217 条］，还创立了港口国的环境管辖权和监督权（第 218 条）；另一方面通过扩大沿海国的管辖权[②]实现海洋环境保护的目标，如沿海国可以通过航线划定制度和措施的制定与执行减少航行事故对海洋环境的威胁（第 211 条第 1 款），沿海国为避免海难引起的污染，可以在领海之外采取和执行更加严厉的措施（第 221 条）。

综上可知，UNCLOS 对于航行权的分配是以沿海国管辖权利的区域划分为法律标准，以沿海国的航行利益诉求为主要目的，而不是出于海洋环境保护为主的考虑，虽然在协调二者冲突的法律机制上有所突破，如 IMO 根据公约目的针对航行对海洋环境的破坏所创设的三类专门性海洋保护区制度——“MARPOL 特殊区域”“特别敏感海域”和“排放控制区”，有力地强化了海洋环境管辖权，但是现有的这些机制的力度和水平不足以协调跨区域、中尺度和大尺度范围内的航行活动与环境保护冲突。尤其随着国际贸易迅速发展，航运全球化的深入发展要求更加强化的航行权，但是同时带来的广泛、日益加剧和累积性的海洋环境破坏也呼吁更加强化的海洋环境管辖权，在

① 《防治船舶污染国际公约》（MARPOL）、《国际海上人命安全公约》（SOLAS）以及其他有关国际公约、国际海事组织决议等法律文件仍然坚持强调船旗国应承担防止船源污染的首要责任。

② 1969 年《国际干预公海油污事件公约》（International Convention Relating to Intervention on the High Seas in Cases of Oil Pollution Casualties）及其 1973 年《国际干预公海非油污类物质污染议定书》（Protocol Relating to Intervention on the High Seas in Cases of Marine Pollution by Substances Other Than Oil），也确认了沿海国在公海上采取必要措施以防止、减轻或消除污染对其海岸或相关利益造成危险的权利。

可预见的未来二者之间的冲突日渐激烈。因而，协调二者的冲突，需要突破单纯依据人为创设的法律边界局限，从整个海洋生态系统视角出发，拓展和完善现有的各类海洋保护区制度，并结合法律的限制性规制措施，针对跨界性、区域性海洋环境保护与航行权的协调制定出更加综合、系统性的安排。

（2）在海洋生物资源利用和养护的平衡方面，生物资源本身属于海洋生态系统的生物构成要素，海洋生物资源利用的方式直接关系到海洋生物多样性的状况，对海洋生物多样性具有直接影响的就是生物资源的过度或不合理开发。UNCLOS 对国家管辖海域赋予了国家相应的海洋生物资源权利，以及实现可持续利用的养护义务，但是对于国家管辖外海域的海洋生物多样性问题，相应的管理和保护制度仍在逐渐发展和完善过程中。海洋生物资源养护的主要冲击在于人类过度捕捞、破坏性捕捞、污染和气候变化等威胁，航运、海底采矿、铺设海底电缆和管道、海洋科学研究以及旅游业也可能对生物资源及其生境造成负面影响；此外，由于人类现代技术的应用，加上鼓励性政策措施，深海和大洋水域的生物资源面临日益加剧的压力和风险。在这方面，UNCLOS 对于生物资源的养护仍然侧重单一部门性的方法，欠缺开发利用与生物资源养护之间的协调。更多的工作是联合国相关组织机构（主要是 FAO）根据 UNCLOS 及其相关执行协议精神，以及生物多样性保护的有关公约制度，通过设计和实施特定的空间性保护方法、限制性规范措施、可持续性利用方式等，平衡社会经济对生物资源的发展需求与生态环境保护的关系。随着全球渔业的区域化管理，不同国家间渔业权和渔业资源养护的权益和义务之间怎样平衡，也是国际社会面临的一个主要难题。综合现有的协调制度和保护措施，根据海洋生物资源的自然属性和生态系统特征，有效整合和落实可持续的生物资源利用与关键生境的保护手段，系统协调政策性措施和基于生态系统的渔业生物资源区域保护方法，是切实可行的一个备选解决方案。

（3）在海底区域自然资源开发和生物多样性保护方面，对国家管辖范围内的海底活动造成的污染，沿海国具有制定法律和规章、采取合理措施的权利和职责，并应尽力在适当的区域一级协调其在这方面的政策（第 79 条第 2 款、第 208 条）。依据 UNCLOS第十一部分的规定，“区域”是指国家管辖范围以外的海床和洋底区域及其底土。UNCLOS 第十一部分及 1994 年协定规定，“区域”及其资源为人类的共同继承遗产。UNCLOS 一般性地要求各国养护和管理其国家管辖范围以内和以外地区的海洋生物资源，保护和保全海洋环境。在国际海底区域内活动的有关环境问题方面，UNCLOS 规定，必须采取必要措施，以确保切实保护海洋环境，不受“区域”内活动可能产生的有害影响［第 145 条、第 147 条，第 162 条第 2（x）项，第 209 条］。目前与国际海底区域生物多样性有关的国际公约，UNCLOS 和 CBD 均未对处于国际海底区域生物多样性问题做出明确规定。但是，由于“区域”生物多样性与“区域”本身的环境有着无法割裂的联系，矿产资源和生物资源休戚相关，国际海底管理局在管理矿产资源开发的同时，不能回避生物多样性问题。UNCLOS 第 145 条赋予了国际海底管理局对海洋环境进行保护的职责，“应按照本公约对‘区域’内活动采取必要措施，以确保切实保护海洋环境，不受这种活动可能产生的有害影响。为此目的，管理局应制定适当的规则、规章和程序”。但是仍然，现有国际法律框架尚不能对国家管辖外海底区域的矿产资源开发和生物多样性保护问题进行有效规制，亦未有国际组织进行有效监管。联合国政府间会议将于 2023 年 3 月达成的关于国家管辖范围以外海洋生物多样性养护和可持续利用国际协定，旨在建立和完善以下国际制度：海洋遗传资源及其惠益分享制度、包括海洋保护区的划区管理工具、环境影响评价制度、海洋生物多样性养护和可持续利用的能力建设与技术转让制度（Druel and Gjerde，2014）。从不同层次来看，UNCLOS 和 CBD 是全球海洋生物多样性问题的“最高位阶”的法律依据，二者相互补充，但同时，作为综合性的国际公约，法律规则的具体可操作性和存在的空白仍需要通过制定新的国际法律来弥补。总之，对海底资源开发权与环境管辖权和生物多样性保护义务的法律规制和协调制度有待进一步完善，现有的规范和安排也需要更加有效地执行。

除了传统的海洋资源开发利用形式，随着人类科技进步和发展需要，对海洋开发利用会越来越向纵深发展、尺度也越来越拓展，随之而来对海洋生物多样性的影响也会越来越多元、复杂。不同的海洋利用活动在空间上具有重叠性和累积性影响，基于单个物种、种群或部门性的管理无法满足整个生态系统区域的保护需要。法律管理和地理位置的相互作用是后现代社会海洋方法的重要特征，不同空间范围适用不同的法律工具、管理工具。对现实和潜在的冲突协调关乎海洋生态系统及其向人类提供生态系统服务的可持续性，建立和完善更加包容、协调和公平的以生物多样性保护为核心的权利义务体系，以及综合性规划和养护管理相结合的体系具有重要的意义。其中，针对不同海洋利用活动之间，以及海洋利用与保护之间冲突的协调问题，国际性组织机构、区域性专门计划和国家都应该充分发挥积极的作用，促进各部门性政策间的协调，推动不同层级和尺度上政策和方法的关联互动，强化相关利益主体之间的沟通合作。

第二节　全球海洋治理下海洋生物多样性保护规划与管理制度

一、全球海洋治理背景下的海洋生物多样性保护

（一）海洋生物多样性与生态系统管理

1. 海洋管理理念的发展演化

现代社会（20 世纪 50—60 年代）倾向于从经济视角视海洋为取之不尽的资源仓储库，而到后现代社会则尝试应用整体论研究方法，将海洋作为地球的一个构成部分，视其为一个复杂的相互作用系统。认识海洋的新方式引导着人们从新的角度思考管理模式，将海洋生态环境科学在政治上逐步开启了国际化的过程。1992 年，联合国环境与发展大会（UNCED）形成的框架中提出了保护生态系统的完整性是未来开发海洋资源的基础。CBD 也在这一理念转移过程中起了重要作用，通过强调生态系统生物多样性的特性来影响生态系统管理的整体性。《21 世纪议程》（第 17 章）对海洋生态系统管理有关的问题阐明了原则、方针，如对濒危物种和脆弱生态系统的特殊保护措施。UNCLOS 对公海水域海洋环境保护相关条款也间接地为生态系统管理策略提供了重要依据。总体来看，全球海洋生物多样性管理脉络经历了内容上从强调生态系统个体要素和具体问题管理到生态系统整体性管理再到生态系统各要素的协调管理，尺度上从分散性区块管理到整合性的全球治理，进一步落脚到综合性区域和地方治理的发展演变。

2. 全球海洋治理体系的结构特征

全球化的扩展和深入，以及全球性海洋问题的出现推动了全球海洋治理理论体系

发展。结合全球治理理论[①]和海洋治理[②]等概念内涵，全球海洋治理是指在全球化的背景下，各国的政府、政府间组织、非政府组织和个人等主体，通过具有约束力的国际规制和广泛的协商合作来共同解决全球海洋问题，进而实现全球范围内海洋的可持续利用、保护和管理（王琪和崔野，2015）。从总体上来看，全球海洋治理的对象或客体是实际存在或者潜在的影响全人类共同利益的全球性海洋问题，如海洋安全、海洋环境、海洋资源的开发与利用、海洋生物多样性保护、全球气候变化等。由于海洋的流动性、立体性和延伸性，以及边界的模糊性，这些海洋问题也因此具有国际性的相互依存特征。全球海洋治理的主体除了主权国家外，还包含非国家实体及联合体，不同主体以国际合作方式，基于维护共同利益的价值取向，通过各种国际机制实现全球海洋问题的解决（星野昭吉和刘小林，2011）。具有约束力的国际规制工具包括一系列规范各国涉海行为和维持正常国际海洋秩序的公约、条约、协议、宣言、原则、规范等各种正式的和非正式的规则、制度体系，是全球性的、区域性的或国家间的各种范畴和层面规制的复合体（图 2-1）。全球海洋治理所强调的应该是全球性海洋问题、国际海洋秩序塑造中管理方式的“善治”（Good Governance），集中体现在治理过程的多层级的协调与合作（陈伟光和曾楚宏，2014）。

3. 海洋生态系统管理的区域化

海洋的自然特征和人类社会活动对它的影响具有空间差异性，而人类活动和海洋自然生态系统之间相互作用，构成了具有区域特性的“空间有机体”。这两个方面的视角构成海洋管理的两种研究路径，即区域特性和海洋区化（阿戴尔伯特·瓦勒格，2007）。前者所体现的是自然要素或人类海洋资源利用的地域分异特征，是独立的、分散的多个海洋地区；后者则是人类与海洋生态系统广泛相互作用的产物，具有明确的组织框架和发展目标，海洋区域的空间范围因此并不必然与一个海洋生态系统的空间范围完全一致，而是一种复杂的、动态的产生和运行的空间过程和政治过程。海洋生态系统的构成模式是由不同时空尺度下的多重因素共同塑造的结果，生态养护的行动应该与这些因素的范围相匹配（图 2-1），否则要么产生大尺度的生态过程无法采用小尺度的政策予以应对，要么大尺度的政策无法有效地响应小尺度的生态过程，结

① 全球治理理论形成于 20 世纪 90 年代初期，由美国学者詹姆斯·罗西瑙最初提出全球治理的概念（利比安娜和罗伯特，2010）。

② 美国学者利比安娜和罗伯特（2010）认为，海洋治理用来表示那些用于管理海洋区域内公共和私人的行为以及管理资源和活动的各种制度的结构和构成。

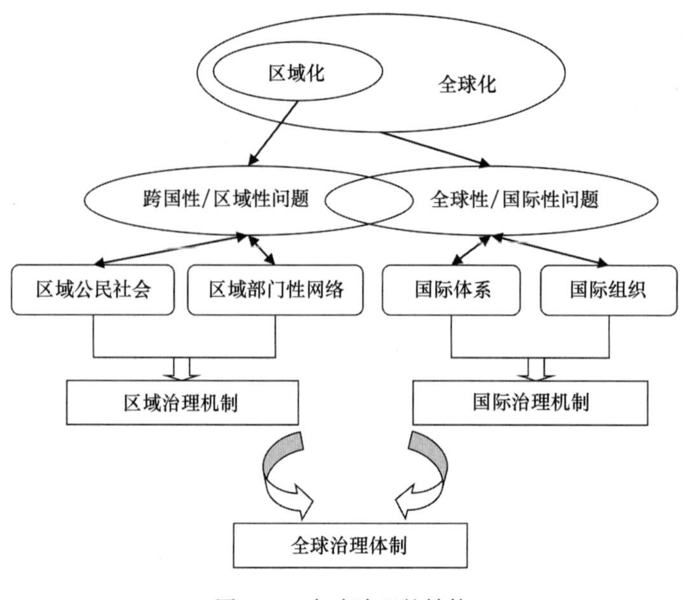

图 2-1　全球治理的结构

来源：张胜军，2013

果都会造成调整措施的无效或低效率，也浪费了宝贵的政策资源。随着人类对特定范围海域的压力逐渐增大，对海洋资源利用的强度变大，寻求区域的可持续发展目标需求也加大，对生态系统完整的区域资源的合理、公平利用诉求增加，尤其面对全球变化、环境变化和社会变化的严峻挑战，海洋管理区域模式的产生和广泛应用成为必然趋势（阿戴尔伯特·瓦勒格，2007）。随着海洋管理的科学发展，海洋区域的构建逐步走向成熟，客观上需要设计适用于区域尺度的管理模式，采用具有合理概念和方法框架的管理方法，满足区域目标和发展的要求，同时平衡海洋资源利用与生态系统保护（包括生产力、恢复力和生物多样性三个主要方面）的关系。

从广泛意义上，海洋被分为沿海和深海两个领域，根据不同的标准和目标，海洋区域划分的类别也有差异。按照自然环境标准可以分为深海生态系统、沿海生态系统、封闭和半封闭海域等类型，其中封闭海、河口和海湾都是海岸管理的焦点领域。按照法律框架来分，大体上分为国际管辖和国家管辖区域（Alexander，1984）。UNCLOS 所划定的区域框架和地理学上的区域理论是不同的，更多从国家管辖和利益的划分出发考虑海洋区域的分类标准，如 UNCLOS 第 122 条对封闭和半封闭海的定义就比地理学的标准更广一些，并且据此在 UNCLOS 第 123 条概括了封闭和半封闭海沿岸国家应该为了生物资源保护、开发和管理，海洋环境保护和科学研究的共同目标而开展区域合作。UNEP 还将区域海洋定义为“合理的半封闭或封闭海域，也是存在着清晰明确的共同问题的海域”（UNEP/WG 63/4，Annes Ⅱ，Recommendation No. 2），换句话说，当半封闭区域和封闭区域以及开放性海域存在国家间进行协作的适宜政治条件时，并且国家间同意进行友好合作，就可以被看作是区域海域（阿戴尔伯特·瓦勒格，2007）。

海洋管理的目标本质上是实现海洋生态系统整体性的可持续发展，海洋生态系统的区划层次从全球到地方不同尺度上进行确定。海洋的区域化可以看作是实施一系列空间性方法和策略以促进海洋可持续治理的整体性优化的过程（Vallega，2002）。根据地理尺度的不同，海洋生态系统分为几种（图 2-2），当前处理全球和地方海洋之间海洋尺度的重要工具是通过基于大海洋生态系统的方法，区域尺度上全球大陆边缘海域又可以划分为 64 个独特的大海洋生态系统，这为全球海洋生态系统的区域管理奠定了重要基础。联合国环境规划署牵头开展的区域海洋规划以及区域行动计划是对区域治理方法的认可和发展。

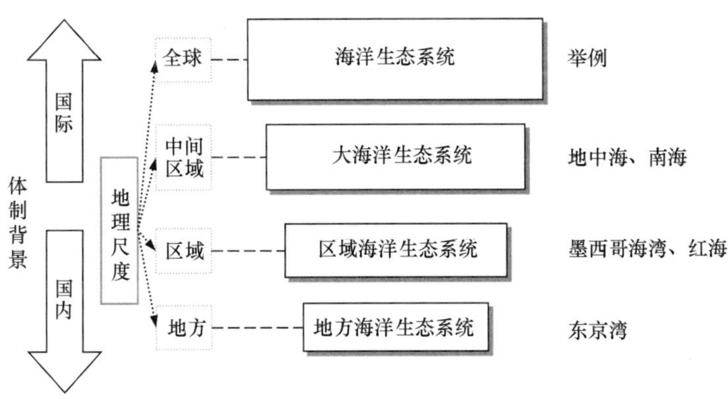

图 2-2 不同地理尺度的海洋生态系统空间类型

来源：阿戴尔伯特·瓦勒格，2007

（二）基于生态系统管理方法的要点

基于生态系统的管理归根结底是基于区域的方法或者基于区划的方法（Area-or place-based approach），如上文所述，根据生态区域的不同范围对应不同层级的国际或区域等尺度的规制体系，海洋生物多样性的空间整体性要求海洋生态系统管理的方法应体现纵向的一致性（AID Environment et al.，2004）。首先，作为管理范围和评价方法的海洋区域按照管理需要，综合法律、经济、生态等标准被划分为详细的次级区域

(Subregions）体系，便于准确界定生态系统的范围、特征、构成、变化和环境影响关系等要素，开展具体的基于社会-经济空间分析的生态规划和评估。其次，相关不同层次的法律和规则从上到下更为具化，从全球性的原则性框架，到区域性规划、标准，再到地方本地化的需要，都在一定程度上体现了贯通和一致性。如最具全球影响的《21 世纪议程》第 17 章对作为一个整体的海洋的保护、开发和利用等主要问题进行了综合性评述，提出了解决从全球到地方范围的各个层面问题的基本方针。UNEP、FAO、IMO 等国际组织机构根据《21 世纪议程》的内在精神，依据第 17 章的指导方针实施了各自的区域海洋计划，带动许多国家和地区着手制定了相关的计划，促进海洋的可持续发展。再次，全球性海洋问题在区域层面也具有不同的表现特征，导致区域范围开展的海洋计划在具体目标、范畴、管理策略和方法上不尽相同，如波罗的海区域海洋环境保护计划就主要关注海水富营养化、有害物质污染、生物多样性和航行等优先事项，地中海主要关注海洋特殊区域的保护等，合理的区划工具有助于优先管理问题的确定。最后，海洋生态系统管理会覆盖从海岸带到近海再到深海的空间范围，陆海统筹的整体性要求海岸带和海洋综合管理的有机衔接而不能割裂开来，海洋生物多样性所具有的地理层面特征使其与陆地和海洋都密切相连。因此，海洋生物多样性管理的重要挑战也在于如何将针对这两个空间地域的政策无缝连接起来，而实际上这两个空间范围的界限也并不是明显界定的，复杂交错的管理范围应该依据统一的标准予以协调（Queffelec et al.，2009），空间性管理工具有利于基于生态系统管理的实施。

在从国际体制到区域和国家以及地方层面体制的纵向一体化方面，所面临的最大困境就在于如何实现国家管辖尺度与国际体制的一致性。海洋生物多样性领域的国际性宣言、公约和其他法律文件体现了国家主流的共识和一定程度上的政治承诺，以及共同追求的价值目标和行为方向，如 CBD 的“爱知目标”就较为明确地提出了关于生物多样性保护的量化目标指标，已被许多国家认可并纳入国家性生物多样性保护规划和计划中；CBD 第二届缔约国大会第Ⅱ/10 号决议敦促把海洋和海岸带综合管理作为解决人类对海洋和海岸带生物多样性的影响、促进海洋生物多样性保护及可持续利用的最适合的框架（CBD，1995），通过实施海洋与海岸带综合管理将海洋生物多样性保护的目标纳入陆海统一规划中付诸实施。但是实践中对于这些目标的实施过程并不尽如人意，海洋生物多样性的持续衰退趋势即是证明。实践中海岸带综合管理普遍没有将生物多样性充分地考虑其中，如何在生物多样保护及可持续利用的各组分之间找到合适的平衡点仍然十分困难，海岸带综合管理对于维持及提高海洋生物多样性的潜力也有待进一步认识（杜建国等，2011）。归根结底在于国家管辖下对国际性或区域性的海洋生物多样性保护的原则、规范和制度执行不力，各国实施的程度、水平和进度各异可能导致各种矛盾或者不协调的后果，这些都是海洋全球治理和区域治理一体化过程中面临的主要障碍。

二、海洋生物多样性保护的规划管理及方法

人类开发利用海洋生物资源与生态环境的根本目标在于最大化获取和维持海洋生态系统服务，对海洋生物多样性的保护归根结底是实现最优化地享用海洋生态系统服务的同时调节不合理的开发模式、平衡不同利用方式、维护不同生态系统服务之间的和谐关系。海洋生物多样性的有效保护和治理的过程需围绕相关的海洋生态系统服务开展相应的评估、规划和调控，其中，海洋生物多样性保护和利用的综合性规划和管理工具发挥着特别重要的作用。

（一）海洋生物多样性保护规划的基本概念

海洋规划是在一定时期内，统筹安排海洋开发、利用、治理、保护活动的战略方案和指导性计划，海洋规划体系涵盖不同层次、不同方面的海洋开发、管理、治理和保护等活动，是由多层次和多类型的海洋规划相互联系、相互促进所共同构成的规划系统，解决海洋可持续发展的问题（李双建等，2012）。国家管辖范围内的海洋规划作为海洋综合管理的依据，从级别上可分为国家、区域、省级和地方等，从类别上可分为总体规划、空间规划和专项规划等。其中，海洋空间规划是较为基础性和约束性的海洋综合管理工具，是协调各类海洋生态系统服务功能和用途的空间开发和布局的基础依据。从本质上来讲，海洋规划和管理的重点仍然是对生态系统造成压力的人类活动，应确保人类以符合海洋健康的方式开展活动（Kidd et al.，2013）。

生物多样性保护规划的目标是持久地维护包括生态、基因、行为、进化与自然规律的集合性过程，还包括与以上各个过程协同进化且兼容的种群。规划主要根据特定区域尺度下的社会经济发展水平和需求，根据生态学理论，为海洋生物多样性的开发利用和保护提供可行性依据，更多体现了海洋及其资源环境的社会属性，具有时间和空间尺度以及水平程度上的引导、规范或限制因素，与相关的管理规范性措施共同构成既有原则要求，又体现管理主体意志和时空尺度安排的海洋管理体系。生物多样性

保护规划以各类生物自然生境和栖息地保护、改善、修复和重建为基础，以重要物种、群落保护和恢复为重点，强调生物多样性保护的整体性和系统性。

海洋生物多样性保护规划具有战略性和功能性两个方面的特征，其与其他海洋开发利用规划之间的关系应该协调相容。空间上，海岸带、近海和远海的生物多样性保护规划相衔接，确保生态系统管理的完整性和一致性；部门性的不同发展规划应与生物多样性保护规划的政策相容，确保生物多样性保护与利用均衡发展。海洋生态系统过程的时间差异性、生态系统服务的利益流动差异，以及人类社会经济发展与保持生态系统健康的价值变化，意味着规划在时间上的动态发展特征，也决定了管理目标确定的参照基准和适应性决策的制定。

（二）海洋利用与生物多样性保护的相容性和冲突

随着世界人口数量的增长和海洋利用的需求增加，传统海洋利用方式在空间范围和规模上激增，海洋管理的范围也向远海方向不断扩展。海洋利用的强化和延伸从深层次上看是一个空间过程，具体则体现在人类社会和海洋系统围绕海洋生物资源和非生物资源开发所产生的相互作用中。对海洋利用的观念认识和侧重点也从传统的单一利用到多种利用，以及各种利用间的相互影响及其与环境间的关系，到 20 世纪 90 年代以来发展为将海洋作为一个复杂而相互作用的网状系统进行整体利用的观点。各种利用方式之间的冲突必然带来海洋生态系统的压力，人类不合理的利用压力或累积的影响都会对生态系统造成影响。根据特定经济、社会和文化环境等背景考察现阶段居于主导地位的、被选定的多种海洋利用方式，对于准确描述海洋复杂利用体系，明确海洋管理的重点具有重要意义。

从生态学和管理的综合视角来看，不同海洋利用之间的关系主要分为两大类：一是相容或共存；二是竞争或冲突（图 2–3）。一般情况下，相容或共存的多种海洋利用体系在满足生态系统恢复力的限度下是有益于海洋生态系统可持续发展的，冲突或竞争的状态则反之。海洋利用中不相容的主要原因及表现有以下几种：

一是围绕海洋空间的竞争。海洋空间包括海面及上空、水体、深海及海底这样一个立体的空间范畴，根据用途海洋可以被作为流通空间的海洋，如航海、海上运输和海洋捕捞，作为通信空间的海洋，如铺设海底电缆，作为资源宝库的海洋，如海洋里的生物资源和矿产资源，作为文化宝库的海洋，如水下考古（阿戴尔伯特·瓦勒格，2007）。当两种以上的海洋利用方式布局在同样的地点，或者空间范围上重叠，相同

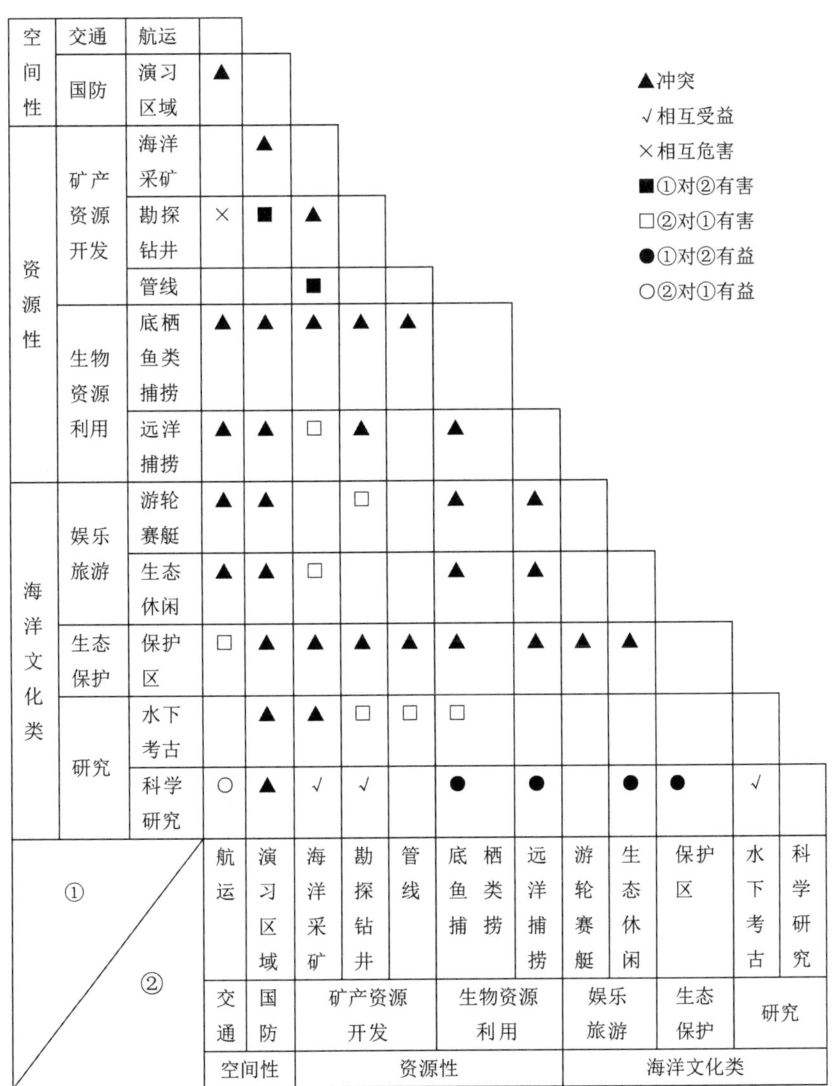

② \ ①			航运	演习区域	海洋采矿	勘探钻井	管线	底栖鱼类捕捞	远洋捕捞	游轮赛艇	生态休闲	保护区	水下考古	科学研究
空间性	交通	航运												
空间性	国防	演习区域	▲											
资源性	矿产资源开发	海洋采矿		▲										
资源性	矿产资源开发	勘探钻井	×	■	▲									
资源性	矿产资源开发	管线			■									
资源性	生物资源利用	底栖鱼类捕捞	▲	▲	▲	▲	▲							
资源性	生物资源利用	远洋捕捞	▲	▲	□	▲		▲						
海洋文化类	娱乐旅游	游轮赛艇	▲	▲		□		▲	▲					
海洋文化类	娱乐旅游	生态休闲	▲	▲	□			▲	▲					
海洋文化类	生态保护	保护区	□	▲	▲	▲	▲	▲	▲	▲	▲			
海洋文化类	研究	水下考古		▲	▲	□	□	□						
海洋文化类	研究	科学研究	○	▲	√	√		●	●		●	●	√	
			交通	国防	矿产资源开发			生物资源利用		娱乐旅游		生态保护	研究	
			空间性		资源性					海洋文化类				

图 2-3　主要海洋利用的相互关系

来源：阿戴尔伯特·瓦勒格，2007

的海洋空间可能并不足以容纳这些海洋利用。还可能存在相同利用方式所处的位置冲突，如用于军事演练的海域和商业航运之间的冲突，以及同一种利用方式运作中的某个环节与其他利用方式的空间冲突，如海洋油气资源开发中的运输环节与游艇旅游之间的冲突。

二是不同海洋利用方式对相同资源的竞争。主要是指生物资源，对渔业资源的不同开发利用方式，如休闲渔业和过度或破坏性捕捞方式，以及养殖业之间的冲突。不同利用方式体现在对跨区域或跨管辖边界的海洋资源利用上，不同管辖空间下的跨界性生物资源利用往往因不同的利用方式、水平和程度而存在冲突，最终可能会造成资源的衰退。

三是一种利用方式对生态系统的负面影响损害其他利用方式。包括：一种利用方式对其他以生态系统保护为目标的利用方式造成危害，如海洋保护区和海上倾倒、油气勘探钻井等的冲突；一种利用方式附带造成的生态环境负面影响不利于另一种利用方式的可持续发展，如海上运输和渔业；还包括一种利用方式造成生态景观的改变而损害其他利用方式的价值基础的情形，如海上工业开发和休闲旅游、海底钻探和水下考古等之间的冲突。

综上可知，不同海洋利用的冲突实质是不同利益之间的冲突，亦是不同海洋生态系统服务功能和价值之间的冲突。同时，兼具资源属性和空间属性的海洋生物多样性以及海洋生态系统与各种海洋利用之间的关系错综复杂，而这种复杂性恰恰是对海洋生物多样性进行保护和管理的基础。从决策系统的角度考虑，需要将不同利用方式之间及其与海洋生物多样性保护之间的关系结合社会、经济、法律和政治的关键因素予以考虑，进而为实现海洋生态系统管理的具体目标提供明晰的认识和逻辑指引。

海洋生物多样性保护与海洋利用的冲突具体体现为法律冲突、主体（利益）冲突和空间冲突，对冲突的调控主要通过权利界定、利益协调和可替换性的功能性方案等思路，促进矛盾的消除、减缓或达到相对兼容状态，实现海洋生物多样性可持续的利用和有效保护。对法律冲突的调控主要基于协调性原则，通过政策和综合管理措施协调现有的不同层面、不同部门的法律和政策；对于不同主体（利益）冲突，则需要依据平等、合作与互利的原则，通过明确权属、准入许可和合作制度安排确保公共产品和服务的可持续性；对于空间冲突的调控，主要依据统筹性原则，通过综合性战略规划，基于生态系统的方法规划海域空间的生态系统服务功能在空间上的发展格局，完善海洋立体空间的整体保护和综合治理模式。

国家管辖范围内的海洋生物多样性利用冲突是比较常见的，涉及国内法律法规，需要国内相关机构采取措施预防或解决。新的海洋利用方式的深化和拓展使得很多海洋利用的矛盾具有了国际尺度或跨界区域尺度的表现，如不同国家间（尤其是邻国之间）的相同或不同利用方式发生的冲突，这种情况下的冲突可以是不同海洋利用部门之间的利益冲突，也包括其他海洋利用部门对海洋生态系统造成的负面影响。此类冲突通常表现为国家之间在海洋空间资源、生物资源和矿产资源的利益冲突，还涉及国际环境管辖权利和保护义务的关系。另外，海洋利用的方式随着社会经济发展而不断革新，相应地，冲突可以分为潜在的和现实的，现实的冲突较容易描述和观测得到（Cicin-Sain and Knecht，1998），潜在的冲突通常是新的利用方式与已经存在或取得主导地位的海洋利用方式引起的冲突。解决这类多尺度海洋保护和利用冲突还需要关注社会、政治、经济等驱动力、人类未来需求及生态敏感性，开展综合的、具有前瞻性的评估、规划和管理行动。

（三）海洋生物多样性保护的规划管理工具

海洋规划是海洋综合管理的主要工具，海洋生物多样性保护规划是以海洋生物多样性保护和可持续利用为核心的决策过程。随着海洋生物多样性保护理论和方法研究的深入，海洋生物多样性保护规划的重点逐渐转向生物多样性的可持续能力，并强调生物多样性的时空动态性。使生物多样性的保护由静态评估转向动态评估（曲艺等，2013），客观上要求对海洋生物多样性保护的规划管理需要基于海洋生物多样性的时空异质性，通过系统、综合的规划优化实现海洋生物多样性的保护和利用的平衡。

1. 规划管理工具

按照规划的不同视角可分为基于时间的规划工具和基于空间的规划工具。基于时间性的生物多样性保护管理计划和措施主要考虑到生物多样性的进化过程会受到人类活动的各种干扰，人类过度开发或者不合理的开发利用海洋生物多样性资源的阶段、程度和方式都会影响生物多样性系统内部之间以及系统之间的作用过程，并会对生物多样性的物种、生态系统和景观等构成要素造成威胁。因此，需要通过时间性或周期性的指导计划或措施对海洋生物多样性的利用和保护活动有效管理，如为了渔业资源的可持续利用，世界各国普遍实行的鱼类资源保护制度——禁渔期，一般规定亲体进入产卵期后为禁捕期，或者幼鱼在某水域分布的时间定为该水域的禁渔期。又如，海洋保护区内根据不同保护对象可以实行绝对保护期和相对保护期制度。国际上，在多边或双边条约中也会对公共水域或相邻水域内的特定捕捞对象规定各种形式的禁渔期措施。时间性管理措施更多地由单一部门采用，主要为了平衡海洋生物资源利用和养护的矛盾，对于受到多种海洋利用方式综合影响的海洋生物多样性，采用跨部门甚至跨区域综合性措施十分必要，时间性方法和空间性方法需要灵活运用、相互补充，相关管理措施可以采取鼓励性、控制性、限制性或禁止性方法，有效协调不同海洋生物多样性利用活动之间、各种海洋利用活动与海洋生物多样性保护目标之间的关系。

基于空间的规划管理工具应用最为广泛，并逐渐拓展和深化。海洋生物多样性的空间立体性增加了规划管理方法和过程的复杂性，增加了海洋生态系统优先区域或目标的识别、区划和管理的难度。国际层面，由联合国相关机构和国际组织采取的空间性规划管理工具适用领域和范围广泛而多样（图 2-4），对于特定领域和区域海洋生物多样性养护和可持续利用产生了全球性影响。

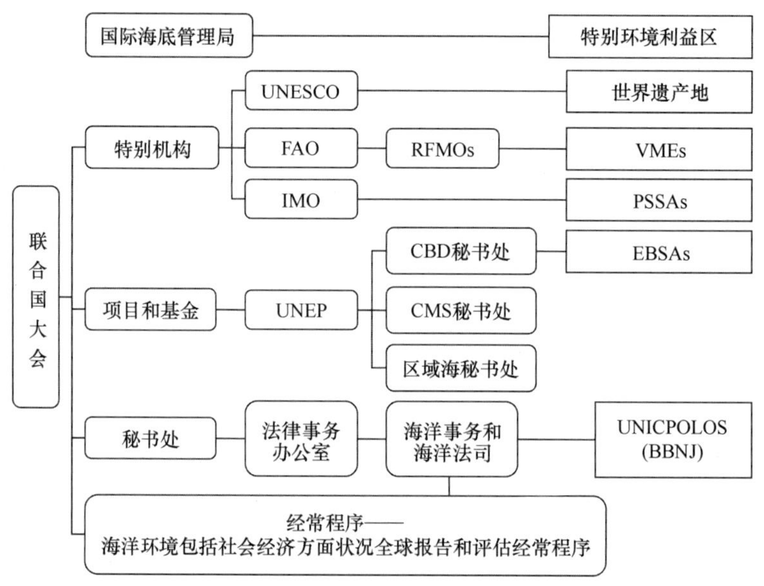

图 2-4　海洋生物多样性养护相关重要空间性工具

VMEs：脆弱海洋生态系统；PSSAs：特别敏感海洋区域；

EBSAs：具有重要生态学或生物学意义的区域；UNICPOLOS（BBNJ）：

联合国关于国家管辖外海域生物多样性养护与可持续利用（BBNJ）的海洋事务不限成员名额非正式协商程序

来源：Dunn et al.，2014

海洋生物多样性保护的管理工具或措施根据不同要素具有以下特征：

从保护和管理的目标来看，主要依据海洋生物多样性包含的各个层次——物种及其活动和栖息范围、单个生态系统单元、景观和大生态系统区域等，空间上会涵盖从近海到大洋深海的范畴，旨在实现海洋生态系统的可持续发展和整体性保护。

从管理对象的领域或部门来看，与海洋生物多样性保护和管理密切相关的部门主要包括航运、渔业、生物多样性养护，相应的部门性规制方法和措施，如 PSSAs 和 VMEs 就是协调海洋利用与海洋生态系统保护之间关系的积极行动，未来的努力重点也在于如何进一步深化海洋各个经济发展部门政策与海洋生物多样性保护政策之间的协调和融合，将海洋生物多样性保护纳入海洋和海岸带综合管理的体系中。

从管理的范围和属性来看，海洋生物多样性保护区域按照法律地位分为国家管辖范围内和国家管辖范围外，包括领海内、专属经济区、公海，还可包括跨界性、区域性的行动。如 CBD 的 EBSAs 识别标准对国家管辖范围内和国家管辖范围外海域生态系统方法的应用具有重要科学意义，IMO、国际海底管理局、区域渔业管理组织和 BBNJ 等框架下的管理措施可适用于国家管辖范围外海域。这方面需要重点关注的问题是跨界背景下，不同法律地位的海域相关权利义务之间的平衡，以及多层次和多部门之间生物多样性保护问题的有效协调。

从管理的策略和方法来看，海洋生物多样性保护的管理方法或措施包括基于地方性的方法、基于生态系统的管理方法、基于部门性方法和基于策略的方法等，这些方法的实施具有特定的背景条件。随着海洋生态系统管理的逐渐完善，以海洋生物多样性保护为重要内容的海洋管理更加需要采取多目标权衡、多方法协同、多层次协调的管理措施。

2. 基于生态系统方法的海洋空间规划

海洋空间规划是以生态系统为基础的区域海洋管理措施（Crowder and Norse，2008；Douvere and Ehler，2009b），是实现基于生态系统的海域使用管理的支撑框架和有效工具。海洋空间规划通过对各种海洋资源和空间利用活动的时空配置，解决人类活动之间以及人类活动和海洋生态保护之间的冲突，选择适当的管理战略来维护具备重要生态价值的区域、维持和保证必要的生态系统服务，以实现海洋生态、经济和社会综合目标的可持续发展，海洋区划是海洋空间规划的关键和核心步骤（Ehler and Douvere，2009）。政府间海洋学委员会（Intergovernmental Oceanographic Commission，IOC）在 2009 年发布了海洋空间规划的技术框架（*Marine Spatial Planning –a Step-by-Step Approach*）（图 2–5）。海洋空间规划为海洋管理提供以综合规划为基础的战略管理机制，并通过进行海洋生态功能重建来维持海洋自然恢复力（Douvere and Ehler，2008；Gilliland and Laffoley，2008），在提高海岸带地区的生活水平和生活质量的同时保护海洋生态环境（张冉等，2011）。

空间管理在保护海洋生物多样性的同时考虑到人类对海洋资源和环境的需求。海洋空间规划除了制定海洋管理战略计划，还通过审视和权衡不同情境使管理者和决策

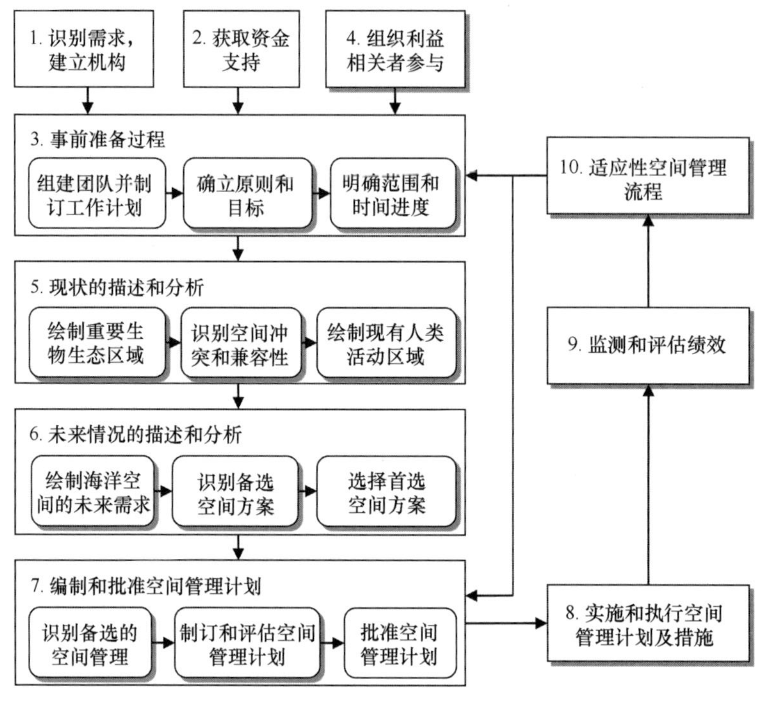

图 2-5 海洋空间规划的过程与步骤

图中带有阴影的矩形代表含有利益相关者参与的程序

来源：Ehler and Douvere，2009

者意识到海洋空间和资源利用的政策后果。在海洋空间规划中，对于一些特殊的物种或生态系统来说，一些区域比其他区域更为重要，对不同的区域要进行区分并实施差异化的管理措施，尤其是识别那些具有重要生物和生态价值的区域，并对其进行保护和管理是海洋空间规划的核心之一（Ehler，2008）。Boyes 等（2007）认为海洋空间规划必须优先考虑海洋保护区的划分。除了空间要素，海洋空间规划同时也考虑时间维度的因素，某些海域利用的预测方法就充分体现了季节性影响因素。

海洋空间规划的实施过程需要一个明确而清晰的法律和政策框架推动具有约束力的目标设置和优先权的确定（表 2-3），以及一个有效的、广泛参与式的治理体系。这一过程的有效实施通常需要采取较为务实的、循序渐进的步骤来推进。海洋空间规划主要的管理方法和要求包括：强化治理机制和法律框架，将海洋空间规划的新发展融入现有管理框架中；建立和完善生态系统产品和服务的监测、分析和情境建模；将影响评价和成效监测等配套措施纳入海洋空间规划过程中；推动政府和公共部门，以及教育和科研机构之间的协调与合作。同时，综合性的海洋空间规划实施也面临多种局限和困难，尤其面对多重管辖的情况，制度性障碍、环境或生态的考虑、社会约束因素和经济限制条件等都会对海洋空间规划的成效造成影响。海洋空间规划有效实施的科技支撑，也是当前的主要难点，区划和空间数据的可得性，包括环境特征、物种和生境空间分布信息，生态系统产品、服务和脆弱性的空间信息，对海洋空间价值的社会认知，准确评估人类活动的压力及其累积性影响的数据等都是海洋空间规划过程中的重要考察因素。

表 2-3　国际海洋空间规划的相关法律和政策框架举例

相关国际框架	法律和政策支撑
CBD	2004 年明确提出建立一个综合的以海洋和海岸带保护地为核心的空间管理框架
UNESCO-IOC	2009 年发布了基于生态系统的海洋空间规划技术框架；2021 年 4 月发布了 5 份海洋空间规划政策概要
EU	2002 年《欧盟海岸带综合管理建议书》确定海洋空间规划是整体区域资源管理的重要组成部分；2005 年《欧盟海洋环境政策纲要》发布了海洋空间规划的支持性框架，2006 年《欧洲未来海洋政策绿皮书》将海洋空间规划作为管理海洋经济冲突和保护海洋生物多样性的关键手段；2007 年《海洋综合政策蓝皮书》指出将为海洋空间规划和综合管理制定共同的原则和指南
亚太经合组织（APEC）	2011 年海洋资源保护工作组出版《跨界海洋空间管理指南》，在亚太区域认可和推广海洋空间规划理念，为协调经济体间跨界海域使用冲突提供参考

来源：李晓浩，2015；www. apec. org。

理论上，海洋空间规划可以在任何尺度和社会背景的区域范围实施，并作为一种组织框架具有强化国家和跨界尺度海洋综合管理的重要价值。海洋空间规划在跨界和国家管辖外海域实施的重要性和必要性不可否认，从实践中的最佳案例可窥见一二。APEC 的海洋资源保护工作组在促进跨界海洋空间管理的科学方法指导与项目实践发展方面取得了积极的进展，建立了包含 12 个步骤的跨界海洋空间管理过程框架（APEC，2011）。现有的一些多边机制，如区域海计划和大海洋生态系统管理实践，是实施跨界海洋空间规划的有益平台，可以通过这些已经搭建或完善的框架机制开展成效诊断分析和实施进一步的战略行动，进而推动管理方面的创新发展。同时，国际或区域性组织机构，如 IMO、区域渔业管理组织和国际海底管理局的作用对于在国家管辖外海域实施海洋空间规划也是十分重要的因素。尽管如此，基于生态系统的海洋空间规划方法在促进生态系统和跨界性共享资源的管理方面仍然有进一步研究和探索的空间。

3. 海洋保护区制度

海洋保护区是养护海洋生物多样性和维持海洋生态系统生产力的重要手段。海洋保护区是“由法律或其他有效手段予以保护的下述部分或全部封闭的环境：潮间带或潮下带及其上覆水体，以及相关动物、植物，历史和文化特征”（格雷厄姆·凯勒，2008）。生物多样性的“爱知目标”第11条明确，至2020年……10%的沿岸和海洋区域，特别是对生物多样性和生态系统服务特别重要的区域，应当受到有效和公平管理、具有生态代表性和良好连通性的保护区体系和其他有效的基于区域的养护措施得到保护。海洋保护区的宗旨就是养护和管理海洋生物资源，可以采取多元化、综合性的措施，例如，限制捕捞、限制航运活动、加强经济投入等（李凤宁，2013）。海洋保护区早已被公认为未来恢复海洋生物资源与保护海洋生物多样性的重要手段，符合环境管理预防性原则、生态系统管理原则、栖地保护重于物种保护原则等一般性原则与方法。

国际上，海洋保护区一般可分为六类，即IUCN划分的六种类型，包括严格的自然保护区、生物/物种管理保护区、海洋景观保护区和海洋资源管理保护区等。不同类型的保护地采取不同的管理模式，根据保护和开发程度进一步划分为核心区、缓冲区和实验区等空间管制结构。通过不同的保护区模式可以兼顾和协调海洋生物多样性保护与海洋资源可持续利用的关系。因此，海洋保护区科学合理的规划设计和建设对于海洋生物多样性保护和综合管理至关重要。

事实上，海洋保护区的目标、要件、程序和制度体系等形式各异，现有的国际、区域和国家层面海洋保护区建设和管理的政策和法律依据也较为繁杂。从海洋生物多样性合理保护的目标出发，海洋生物多样性保护区的规划和建设遵循必要的基本程序和科学依据（图2-6）。其中，海洋生物多样性优先保护区域的确定是核心，科学、合理的评估指标体系构建是划定保护区的重点。生物地理分类方法被认为较适合运用于海洋生物多样性保护优先区域的选划。该方法主要以地理学指标（显著的海岸线地形特征、已知的生物地理分割线、底质特征等）、水文学指标（水温、水深、盐度、海流、上升流等），以及地球化学指标（营养元素分布、陆源输入、沉积物等）三个方面作为分区依据（林金兰等，2013）。在实践中，一些地区的物种信息资料不能够满足评估的需要，操作中可以根据需要采用间接的方法，利用已知或可得的地方特有种或各类指示物种来确定和选划生物多样性保护的关键地区，即潜在的海洋保护区域，包括国家级重点保护物种、国际上关注的物种（如 IUCN 红色名录物种、CITES 附录物种）等，或者其他具有重要科研/经济价值的物种或生境（如珊瑚礁、海草等）。进行大尺度生物多样性保护相关分析时，物种的信息资料出现难以获取的情况，可以采取基于生态系统的方法，或者基于生态系统与物种相结合的方法，将重要的海洋生境丰度和分布等信息作为生物多样性评价的重要指标，确定生态重要区域以及潜在的优先保护区域。

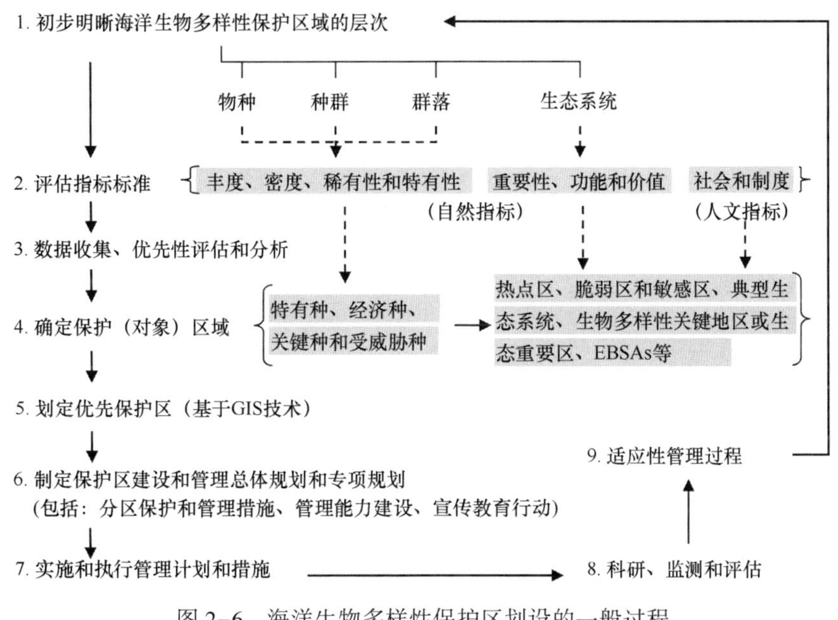

图 2-6　海洋生物多样性保护区划设的一般过程

在管理范式上，海洋保护区在生物多样性养护目标和功能上经历了由传统到现代的发展演变，前者更优先考虑野生动植物和生物多样性养护的目标，后者强调将野生动植物和生物多样性养护的目标与人类发展目标相结合（表 2-4）。对管理范式的理解有助于确定养护的优先领域和策略，任何范式都可以视情况适用于物种和生态系统。海洋保护区是维护和恢复海洋健康的方法之一，海洋利用和保护的目标也拓展到养护、渔业等多个领域，并相应建立了不同类型的保护区和不同的规划方案。但是，由于海洋保护区的目标通常较为单一或强调部门性的个别目标，与海洋生态系统管理所要求的生态系统健康与社会经济发展综合目标相比，仅仅是后者的部分体现，单独适用海洋保护区方法无法确保生态系统整体性发展，实现海洋生态系统管理的长期和多元目标需要将海洋保护区方法嵌入到更广泛的多部门性管理计划中，通过协调性机制安排达到不同目标的兼顾（Halpern et al.，2010）。另外，由于传统海洋保护区方法的实施不能涵盖所有 EBM 的目标，如平衡不同人类利用活动的关系、不同目标之间的权衡取舍等，如果海洋保护区的设计和规划存在纰漏，还可能会导致未被保护的区域受到更严重的生态破坏，因此，明确的政策目标、科学合理的海洋保护区设计和规划对于实现综合效益至关重要。实践中，当前的海洋保护区在全球和区域尺度对于促进 EBM 目标实现的作用并不突出，并不足以确保海洋生态系统服务的可持续供给，并且对于陆源污染、外来物种入侵和气候变化等此类具有较大不确定性的问题及其累积性环境影响，海洋保护区无法直接有效地应对，需要与生态系统管理方法有机结合，除了拓展海洋保护区的空间尺度和数量，还需对社会经济因素综合考量，进而促进 EBM 综合目标的实现。

表 2-4　保护区管理范式的比较

要点	传统范式	现代范式
目标	野生物种和景观保护为主； 重视荒野的自然价值； 管理上主要针对游客和访客	养护目标与社会经济目标兼顾； 通常基于科学、经济和文化原因设置； 重视荒野的文化重要性价值； 除了保护，还开展恢复、改造工作
治理	中央层面政府负责治理	多主体和利益相关者参与治理过程
地方层面	以人为规划和管理的对象； 管理中不考虑地方层面的意志	重视对当地民众的协作、服务或依靠； 满足地方层面民众需要的管理
广度	单独建设； 管理上独立和“封闭式”	规划为国际、区域和国家体系的一部分； 发展保护区网络并由绿色生态廊道连接
观念	仅关乎国家层面的利益	还具有全球性的利益考量
管理技术	短期的响应性管理； 注重技术层面的管理过程； 主要由相关领域专家学者主导管理	长期的适应性管理； 考虑政治因素的管理过程； 由具备多元化才能的人基于地方性知识主导管理
资金来源	纳税人付费	多来源途径

来源：Davis，2009。

海洋生物多样性的构成要素、结构和过程往往跨越不同政治边界，跨界保护区的建立就是为了确保生态系统管理的完整性和连续性，保护和维护生物多样性以及自然和文化资源而通过不同政治区域单元主体合作开展的一种管理模式。跨界海洋保护区的建立通常受到政治和社会因素的影响，具有生态系统保护之外的目标，如促进和平与安全、解决共同面临的问题或培育合作机遇等。这种跨界区域养护的发展趋势与全球范围涉及多个国家和边界的区域尺度海洋生态系统保护理念和实践发展相契合，如大海洋生态系和区域海洋管理项目都是涵盖跨部门和跨地理空间的区域保护网络。通过建立跨界海洋保护区或海洋保护区的跨界网络，确保海洋保护区的整体性、代表性和关联性。政府的意愿和利益的维护是跨界养护能够可持续发展的关键（Mackelworth，2012）。虽然海洋生态系统的可持续发展可以为国家间合作提供动力，但政治上常常注重短期效益，需要实践中首先采取务实性的策略争取持久的政治支持，例如，以和平公园的模式实施跨界性养护措施，这一跨界性的合作交流反过来可以促进国家间的关系改善（Vasilijevi，2015）。

4. MPA、MSP 和 EBM 的关系

MPA 和 MSP 是密切联系的管理工具。空间规划方法是首先被用于海洋保护区的管理中。MPA 需要通过空间规划和区划允许人类各种利用活动（如渔业和旅游）的同时确保海洋生态系统的高度保护，而在小尺度的保护区内部，区划方法也是设计不同保护措施的基本工具。MSP 是运用生态系统方法和标准识别并划设海洋保护区，同时协调各经济部门用海活动之间关系的框架体系。在大尺度范围内，MSP 对于确保海洋保护区之间的生态连通性也发挥着重要作用。通常各种海洋利用活动（如航行、渔业等）都具有跨界性影响，因此，MSP 从区域和国际层面实施十分必要（Douvere and Ehler，2008；Katsanevakis et al.，2011）。

EBM 的主要目标是通过综合性资源环境管理维护海洋生态系统健康、可持续地提供生态系统服务。EBM 的一个主要内容是通过维护关键生态系统结构、功能和过程，管理和平衡不同生态系统服务相关目标。建立各种类型的 MPA 属于 EBM 的一个重要方法。实践中如何将生态系统服务理念有效整合到各种尺度的空间规划和决策过程，以及在海洋利用规划中考虑可持续发展的目标是需要深入研究的一个重要方向（Hauck et al.，2013）。

MPA 和 MSP 都是海洋环境管理中实施生态系统方法的空间性工具。在不同空间尺度层面，MSP 随着区域范围的扩大，在综合社会、经济、文化、政治和生态的跨学科、跨政策集成方面的宏观指导功能越突出；EBM 在不同尺度适应不同的目标，相应的 MPA、跨界海洋养护（Transboundary Marine Conservation，TMC）和区域海洋治理（Regional Ocean Governance，ROG）都对促进 EBM 具体目标的实现发挥各自的作用，

在较大的管理尺度上，EBM 的实施有赖于从应用生态系统方法的管理发展到更加综合性和适应性的组织管理结构；综合性的基于生态系统的海洋空间管理（Ecosystem-based Marine Spatial Management，EB-MSM）糅合了 MSP 方法和 EBM 理念的主要构成要素，注重平衡日益增加的人类活动与海洋生态系统服务供给能力之间的关系，整合生态、社会、经济和文化维度的因素考量，促进管理边界和生态边界的管理协调（Katsanevakis et al.，2011）。

由于非空间性问题对海洋生态系统的压力和影响，单独实施任何一种空间性管理工具可能不足以有效实现 EBM 的综合性目标，需要将基于生态系统的空间性方法、工具与部门性规制措施相结合并置于系统性的海洋空间管理框架下，依据 EBM 的系统、全面与可持续的方法，对各类生态和社会价值有效整合（图 2-7），发挥 MSP 在协调不同部门利益冲突以及不同区域均衡发展的潜力和功能，简言之，将基于生态系统方法的空间性手段与基于政策和问题导向的管理规制性措施相结合，促进区域海洋管理的完善和一体化的发展进程。

尺度	方法	工具 →	策略 →	目标
		MSP	EBM	EB-MSM
地方 国家	MPA	识别和保护地区划	维持生态系统完整性和功能健康	生态系统健康、可持续生态系统服务和跨部门冲突的协调
国家 跨界	TMC	识别优先保护区及管理尺度	跨行政、政治协调和协作	区域横向一体化
跨界 区域	ROG	具有生态连贯性和代表性的 MPA 网络及管制措施	综合性和适应性组织管理	区域社会、经济、文化和生态均衡发展

图 2-7　不同尺度下海洋空间规划和生态系统管理的整合框架

MPA：海洋保护区；TMC：跨界海洋养护；ROG：区域海洋治理；MSP：海洋空间规划；EBM：基于生态系统管理；EB-MSM：基于生态系统的海洋空间管理

第三章　海洋生物多样性保护与治理的区域实践

海洋生物多样性治理的国际发展进程体现为全球化和区域化两种路径。随着海洋生物多样性养护和可持续利用的相关国际规则和制度体系不断发展完善，区域或次区域海洋周边国家围绕海洋生态环境问题开展的治理合作经历多个发展阶段后逐渐取得显著成效，在世界各地形成了丰富的实践经验和成果，区域性海洋治理的重要性与日俱增。应用“最佳环境实践”是海洋和环境管理中广泛认可的重要原则之一，已有的典型性和代表性区域的管理实践案例可以为类似情形下的行动方案提供参照经验。国际上较典型的海洋生物多样性保护区域实践可以分为区域性海洋生物多样性保护与管理、相邻国家间跨界海域的生物多样性保护合作、专属经济区海域保护生物多样性的空间规划和管理、公海海域的生物多样性保护区域实践，以及个别存在海洋争议的海域以生物多样性保护为内容的举措或安排等。本章着眼于全球范围内各类典型区域相关的计划与行动，重点考察基于生态系统的空间规划和管理方法/工具与生物多样性保护目标有机结合的有益途径和良好做法，以及在各种尺度和环境下成功实施的过程、要素和条件。同时，深入挖掘空间规划方法和生态系统方法在维护生物多样性赖以支持、提供有用产品和服务的关键生态系统过程中平衡养护与开发利益关系方面的潜力。试图通过归纳和剖析各种尺度、不同社会经济特征和不同模式的海域规划治理实践，凝练出具有可复制性的有益经验，为潜在区域的相关进程提供“全球最佳实践”的学习范例和现实启示。

第一节　区域性海洋生物多样性保护、规划与合作管理实践

一、欧盟 Natura 2000 海洋保护区网络

（一）概况

Natura 2000 是欧盟自然保护与生物多样性政策最核心的组成部分，也是欧盟最广泛的环境保护行动。Natura 2000 通过建立生态廊道，开展区域合作，保护野生动植物物种、受到威胁的自然栖息地和物种迁徙的重要地区。在范围上，Natura 2000 保护区网络遍布整个欧洲区域，截至 2021 年共确立了超过 3 000 个海洋保护地，涵盖了欧盟约 9%的海洋区域，是世界范围内最大的保护区网络体系之一。

（二）法律基础

Natura 2000 中的保护区主要由“特别保护区”和“特殊保护地”两部分组成。特别保护区是根据欧盟 1992 年的《栖息地指令》由成员国共同认定的保护区，目的是保护栖息地和物种，共认定了约 18 000 个保护区，为珍稀和脆弱的动物、植物和生境提供持续的保护和管理，特别保护区可以包含群礁或潟湖、潮间带，以及海域或海洋生物栖息的近海陆地区域。特殊保护地是依据 1979 年的《鸟类指令》认定的保护地，共确认了 190 多种濒危鸟类，4 000 多个特别保护地，以保护和管理珍稀或脆弱鸟类用以繁殖、哺育、越冬或迁徙的重要地区。欧盟要求所有的成员国实施 Natura 2000 项目，由各国家制定相应的法律，确保各国内的 Natura 2000 保护地由相关机构进行适当管理。

（三）认定程序

Natura 2000 作为维护欧洲最珍贵和濒危物种与生境的持续性网络，保护地（区）的设计和选取都依据明确、严格的标准和程序进行。不同种类保护区的设置依据保护目标的不同而不同。大体上，Natura 2000 保护区的建设经过了申请、认定、批准和划

设，以及后续的管理与修复几个基本阶段（图3-1）。首先由国家层面根据两个指令所规定的生境和物种名录以及标准向欧洲委员会申报“具有共同体重要性的地点”（Sites of Community Importance，SCIs）的提案，欧洲委员会根据特定标准和程序作出批准与否的决定，一经批准和认定为SCIs，成员国须在6年内划定该区域为特别保护区或特殊保护地，并在此期间内进一步采取必要的管理或修复措施确保合理、有效地进行养护。

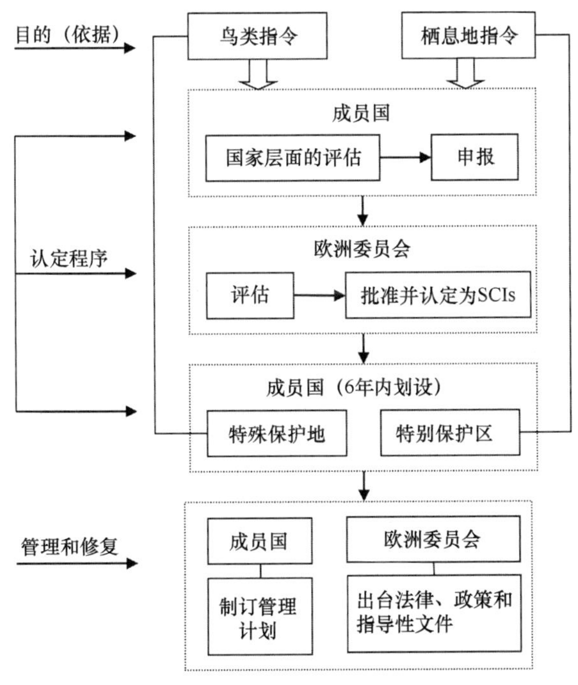

图3-1　Natura 2000保护区的认定-管理步骤

（四）网络体系

Natura 2000是涵盖欧盟范围的洲际性计划，不同区域内影响生境和物种的问题由于存在自然因素的差异而不同，具有类似自然条件的次区域内国家间通过合作，可以更好地保护生态系统。为此，欧盟根据《2020生物多样性战略》目标于2011年启动了Natura 2000生物地理进程（Natura 2000 Biogeographical Process），推动成员国构建一个一致性和完整性的保护区网络体系。在每个生态地理学的区域内，根据特定的生境制定解决方案，成员国便可集中精力处理区域内优先事项的实际管理问题，如适时评估特定优先保护生境的现状、共同决定有待改进的问题、维持或恢复Natura 2000保护地的健康，以及通过经验分享与知识构建来选择特定生境类型所需采取的优先行动。通过各种网络构建和管理交流，区域内成员间能够寻求到保护具有区域重要性物种和其生境的最为有效的方法。

（五）协调管理

Natura 2000 并不完全禁止保护区内的人类活动，而是强调对保护区的生态和经济上的统筹协调与可持续管理。海洋类的 Natura 2000 保护区主要通过创新性的养护措施避免过度捕捞的发生，或者受到来自陆源排放或航运交通的污染物的影响。如《栖息地指令》的第六条明确规定了保护区管理和保护的举措：成员国应避免对物种或生境具有破坏性干扰或影响的活动；对在 Natura 2000 保护区内开展的可能产生极大影响的计划或项目，成员国必须对各项活动进行严格的环境影响评价，即使在例外情况下开展的项目，成员国也须采取适当的补偿措施以确保整个 Natura 2000 保护区网络得到一致性、协调性的保护。通常情况下，当某些活动会对保护区内的物种或生境造成极大威胁时，一般采取限制或禁止性措施规范各类行为，但是物种或生境的健康并不必然与人类活动不兼容，实际上某些区域有赖于人类活动的管理而得以存续。因此，Natura 2000 不仅是欧盟实现生物多样性系统保护和可持续利用的主要工具，也是将生物多样性保护政策纳入渔业、农业和区域发展等其他欧盟政策领域的重要手段。

（六）支撑保障

关于生物多样性和生态系统服务的有效决策有赖于可持续的研究和创新来夯实政策的知识基础和信息支撑。作为世界上最大的协调性生态保护区网络，Natura 2000 通过直观的交互性用户信息查询工具向公众展示了整个保护区网络的全景，并借此提升公众的认知水平，为政府机构、所有权人、非政府组织、教育部门等提供优质、有用和可靠的空间信息和工具。在生物多样性的数据和信息交流方面，欧洲生物多样性信息系统（Biodiversity Information System for Europe，BISE）也提供了一个重要的信息交流平台。

除了信息技术方面的支持，保护区网络体系的运行需要大量资金投入作保障，资金来源也是 Natura 2000 面临的主要问题之一。根据相关规定，为 Natura 2000 自然保护区网络提供资金支持是成员国的义务。成员国需对位于本国的保护地提供管理资金保障，同时，为了应对迫切性的或者创新性的养护工作需要，欧盟所设立的 LIFE-

Nature基金会提供相应的资金来源，其他诸如结构性基金和农业-环境措施也可以用于支持 Natura 2000 保护区的管理。

（七）成效和启示

Natura 2000 不仅是大区域尺度自然保护区网络的成功典范，也是跨界生态保护区网络的重要实践。欧盟层面统一协调的政策和完善的监管、区域合作、运行机制是其有效实施的关键条件。自然保护区的主要保护对象，在空间和时间上一般都具有连续性、相关性和互补性，在组成和功能上具有系统性和全局性。对野生物种或栖息地来说，一时一地的保护具有明显局限性，会削弱保护的成效。Natura 2000 自建立伊始，从对保护区的申报到筛选，到采取管理与恢复措施，再到资金支持与信息交流，从理念、定位、计划到实施过程，都始终强调保护区网络的全局性、系统性与可持续性，这是 Natura 2000 能成功运行的主要原因之一（张风春等，2011）。存在的问题方面，从海洋生物多样性的保护成效来看，Natura 2000 保护地大部分位于海岸带地区，未来有待拓展和加强海洋保护区覆盖范围和规划建设。

二、波罗的海区域海洋环境保护项目

波罗的海区域海洋环境保护合作项目是 UNEP 区域海项目框架下的一个区域实例，也是欧盟框架下区域海洋管理的重要实践。波罗的海区域国家间通过签订区域性条约——1974 年、1992 年《保护波罗的海区域海洋环境公约》，制订区域性行动计划——波罗的海行动计划，设立了区域性环境保护的专门机构——赫尔辛基委员会（Helsinki Commission，HELCOM），负责环境政策制定、信息咨询、建议以及监督协调工作，针对波罗的海区域的几大优先事项开展基于生态系统方法的、综合协调的区域海洋合作治理，主要包括海洋富营养化、船舶污染、海洋生物多样性保护和有害物质污染等。在区域海洋合作机制上，波罗的海区域建立起了一个不同层次合作管理的框架，由国家层面利益相关方、科学机构，以及有效的争端解决机制等主体和机制共同构成的一个具有包容性和分散性特征的框架（图 3-2）。其中，管理组的职责在于实施生态系统方法、基于国家法律框架下的行动和 HELCOM 的工作，负责协调开展项目监测、良好环境状态（Good Environmental Status）的指标体系建设、完成专题评估报告，以及采取其他协商一致的措施等，促进区域范围内所有国家间海洋政策的协调。压力组主要致力于减少来自腹地流域对海洋的生态环境压力，为面源和点源营养盐和危险物质削减提供必要的技术支撑和解决方案。状态与养护组负责环境状态监测-指标-评估体系与生物多样性养护工作。海事组处理来自海洋活动的环境问题，主要包括来自船舶的故意排放或污染事故。响应组主要确保成员国间合作对海洋污染事故的快速反应，以及协调海洋航运的空中监测活动，为应对潜在和现实的海洋活动污染提供可靠信息，并与国际海事组织密切合作，确保国际性规则或准则妥善适用于波罗的海。欧盟作为一个权威性的区域实体，在支持波罗的海整个体系运行中起了积极作用。HELCOM 与欧盟相关机构、其他区域性组织的合作协调也尤为重要，为实施相关国际公约、国际行业准则和欧盟指令起到积极的推动作用。

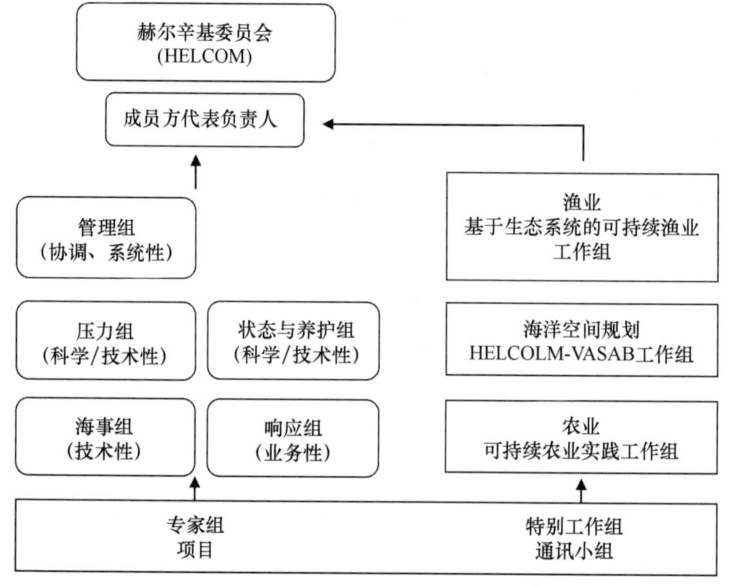

图 3-2 波罗的海区域海项目的组织框架

圆角矩形代表常务机构，直角矩形代表临时性机构

来源：http：//www. helcom. fi/

（一）海洋保护区及网络建设

在海洋生物多样性保护方面，HELCOM 主要通过设立海洋保护区保护有价值的海洋和海岸带生境，每个保护区制订专门的管理计划和措施来管理人类的工程建设、渔业捕捞、风能开发等活动。这些措施包括：某一特定时间或区域限制某些活动、完全禁止某些活动、恢复退化的区域、适当维持可持续的传统海洋利用，以及采用危害性

较小的替代方案，等等。区域范围的物种和生境保护方面，HELCOM 首先确定并列出了需要保护的濒危物种，HELCOM 的热点名录项目对波罗的海的濒危物种和生境进行了评估，包括完整的生物和生境维护的现状评估，对生态关系、栖息地、物种的变化和受到威胁等状况的详细描述。2010 年，波罗的海国家已经建立的海洋保护区覆盖了约 10.3%的 HELCOM 海域，2016 年达到 11.8%，波罗的海因此成为第一个实现 CBD“到 2010 年实现至少 10%的海域得到保护”这一目标的海域，也是欧洲第一个构建了涵盖整个区域海的海洋保护区网络，下一步就是达到每个次区域实现 10%的保护目标。同时，建立保护区也是欧盟《栖息地指令》《鸟类指令》和《海洋战略框架指令》，以及 CBD 明确规定的措施。波罗的海 HELCOM 海洋保护区和 Natura 2000 保护区二者既有重叠又有区别，位于波罗的海区域内的 Natura 2000 保护区中的 64%左右同时被认定为 HELCOM 保护区，不同在于 Natura 2000 保护区还包含了陆地范围，主要保护欧盟层面认定的重要生境和物种，HELCOM 保护区的范围限于波罗的海区域。目前来看，HELCOM 海洋保护区存在的问题在于大部分保护区不禁止各类渔业活动，且部分保护区仍然未制订并实施有效的管理计划，区域保护区网络在生态上的系统性与完整性有待提高。

（二）跨界海洋空间规划的发展

在海洋生物多样性保护的管理和方法上，HELCOM 经过几十年的发展，逐步从解决各个单一问题到综合性的系统管理，对海洋生物多样性的养护也越来越注重与污染治理、农业、渔业发展等领域政策上的综合协调。在基于生态系统的管理工具运用上，MSP 是促进政策综合的一个实用性工具，波罗的海已经实施的区域性空间管理就包括了海洋保护区建设和分道通航制度（Traffic Separation Schemes，TSS），区域范围的协调性海洋空间规划是实施海洋综合管理的一个目标。HELCOM 和波罗的海区域空间规划与发展愿景及战略发展委员会（Vision and Strategies around the Baltic Sea，VASAB）于 2010 年共同成立了联合工作组，以促进整个区域 MSP 的合作与跨界协调，并确立了一系列重要原则：可持续发展、基于生态系统方法、预警原则、参与和透明度、跨界协调和协商、陆海空间规划的相衔接和规划的连续性等。《波罗的海区域海洋空间规划路线图（2013—2020）》设立了到 2020 年整个波罗的海全面实施基于生态系统方法的 MSP 的目标。HELCOM 于 2014 年开启了一个专门性和定向的 MSP 地图服务系统以便利区域范畴相关数据的交流与查询。

在 HELCOM 的协调和主导下，波罗的海区域初步尝试了跨界海洋空间规划的区域实践——波的尼亚湾规划项目（Plan Bothnia project，2010—2012）（图 3-3），通过相邻两个国家间的合作为欧洲和全球提供了一个跨界海洋空间规划的实践探索，以及对波罗的海政府间 MSP 合作所确立的区域性原则进行验证的实例。根据波的尼亚湾跨界海洋空间规划的经验可知，跨界规划可以成为解决现实问题的重要工具。若跨界规划意图达成政治性共识，关键性的问题将在于何种权威性机构负责制定和批准此种共同的跨界计划，一个基于所有相关方或国家体制框架达成的共同跨界计划才可能具备法律上的正当性和有效性，进而通过国家制订更为具体的行动方案来实施该合作计划。对于较为依赖国际性或区域法律规范进行规制和管理的行业部门，如渔业和航运，MSP 也可以通过影响或调整相关政策达到规划管理的目标。

（三）特别敏感海域的设置

波罗的海是世界上海上交通最密集的海域之一。随着航运的快速增长，发生航运污染事故的概率随之增加，波罗的海特殊的海洋物理条件（包括平均温度低、海冰、无海潮等）和丰富的生物多样性（丰富的海岸湿地、森林和潟湖等）使其对海上活动或航运溢油污染的风险极度敏感。为了保护波罗的海生态环境免受人类海上活动和航运的压力和风险，2005 年，波罗的海（除了俄罗斯海域）被 IMO 划定为特别敏感海域（PSSA）。所有波罗的海中的船舶，不论悬挂何种旗帜，均须遵守国际和区域的严格规则。但是，设置为 PSSA 并不等于进行了规制，而是为后续的保护措施提供一个基本框架，区域内的国家可以通过制定相关保护措施（APM）减少国际航运对环境造成的污染风险，同时也能够使其他领域如渔业、旅游业获益。波罗的海的中部和西南部采取了海上分道航行制度（TSS），以及设立深海航线的措施保障海洋环境安全。其他的措施如强制性的交通监视、报告制度、禁航区域、禁止排放等都有利于航运安全。同时，波罗的海的周边国家大部分都是国际性海事法律和条约的成员国，包括 MARPOL 73/78 和《国际海上人命安全公约》（SOLAS），IMO 框架下确立的航运管理准则和要求可以为本区域提供可行的相关保护措施，以支撑 PSSA 的有效实施，如 MARPOL 73/78 规定的关于特别区域或排放控制区的设置，可以作为 APM 适用。波罗的海同时被认定为 MARPOL 附件一（关于石油污染）、附件二（关于液体有毒物质）和附件五（关于废物垃圾）框架下的特别区域，并且是 MARPOL 附件六之下认定的第一个硫氧化物排放控制区域，这些措施都是波罗的海 PSSA 保护性措施的组成部分。

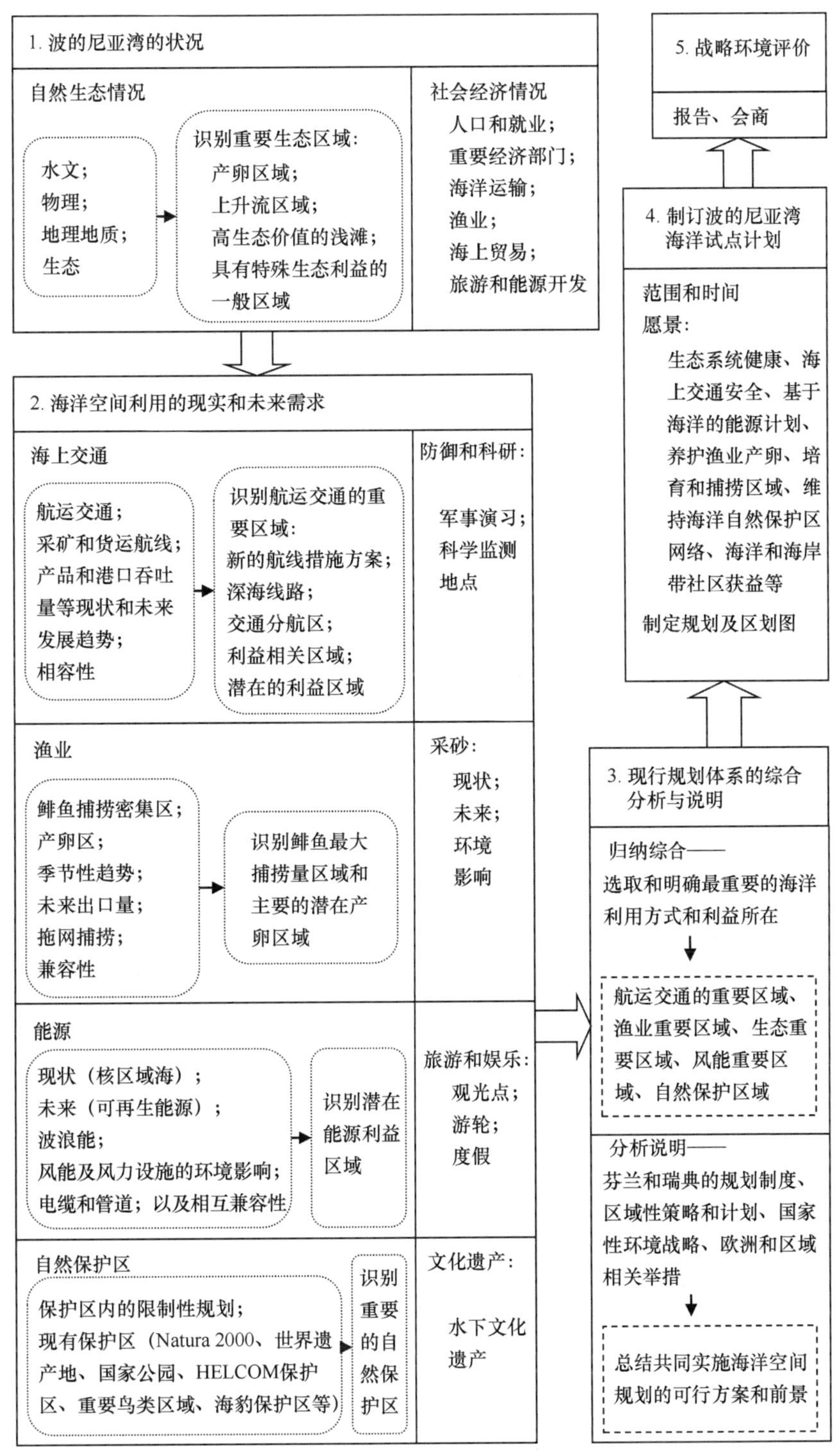

图 3-3　波的尼亚湾跨界海洋空间规划项目的实施概要

来源：Backer and Fria，2013

另外，PSSA 为利益相关者提供一个更好的合作、协商和信息交流的功能性框架，通过密切合作促进相关计划和政策在地方、区域和国家层面的有效执行，维护波罗的海的安全和清洁。PSSA 可以被看作是从国际层面对区域尺度保护其免受来自船舶和海上活动压力的支持工具。PSSA 作为一个以问题为导向的方法，在实施过程中，设置区域的范围应该与区域对于国际航行的敏感性相匹配，对于 PSSA 是否可以设置一个缓冲带的问题也有待进一步研究和实践。另外，区域性海域的环境保护秩序的建立往往还牵涉到公海自由和国家主权及权利之间关系的问题，在 PSSA 实施中应妥善考虑其他相关国家的利益，尤其在封闭或半封闭海域，PSSA 的设置应该基于周边国家的政治共识，这是实现区域生态环境保护预期成效的重要前提。

三、地中海生物多样性保护项目

（一）地中海的海洋生物多样性状况

地中海是全球生物多样性热点区域之一。尽管地中海仅覆盖全球 0.7%的海洋区域，但却具有丰富的海洋和沿海生物多样性，容纳了全球 28%的特有种、7.5%的海洋动物和 18%的海洋植物，并且地中海的半封闭海域内有丰富的岛屿和海床，也是生物越冬、繁殖和迁移的主要区域。但是，近几十年来人类活动对地中海生物多样性的压力逐渐加大，过度捕鱼、污染、海岸带开发、不可持续性的旅游开发和密集的海上交通等威胁直接加剧了海洋生物多样性的丧失，致使地中海许多物种处于濒危甚至近乎灭绝的境地，包括一些海洋哺乳动物、海龟、某些鱼类和少量无脊椎动物，以及某些植物。根据 IUCN 的评估，大约 19%的物种濒临灭绝，其中 5%的物种极度濒危，7%的物种濒危，另外 7%的物种处于脆弱的状态。然而，受到保护的区域还不及地中海整个海域的 5%（约 4.6%），受到严格保护和/或禁捕的区域不及地中海的 0.1%。

（二）海洋生物多样性保护的区域框架

为了保护地中海的海洋环境，促进区域和国家实施可持续发展战略，区域内的 16 个沿岸国家以及欧共体于 1975 年启动了区域性的行动计划——地中海行动计划（Mediterranean Action Plan，MAP），该计划是 UNEP 框架下的第一个区域海项目。1976 年《巴塞罗那公约》签订，并于 1995 年修订为《地中海海洋环境和海岸区域保护公约》（简称 1995 年《巴塞罗那公约》）。该公约体系包括：倾倒、污染防治和突发事件、陆源污染和陆上活动、特别保护区和生物多样性、近海开发活动造成的污染问题、有害废物和海岸带综合管理 7 个领域的议定书。因此，地中海区域海洋法律框架采取的是“框架公约+议定书”的模式。1995 年通过的《关于地中海特别保护区和生物多样性议定书》（Protocol concerning “Specially Protected Areas and Biological Diversity”，SPA/BD）于 1999 年生效，旨在促进对具有自然或文化上特殊价值的区域进行保护和可持续管理，以及促进对濒危或者受到威胁的物种的养护。1996 年，该议定书通过了三个附件：一是选择海洋和海岸保护区并纳入具有区域重要性的特别保护区域（Specially Protected Areas of Mediterranean Importance，SPAMI）名录的一般标准；二是濒危和受威胁物种名录；三是受到开发利用规制的物种名录。该议定书的生效也标志着地中海在养护和可持续利用海洋和海岸生物多样性方面的合作进入了一个新的发展阶段。

MAP 的机制框架组成主要有地中海行动计划协调机构（MAP Coordinating Unit，MEDU），并承担秘书处工作，负责相关法律文件和行动的实施与跟进，扮演着外交性、政治性和沟通性的角色。地中海可持续发展委员会（Mediterranean Sustainable Development Commission，MSDC）是 MAP 政策实施的咨询性智库，MEDU 之下还设有 6 个区域行动中心（Regional Activity Centres，RACs）（图 3-4）。特别保护区区域行动中心（RAC/SPA）成立于 1985 年，主要负责地中海生物多样性科学研究，状况监测与评估，实施敏感生境、物种和区域养护，以及协调相关能力建设和技术支撑，协助地中海国家实施 SPA/BD 议定书，并且每个成员国都设置一个国家联络点，确保实施议定书过程中的技术和科学方面的密切联络。

（三）生物多样性保护体系

为了有效实施 SPA/BD 议定书，2004 年 RAC/SPA 启动实施了地中海生物多样性养护战略行动计划（Strategic Action Programme for the Conservation of Biological Diversity in the Mediterranean，SAP BIO），在 GEF 的支持下从国家和区域层面诊断、咨询和评估地中海生物多样性的状况，以及指导国家开展具体战略行动，通过制定行政和法律措施、完善部门性政策、协调 MAP 各中心的生物多样性相关活动等途径促进对物种和生境的保护。SAP BIO 相关组织之间的合作和协调主要在三个层面：在国家层面上的协调；政府间组织的行动之间的合作和协调；活动范围涵盖整个或部分地中海区域的

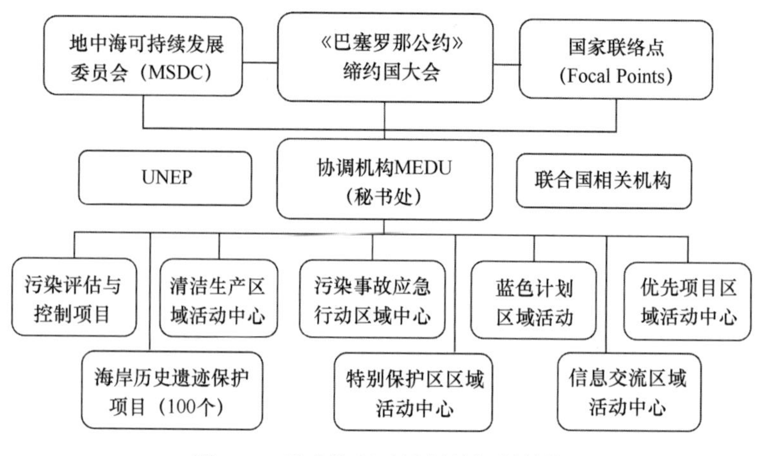

图 3-4　地中海行动计划的机制结构

来源：http：//www. unepmap. org

非政府组织之间的协调（UNEP-MAP-RAC/SPA，2003）。

1. SPAMI。为了推动濒危物种及其生境的合作保护与管理，SPA/BD 议定书附件一列明了 SPAMI 名录，为识别需要保护的海洋和海岸带自然遗产提供了认定标准。大体上的保护范围适用于位于国家管辖内的海洋和海岸带区域，或者部分或全部位于公海的区域，保护对象包括：对于保护地中海生物多样性的组成部分较为重要的区域、包含地中海特有的生态系统或濒危物种的栖息地，以及具有科学、美学、文化和教育层面特殊利益关系的区域。SPAMI 名录上共有 30 多个保护地，其中还包括了一个公海保护区——派拉格斯海洋哺乳动物保护区（Pelagos Sanctuary for marine mammals）。在 SPAMI 的设立程序上，SPA/BD 议定书第 9 条对此做了详细规定（图 3-5）。申请的主体依不同情形而异（图 3-6）：①当区域位于国家主权或行使管辖范围内，由有关成员国提交申请（情形 1）；②当区域部分或全部位于公海，则由两个或以上相邻成员申请（情形 3、情形 4、情形 5）；③当区域涉及的相关国家主权或管辖界线尚未划定时，由相关的相邻成员申请（情形 2）（UNEP-MAP-RAC/SPA，2010）。首先，申请成员方向 RAC/SPA 提交陈述报告，报告须包含有关区域的地理位置、物理和生态特征、法律地位、管理计划和实施手段，以及阐明该区域之于地中海的重要性；然后该提议由国家联络点根据 SPA/BD 附件一标准进行审查，若条件符合则由 RAC/SPA 移交给秘书处，秘书处通知成员国大会，由大会决定是否将该区域列入 SPAMI 名录。而当该区域部分或者全部位于公海，或者主权或管辖界线尚未划定的海域，则由成员国达成一致作出将该区域列入 SPAMI 名录的决定，并批准适用于该区域的管理措施。

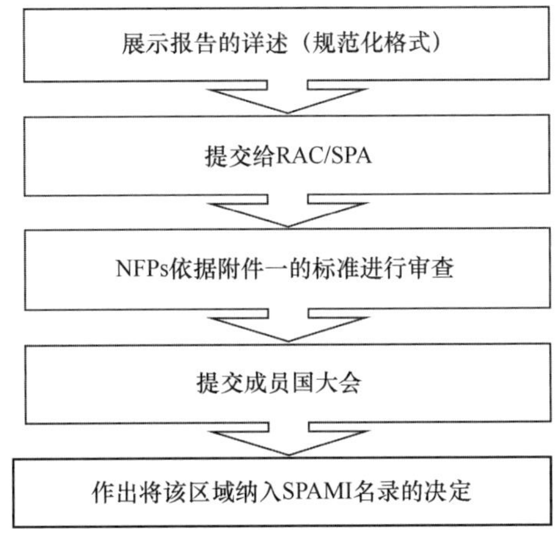

图 3-5　设立 SPAMI 的程序

来源：http：//www. rac-spa. org/spami_ establishment_ procedure

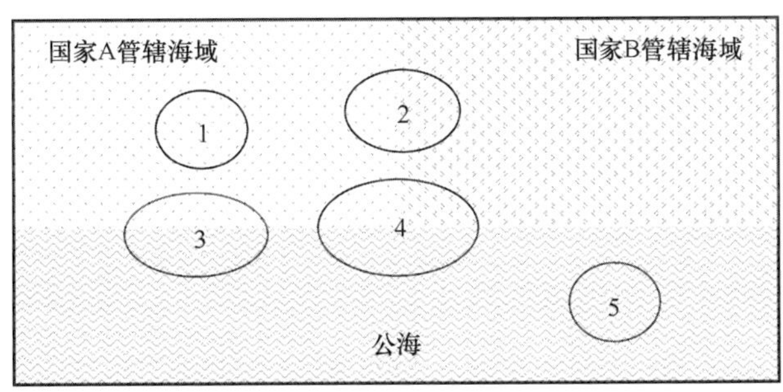

图 3-6　SPAMI 所处位置相对于国家管辖权的不同情形

2. 保护区网络建设——MedMPAnet。海洋保护区网络是多元利益相关方跨越多尺度空间和多层级平台合作运行的一组海洋保护区，在目标的实现上比单个保护区更有利于整体环境目标的实现。为了建立一个综合性、具有代表性的和协调一致的保护区网络，地中海沿岸 12 个国家开展海洋和沿海保护区区域网络建设项目，旨在通过建立生态上协调一致的保护区网络提高生物多样性养护的效率。考虑到海洋保护区面临的压力和各种威胁，地中海保护区建设和管理网络的实施取得成效的同时，仍存在一些缺陷，包括：①范围小和设计缺陷不足以保护具有大尺度特征的生态目标；②存在某些不完善的保护区规划或管理；③保护区以外邻接区域的生态退化可能对保护区成效造成负面影响；④由于管理不善造成保护区保护效果不佳的后果；⑤设立了保护区但是并未实际进行保护，因此，要确保地中海保护区网络的代表性，还须进一步从地理、栖息地、物种和生态系统的角度更加合理地规划设计保护区的分布格局，实现空间分布上的均衡（Balance），以及海洋和海岸带的保护区分布上的协调（Coherent），还需要基于生态系统方法和综合管理原则将海洋保护区纳入更广泛的海洋空间规划和海域区划中去（UNEP/MAP-RAC/SPA，2015），实行和完善涵盖地中海的海洋空间规划有助于海洋可持续利用和冲突管理，同时降低生态环境压力与威胁。

（四）特色和经验

地中海区域合作项目在建立公海保护区方面的显著成果为相关研究和实践进展做了先驱性探索。国家层面对建立保护区并实施有效管理的政治意愿，有助于巩固国家间的合作。同时，决策者和利益相关者须对保护区的作用具有科学的认知并充分参与管理规划的过程，将保护区融入当地和国家发展事业中，使之成为推动社会经济发展的动力，以及当地居民的收入来源。

跨界或未划定界限的海域建立保护区的尝试也越来越受到关注，主要的问题在于采取何种适当的法律工具和治理途径。建立国家管辖范围外或跨界性海洋保护区网络的基本条件是充分的科学基础支撑、有效的法律框架体系和强有力的政治意愿，而实践中通常缺乏具有约束力或权威性的规则依据或合法基础，这也是建立此类保护区的法律障碍。考虑到相对或邻接国家间海洋划界的难度大，或将造成长期缺乏适当保护的不利后果，SPAMI 可以被视为一个替代性的解决方案或“临时性安排”，“绕过”海洋划界的困难，对地中海生物多样性进行及时的保护。

在区域合作的背景下，当涉及第三方的权利或义务时，地中海的实践是依据议定书的规定，“邀请非成员国和国际性组织合作实施”，同时“基于国际法采取适当的措施确保各项活动主体不违背议定书的原则和目标”。当封闭或半封闭海域区域性生态环境公共利益涉及域外第三方时，对保护公海生物多样性的广泛共识、国家和相关国际组织间的合作、基于生态系统方法的管理区域划定、区域性或国家性的规制和引导措施的实施，以及管理机构及其职责的设置等过程中的利益协调与合作，是实现有效管理的关键因素。

第二节　相邻国家间海洋生物多样性保护的跨界合作管理

相邻国家间海域是跨界海洋生态系统保护合作的主要实施区域，根据海域的法律属性可以分为跨越管辖边界的海域生态系统和存在管辖权争议的特殊海域生态系统的保护。

一、跨越管辖边界的海域生态系统保护

瓦登海是世界范围内保存较为完好的最大的潮间带泥沙滩涂区域，具有丰富的生物多样性，还是世界迁徙鸟类关键保护地网络的一个重要区域。因其独有的地貌和生态价值，瓦登海被认定为联合国教科文组织的世界遗产地。除了自然价值，瓦登海还具有独一无二的文化和历史价值。

1978 年开始，丹麦、荷兰和德国就开始合作保护瓦登海生态系统，相关的实践也是世界范围通过基于生态系统的跨界协作有效保护世界遗产的特色案例。瓦登海三边合作项目（Trilateral Wadden Sea Cooperation，TWSC）旨在通过共同政策和管理来保护瓦登海域，合作区域包含了德国的瓦登海国家公园、丹麦瓦登海自然保护区，以及荷兰的保护和管理区域。瓦登海三边区域合作建立起了两级决策的机制框架（图 3-7）。部长理事会和瓦登海董事会具有决策制定权；部长理事会为三方合作提供政治领导与协调；瓦登海董事会负责制定和实施战略、监督合作的运行和治理过程；秘书处主要为理事会和董事会提供支持，为科学网络和项目、交流与资金管理等提供支持；任务工作组负责筹备和开展特定任务、计划或项目。多边合作机制框架的建立较好地提升了区域治理的能力，促进了科学层面和决策过程的协调。瓦登海三边合作项目主要依据《2010 瓦登海计划》开展保护和可持续管理活动，还制定了《瓦登海世界遗产战略 2014—2020》《瓦登海三边合作战略 2010—2015》，为合作的开展提供了共同的法律基础和原则指导。

作为一个三边合作保护自然生态系统的区域项目，瓦登海的案例是跨界海洋保护区合作管理的成功实践。瓦登海跨界海洋生态保护和共同治理的实践可以较好地展示跨界背景下国家间展开环境保护合作的动力和如何通过机制设计协调差异、凝聚合力，以及通过何种工具有效促进政策变迁与实践落实。

第一，项目强调采取生态系统方法，充分考虑人类活动和自然生态系统的相互依赖关系，根据生态的标准划定养护区域，合作保护和管理涵盖了整个瓦登海生态系统区域；同时，考虑到合作区域外的活动可能对区域产生影响，项目通过相应的安排避免来自相邻区域的负面影响，包括与北海和邻近大西洋海域的区域性机制建立伙伴关

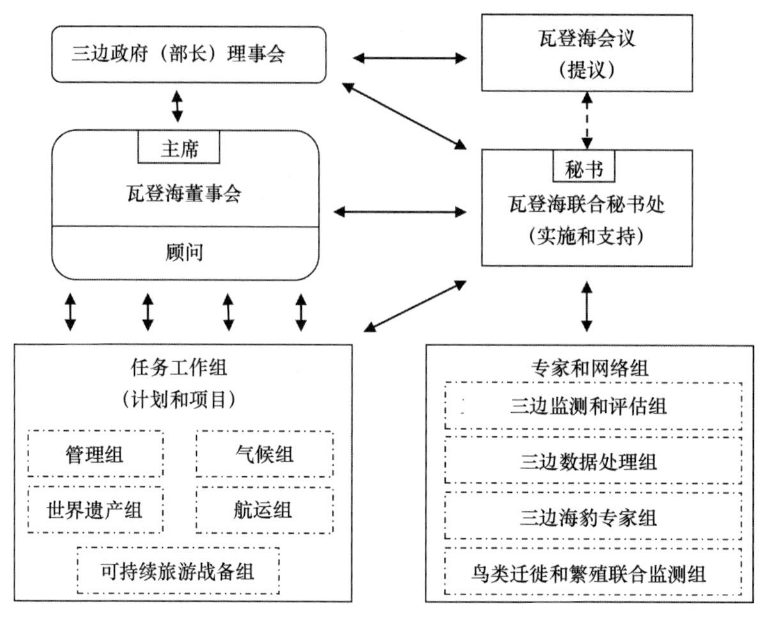

图 3-7　瓦登海三边合作项目的组织架构

系，如北海会议、《保护东北大西洋海洋环境公约》（Convention for the Protection of the Marine Environment of the North-East Atlantic，OSPAR 公约），还充分利用欧盟海洋和海岸带综合管理相关法律框架，如《水框架指令》《栖息地指令》和《环境影响评价指令》等，通过合理规制那些可能对保护区域产生直接影响的活动达到空间上生态保护的一致性，而避免直接去处理协调难度较大的保护区域和周边区域之间的关系，这种思路也为大尺度的协调管理提供了重要方法引导和政策依据。

第二，瓦登海的跨界特征需要相关部门或机构广泛参与合作的规划与实施过程，采取综合性措施促进纵向和横向的政策协调。对于不同国家而言，海洋和海岸带地区的综合性和部门性空间规划，以及具体政策措施的协调都是特别复杂的问题，不仅涉及陆地和海洋规划的衔接，还涉及领海、专属经济区等具有不同法律地位的海域在管辖权方面中央-地方之间的纵向协调问题。另外，欧盟栖息地和鸟类指令所推动的在专属经济区内建立海洋保护区的做法越来越得到各国认可，也为瓦登海相关国家开展跨界区域的跨部门协调性规划和规制措施的实施创造了有利条件。

第三，瓦登海三边合作项目的愿景是基于对瓦登海与邻近区域的社会经济和生态关系，综合管理区域内人类活动，不干扰海域自然生态环境的健康状态，同时，以区域的可持续发展作为根本价值和管理原则，要求项目的实施须注重自然生态系统保护和经济部门发展的平衡，如渔业、旅游业、航运等，为此，项目积极推动区域社会经济发展的同时，也致力于维护基于生态系统的保护和管理框架，协调国家、国际等不同层级环境保护标准，同时促进海域可持续利用。具体方面，瓦登海较易受航运影响，2002 年瓦登海被认定为特别敏感海域（PSSA），并采取了保护性措施确保海域环境免受航运的不利影响，如安装自动识别系统（Automatic Identification System，AIS）便于实时监控；实行分道通航制度（TSS）维护航运安全畅通；开展船舶交通管理（Vessels Traffic Services，VTS）以及领航制度，这些措施完善了航运标准，减少了对海洋环境造成负面影响的风险。

二、存在管辖权争议的特殊海域生态系统保护合作

除了国家管辖内海域、国家管辖外海域，还存在一些具有管辖争议的海域。当这类海域同时面临海洋生物多样性保护问题和管理需求时，通常在基于生态系统管理的语境下考虑跨界性养护的措施，一方面促进自然生态的保护；另一方面也借此临时性/过渡性方法改善国家间关系。实践中，海洋保护区的方法不仅可以拉近相邻国家间的友好关系，还可以作为跨界和平进程的一个组成部分。

根据 IUCN 的定义，和平公园（Parks for Peace）是指为了保护和维护生物多样性及其他有关自然和文化资源，并为促进区域和平与合作而正式建立的跨界保护区（IUCN/WCPA，1997）。需要注意的一点是，海洋和平公园的建立不必然以海洋管辖争议为前提条件，但是必包含了促进国家间和平与合作的内涵。从世界范围来看，以促进和平与合作为目标和鲜明特征的跨界保护区除了瓦登海国际保护区、派拉格斯保护区、热带东部太平洋走廊倡议和南极生物资源养护项目，还有比较典型的以色列和约旦在北亚喀巴湾（Gulf of Aqaba）建立的红海海洋和平公园①，范围包括了约旦的亚喀巴海洋公园和以色列埃拉特的珊瑚礁保护区，旨在促进双方在珊瑚礁和海洋生物学等领域的科学研究，以及实施兼容性的政策措施方面建立伙伴关系。

海洋和平公园或跨界合作计划是针对特殊海域生态环境保护所做的特别安排。在全球化和区域合作迅速发展的背景下，各国对空间和资源的需求增长加剧了海洋的竞争性开发利用，环境和资源的矛盾也是各国间冲突风险的来源之一。已开展的这些生

① 红海和平公园是基于约旦和以色列之间于 1994 年签署的和平协议而催生的，目标包括：有助于保护沿海生态系统及其生物多样性；促进经济可持续发展，确保旅游/休闲活动对公园的利用是环保的；防止现有生态系统的恶化；修复、恢复和增强公园内受损的海岸带和海洋自然资源；促进开展有助于实现上述目标的环保意识提升项目；确定需要研究的与公园运行和维护相关的问题。

态保护计划的有效实施离不开强有力的政治意愿支持，在项目的整个阶段都需要激发和维持最高层级政府的兴趣。尤其在海洋生态系统跨越行政管辖边界的区域，自然养护合作能否发挥维护安全、信任建设、冲突协调和解决的功能，可能会是一个缓慢的、潜移默化的过程，需要将人类社会经济的安全、稳定与生态环境问题紧密联系起来，客观评估政治冲突或争议对生态环境造成的潜在和现实影响，以及对地区生计和发展产生的不利因素，进而使和平、合作成为维护地区安全稳定、促进生态环境健康与可持续发展的必然选择和共识。实践中，根据争议的性质、程度和发展前景，相关当事方应采取灵活、务实的合作方式，避免冲突情势下对海洋生态环境保护这种“对一切义务”的忽视或减损。

第三节　国家管辖外海域生物多样性保护的实践发展

国家管辖外海域生物多样性保护是随着海洋生物多样性的日益衰退逐渐受到广泛重视，也是当前国际上的热点问题，不仅涉及全球海洋生态系统的保护和治理体系变革，更关系到世界海洋秩序和新的海洋利益分配格局的塑造。从 ABNJ 海洋生物多样性保护的已有措施和新的实践进展来看，仍然存在很多的科学问题和法律问题需要深入研究探讨。同时，对这些策略或工具在国家管辖外海域的适用成效研究，以及对占据全球海洋生态系统大部分区域的 ABNJ 的创新性和前瞻性实践探索与总结，还可以为国家管辖内海域的生物多样性保护和治理进程提供新视野。

一、公海保护区

公海保护区是指为了保护和有效管理海洋资源、环境、生物多样性或历史遗迹等而在公海设立的海洋保护区，是保护公海生态环境的一种重要方法。尽管目前在公海建立海洋保护区仍然存在诸多亟待解决的问题，如公海保护区的设立会在一定程度上限制传统意义上的公海自由，导致各国主权权利或自由与公海环境保护规制间的冲突，各国关于在公海建设保护区的态度也不尽相同，但公海保护区作为一种全新的生物多样性就地保护形式已经付诸国际实践（表 3-1）。

表 3-1　四个公海保护区要素的归纳和比较

项目	区域范围	保护和管理对象/目标	法律依据	管理机构	具体管理计划/措施
地中海派拉格斯保护区[1]（2002）	法国、意大利和摩纳哥三国水域及部分公海海域	海洋哺乳动物（鲸豚类）	三国间签署的1999年《建立地中海海洋哺乳动物保护区协议》[2]	常设秘书处	已经建立综合性的《保护区管理计划》，相应的执行计划、监测计划、生态学和社会–经济研究项目等
南奥克尼群岛南大陆架海洋保护区[3]（2009）	南极半岛西部海域	生物资源、自然生态系统	《南极海洋生物资源养护公约》	南极生物资源养护委员会	管理计划、分区禁止捕鱼和渔船倾废排污措施等控制性方法
大西洋公海海洋保护区网络（2011）	大西洋公海海域、葡萄牙主张的外大陆架海域	大西洋中央海脊海床和上覆水域的生物多样性和生态系统	两个保护区依据《保护东北大西洋海洋环境公约》	东北大西洋环境保护委员会，另外四个保护区与葡萄牙政府相互协调	深海和公海适用《负责任的海洋研究行为守则》
南极罗斯海海洋保护区（2016）	南极西南边海域	10 000多个物种和近乎原始的海洋生态系统	《南极海洋生物资源养护公约》	南极生物资源养护委员会	养护措施、科研监测计划、评估审查制度等

1世界上第一个覆盖公海海域的保护区。

2同时也是在《巴塞罗那公约》及其《关于地中海特别保护区和生物多样性议定书》框架之下开展的，需要三国与 UNEP 的地中海行动计划相互协调。

3世界上第一个完全位于国家管辖以外区域的公海保护区，是作为南极典型海洋保护区网络的备选评估区域之一。

来源：桂静等，2013。

海洋法下公海保护区的建设和管理需要遵循可持续发展原则、共同但有区别责任原则和国际合作原则等。从已有国际实践来看，对公海自由活动的冲击依然是公海保护区设立过程中最大的障碍（刘惠荣和韩洋，2009）。在具体实施保护过程中，国家或组织是公海保护的主要主体，国家的管辖权体现了国家主权，而公海保护区的运行需要限制国家管辖权，二者的冲突很难弥合。从未来发展的视角分析，设立公海保护区已经成为世界各国在保护海洋环境方面的一个重要手段。因此，在妥善处理公海保护区与相关国际法律框架关系的基础上，应根据 UNCLOS 以及新的关于 ABNJ 海洋生物多样性养护和可持续利用的国际协定等相关国际法律文书，进一步完善公海保护区的法律制度和管理措施。

二、公海海洋空间规划

各国依公海自由而享有一系列传统权利，但是，对于海洋法所规定的保护公海海洋环境和生态系统，以及为此目的而进行合作的一般义务却没有得到较好地履行。不同管理层次的纵向协调与部门性机构间横向协调的机制对于生态系统方法的运用至关重要（UN，2006），不仅国家管辖范围的海域如此，国家管辖外海域也同样适用。海洋空间规划虽然不是海洋法或 CBD 所明确规定的措施，但是作为一个实务性工具方法，有助于国家实施上述国际条约规定的相关义务。海洋空间规划已经被越来越多国家采用，作为海域环境保护、资源利用与管理的一个有效方法，但是在公海的适用面临着各方面的挑战。现有国际法律框架或机制不能够为公海的规划问题提供充分的框架依据，部门性国际框架通常缺乏综合性目标和职权有效兼顾资源利用与生物多样性养护；不同领域间的合作也很薄弱，尤其在国家管辖外海域；很多公海的人类活动尚未从国际层面进行规制，如分散性的渔业捕捞、新兴渔业作业方式、生物勘探和军事活动等；公海生物多样性养护和可持续利用相关国际制度尚不健全。

当前，已经有一些制度性安排使得公海空间性保护措施得以实施，包括一些区域渔业管理组织的渔业限制或禁止性措施、区域国家间合作开展的保护生物多样性措施等不同层面和不同程度的保护行动。此外，北极国家在海域空间规划和保护方面的进展为北极整个区域尺度的规划提供了新视角，北极理事会已经实施了一些区域空间信息数据库项目，以便于北极空间信息的收集、获取和共享；另有几处海域被视为潜在的双边综合规划项目区域，如美国-加拿大波弗特海，挪威-俄罗斯巴伦支海，后者已经开展了初步的环境保护合作行动。北极理事会还制定了保护北极海洋环境的工作计划，并对北极海洋航运和油气开发指南进行了评估，某种程度上可以被视为进一步开展海洋空间规划的良好开端。

但是，这些分散性的空间管理工具缺乏统筹性的机制安排以实现真正意义上的海洋空间规划。一些已有的机制安排未能真正付诸实施，区域性渔业管理组织也并未充分利用空间和时间性措施保护脆弱海洋物种和生态系统的职责。未来需要进一步提高国际性和区域性协议和机制的协调性以及国家管理措施的一致性，通过正式或非正式的机制安排促进跨管辖、跨部门间的合作，特别是开展一些渔业和环境部门的沟通合作和政策协调行动以及示范实践；通过制定针对特定海洋活动的许可、资助等方面的行为准则，保护识别出的脆弱生态系统免受海洋活动的不利影响。

三、国家管辖外海域生物多样性养护和可持续利用的国际立法进展

ABNJ 海洋生物多样性养护与可持续利用问题是国际海洋事务的热点议题。在国家管辖外海域生物多样性的养护与可持续利用规制上现有法律制度的执行存在差距。为了填补这一法律空白，联合国大会第 69/292 号决议决定“就国家管辖范围以外区域海洋生物多样性的养护和可持续利用问题拟订一份具有法律约束力的国际文书”。相关讨论的焦点事项包括：海洋遗传资源获取及其惠益共享、包括海洋保护区在内的划区管理工具、环境影响评价、能力建设和海洋技术转让等[①]。联合国大会根据第 69/292 号决议关于就国家管辖范围以外区域海洋生物多样性的养护和可持续利用问题拟订一份具有法律约束力的国际文书专门设立了筹备委员会，旨在在 UNCLOS 的框架下，就 BBNJ 问题拟定相关文书草案要点，并向联合国大会提出实质性建议。从 2016 年 3 月至 2017 年 7 月，筹备委员会共举办了四次会议。第四次筹备委员会会议根据联合国大会第 69/292 号决议的要求，于 2017 年 7 月 20 日向联合国大会提交了最终建议性文本草案——《关于国家管辖外区域海洋生物多样性养护和可持续利用的具有法律约束力的国际文书建议草案》。2017 年 12 月 24 日联合国大会通过第 72/249 号决议，根据决议，政府间会议于 2018 年 4 月 16 日至 18 日在纽约举行了为期三天的组织会议，讨论组织事项，包括文书零案文的编写过程。决议决定举行四届政府间会议，2018 年 9 月 4—17 日召开第一届政府间大会，审议筹备委员会关于案文内容的建议，并为根据 UNCLOS 的规定就国家管辖范围以外区域海洋生物多样性的养护和可持续利用问题拟订一份具有法律约束力的国际文书拟订案文，以尽早制定该文书。2019—2022 年陆续召开了第二届至第五届会议，第五届会议续会于 2023 年初举行。这一新的有法律约束力的国际协定的制定，将开启国家管辖外海域生物多样性全球治理的新阶段和新格局。

除了全球性法律和制度的变革，区域性组织和机制对于 ABNJ 海洋生物多样性的保护也起着重要作用。区域性方法可以作为全球性进程的有效补充，区域资源和生物多样性利益直接相关的少数国家间更容易达成政策共识和具体落实，成功的区域最佳实践还可以逐步推广适用于其他区域。同时，由于区域性方法也可能在区域机制和治

① 联合国大会第 69/292 号决议中决定通过谈判处理在 2011 年第 66/231 号决议中商定的一揽子事项，即海洋遗传资源（包括分享惠益问题），还涉及划区管理工具等措施，包括海洋保护区、环境影响评估、能力建设和转让海洋技术等措施。

理方面进程缓慢，或者执行国际性标准和目标方面不尽人意，全球性方法可以为区域性问题（如 IUU 渔业这种具有跨界性的问题）提供全球性的法律基础和框架支持（Druel et al.，2012）。区域性措施，可以通过进一步协调会对公海生物多样性造成影响的人类活动，协调区域内和相邻区域之间的政策和管理活动，促进实现全球整体目标。

对于国家而言，ABNJ 生物多样性是人类共同的财富和利益所在，推进国家管辖范围以外区域海洋生物多样性保护与管理即是在维护各国在该区域的利益。各国应该对其管辖下的活动规制做出更多努力，如公海 IUU 渔业的有效规制需要国家严格执行相关准则，并与区域性组织密切合作，确保保护政策和相关措施的一致性，避免因区域分割而造成整个保护网络的不协调。另一点，鉴于全球性措施往往难以克服国家意愿上的软肋，如果充分利用已有的区域性的机制框架作为国家层面落实全球性倡议的衔接桥梁，同时结合区域性或地方性资源利益需求，那么，国家将更有可能在参与全球性生物多样性养护计划方面发挥更积极的作用。

第四节　小结：经验与启示

“他山之石，可以攻玉。”综合上述类型化的“国际最佳实践”分析，以此观照我们所面临的现实问题，从中可以归纳出一些有益经验和启示，主要如下：

一、生物多样性保护优先对象

大多数大、中尺度的海洋生物多样性保护计划或项目首先依据目标海域的生态重要性和主要价值，明确识别特定的优先保护对象（及标准），包括物种、生境、生态系统或景观。如欧盟的 Natura 2000 以鸟类和栖息地为主，波罗的海和地中海区域项目是以濒危物种和栖息地为主，且集中于海岸地区，派拉格斯海洋保护区主要保护海洋哺乳动物，东北大西洋海洋保护区网络主要保护海山和深海物种、生境。无论是针对物种或者生态系统的保护，各种形式的海洋保护区都是一种重要的保护工具。对物种而言，尤其是洄游类物种，通过建立基于生态一致性的保护区网络对物种实现整体性保护，同时根据物种迁徙、产卵等生态特征设置保护期间或空间以实现系统的保护；对重要或脆弱的生态系统或生境而言，各种类型的保护区可以通过有效规制潜在的或现实存在的人类活动压力或威胁维护生态系统的可持续利用和保护。进一步地，如果要实现更大尺度的海洋生态系统保护和有效治理目标，相应的海洋保护区网络应该更加多元、系统和完整，不仅包含大海洋生态系统内部各个次区域，以及生态系统单元层面的物种和生境保护区，重要的是对保护区网络的整体性规划，以及与相连海域、近海和海岸地区的统筹协调，进而得以实现大尺度生态系统区域的生物多样性保护目标。保护区域的识别上，地中海、东北大西洋主要基于生态地理学的标准建立了具有代表性和生态连通性的区域性保护区网络体系，促进区域性海洋生物多样性养护的系统性和整体性。重要保护区域的范围既包含了国家管辖内也包含国家管辖外的海域，且较好地展示了人类利用活动与生态系统之间的空间关系，有利于相应采取尺度上匹配度适当的管理措施。对这些区域的生物地理学区划已逐渐成为规划和实施海洋生态系统管理的重要内容。已有的实践还表明，未来进一步的发展需要更加翔实和全面的多领域数据信息支持，对生态系统关联性的深入理解对于生态系统方法和海洋空间规划方法的应用也至关重要（Rice et al.，2011）。

二、生物多样性保护主体

无论全球性和区域性，还是国家和地方性的海洋生物多样性保护与规划管理，都得到各层级政府部门、科研机构、非政府组织等利益相关主体的关注、参与或支持。具有区域范围相关能力和职责的组织机构的主导、支持或协助对海洋生物多样性区域性计划的成功实施发挥着关键的作用，如欧盟作为超国家实体，具有涵盖整个欧盟区域的权威性，在欧盟的框架下 Natura 2000 项目得以有序开展并推广至整个欧洲的区域，这种自上而下的环境政策逐步通过次区域、国家和地方层面吸纳或转化为具体的政策法规付诸实施；波罗的海和地中海区域项目都建立了综合性的区域治理组织框架，通过协调各国影响海洋环境相关活动的高层级政策与行动，明确生物多样性保护的多级目标体系，为国家和地方层面具体实施提供政治上的引导和支持；多边和双边的合作则主要依靠国家最高层级政府持续发挥的主导性作用，推动合作的启动到相互间管理活动的协调以及整个实施运行过程的顺利发展；同时，对海洋生物多样性的保护优先事项的识别更多是基于该区域或地方性的需求和利益考量，地方社区相关利益相关者的认同和支持也是跨界合作管理长久发展的重要因素。在平衡不同发展程度国家间的权利和责任方面，如波罗的海区域涉及北欧和西欧发达国家，也包含中东欧发展中国家，各国经济发展结构和水平的差异是影响相关环境政策融合和整体目标有效实现的因素之一，需要通过政策倾斜和能力扶持等措施平衡保护和发展之间的关系。另外，几乎所有跨界或区域性合作项目都十分重视与第三方主体或域外相关领域的更高或者同层次组织机构之间的关系，如瓦登海三边合作项目积极与相邻区域的机构组织建立伙伴关系，确保了该区域内计划的实施得到更广泛的支持，促进相邻区域的生物多样性保护的整体实效；红海和平公园的管理中美国海洋和大气管理局就在科学研究上提供了协助，为合作方管理能力建设提供了必要补充。

三、针对不同自然属性海域的合作路径选择

海洋生物多样性保护和管理的空间范围大至洲际海域、开放性区域海域、半封闭或封闭性海域，小到跨界性海域，具体的管理方法大多采取划设各类型海洋保护区的空间性方法和规范性措施相结合，如区域性渔业管理组织设置的禁渔区、禁止拖网或刺网措施、特定物种的禁捕区，还有国际性组织如 IMO 划定的特别区域，对航运的海洋环境影响进行规制的措施等。在合作的路径选择上，除了要依据保护对象和目标来设定，还要兼顾相关资源开发利用的社会发展需求，适时建立不同集中程度、保护水平和管理要求的合作方式，平衡开发和保护的关系。对于范围较大的洲际性海域范围开展的生物多样性养护合作，需要在强有力的政治实体框架下进行统一政策、战略规划，如 Natura 2000 能够得以实施主要得益于一体化的欧盟共同海洋政策体系的统筹指导。对于开放性区域海域，如东北大西洋海域，范围上由于涉及国家管辖海域和相邻接的公海海域，生态系统区域界线不明显，生物多样性养护相关合作计划具有倾向国际化和开放性的特征。在半封闭或封闭海域，除了协调性合作计划，由于涉及的国家有限，且区域海洋生物多样性面临的压力来源相似，区域海洋生态系统提供的公共产品和服务具有共享特征，区域合作发展的理想目标是实现环境政策及相关部门政策之间的协同发展，即政策趋同（Policy convergence），进而实现共同养护和可持续利用的区域一体化发展。但是由于实际中各国社会经济和文化发展的差距，在责任和义务分担上需要兼顾效率和公平两个方面。较为典型的封闭海域合作案例，波罗的海区域海洋环境保护项目的政策融合取得显著进展，不同发展部门吸纳了环境保护相关指标标准，这主要得益于欧盟层面对成员国海洋综合管理在政策协调与一致性方面的推动。地中海的区域合作模式采用“框架公约+议定书”的体制，相对具体和灵活的议定书

加入方式可以一定程度上兼顾不同发展水平和不同利益需要的国家。对于小尺度的生态系统海域，养护合作注重本地化的利益需求，可以确定适用于整个生态系统的标准，并据以进行系统规划与协调管理，如瓦登海合作项目，相关的三国通过对各自的空间规划制度不断调整，建立了具有类似框架的空间规划体系，从而有利于瓦登海整个区域的协调管理。另外，大、中尺度海域范围的养护合作中海洋保护区网络建设发挥越来越重要的作用，在区域性海洋合作管理中加强整体性的空间规划，使海洋保护区的设置有效衔接海岸地区与近海区域综合管理制度，使空间发展格局上更加系统和完整，这也是现有区域合作项目应继续完善的任务之一。

四、针对不同法律规制范围和法律地位的海域养护和管理合作模式

区域海洋合作因具有不同目标任务而不同，相应的效力范围也不同，例如，波罗的海区域环境保护合作项目，当讨论特定濒危物种资源的养护或特定生境的保护，涉及的范围是物种或生境的生态区域；当讨论波罗的海海洋污染问题，涵盖的范围即整个波罗的海海域；当讨论整个波罗的海经济产业部门或陆源流域污染问题，考虑的范围是包括陆上腹地和海域在内的整个区域；同时，针对不同层次和范围的问题设计相应的解决对策，或者说具有相应范围法律效力的措施和工具。因此，对于区域海洋生物多样性保护和相关人类活动的管理从效力空间上来看具有立体、多元和分层的特征。另外，区域性海洋生物多样性保护合作的必要法律基础至关重要。包括具有约束力的条约或协议明确政治性承诺和责任分配；行动计划确认行动的优先事项与工作规则；软法文件包括科学建议、标准、指南等为技术性问题的解决提供指导和参考。

从另一个角度来看，对具有不同法律地位的海域生物多样性保护合作模式需视不同情形而定。海域的法律地位虽然是进行海洋生物多样性保护和国际合作的相关权利和义务正当性来源，但是海洋生物多样性保护是关乎全人类共同利益并被整个国际社会所公认的事项，具有“对一切义务”① 的部分特性。即使在国家管辖外或者存在管辖争议的海域，国家间合作保护海洋生物多样性也不仅必要而且可行，如大西洋、南极公海保护区及网络的建设实践在一定程度上说明了海洋生物多样性保护与合作的义

① “对一切义务”是指针对目前国际社会所公认的事项，基于保护全人类共同利益的目的，每个国家应对整个国际社会履行的一种“命令性”或“禁止性”的绝对义务。《联合国海洋法公约》在第 235 条中的责任问题上提出了一个附带规则，规定各国应履行其关于保护海洋环境的国际义务，并且应“按照国际法承担责任”（赵允勇，2010）。

务不会因海域管辖边界的情形而免除。通常在跨界海洋生态系统区域，采用空间性方法识别和管理优先保护区域难度较大，通过国际或区域层面的权威机构采取的特殊机制安排对相关国家的人类活动施加规制或限制，同时加强相关国家对置于其管辖下活动的管制，可以在一定程度上弥补因跨界因素造成的治理真空或冲突，例如，地中海海洋生物多样性保护与管理合作。同样，对于域外第三方相关权利和自由如何兼顾的问题，可以通过拓展与域外相关国家间的合作和协调，或者通过国际性组织机构的支持，如地中海的做法，有助于促进区域海洋生物多样性保护目标的顺利实现。

第四章　海洋生物多样性的区域治理结构、机制与过程

海洋生物多样性治理的全球化和区域化进程并行和互动是当前的一个发展现状和长远趋势。无论从全球治理的角度，还是从海洋区域一体化的内在动因来考察，区域海洋治理都具有其现实的合理性和进一步发展的必然性。区域化的海洋治理既是全球化海洋治理的组成部分，又是全球治理背景下做出的“本地化”反应。未来一些仍处于发展中的海洋生态系统区域的治理结构和机制变迁需要在不断变化中的全球海洋治理框架下观察。海洋生物多样性保护作为海洋生态系统管理的核心要素，如何融入区域海洋治理的构建和完善进程中，并形成相对系统和完整的制度框架和运行体系，实现区域海洋生态系统协调与可持续的发展，是需要重点研究和解决的系统性工程。本章基于海洋生物多样性自然属性和生态系统管理原则，借鉴全球范围已有的各类最佳实践成果，结合国际机制视角，探讨宏观层面以海洋生物多样性保护为核心的区域海洋治理结构、机制和过程，为微观层面探索有效的治理范式和实践提供理论和路径指导。

第一节　海洋生物多样性区域治理结构

从治理的角度，以海洋生物多样性保护为核心开展的海洋生态系统管理是区域治理在特定领域的表现，更是海洋生物多样性这一全球性、关乎全人类共同利益事项的全球治理的重要组成部分。以海洋生物多样性保护为核心的区域海洋治理在内涵特征、构成要素和治理结构等方面也反映了生物多样性的综合属性，并与 EBM 理念下的协调和综合原则相契合。

一、区域海洋治理的理论内涵

（一）概念与特征

区域海洋治理的理念和内涵界定，可以从治理的一般理论作为认识的出发点层层剖析。治理一词源于政治学和经济学，被广泛运用在社会科学的各个领域，主要用来描述或分析一个特定社会（国家、区域社会或国际社会）或特定实体（如国际组织、国家机构、公司、法人团体等）的统治、管理或经营模式（喻锋，2009）。治理是为社会设定明确目标，并为该目标的实现提供激励和制裁，监督和调控社会依从的持续政治过程（Kohler-Koch，2005）。治理的目的在于在不同的制度关系中运用权力去规范、控制和引导个体行为，以期最大化实现共同利益。治理主要具有以下特征：治理不仅是一整套静态的规则，更是动态运行的过程；治理的基础价值不是控制，而是沟通、协调与合作；治理既涉及公共主体，也包括私人主体的参与；治理不仅包括正式的制度和体制，也包括非正式的、持续的非制度性安排（杨毅和李向阳，2004）。

全球治理的产生是一个动态变迁的过程。传统的民族国家体系由于缺乏超越主权国家之上的合法性权力、运行机制以及相关资源，政府往往囿于自身国家利益考虑，对一些全球和区域性公共问题无法依靠单个主体的力量解决，全球治理作为独立于主权国家及国家间治理体制之外的新的治理模式应运而生。因此，全球治理是在已有国际机制失灵的情况下，试图在全球层次、区域层次和次区域层次上通过改革构建的一套更有效的管理和解决全球性问题的国际机制或国际制度（乔卫兵，2002）。区域治理的产生也是源于区域内政治系统应对区域性公共问题的挑战及其共同利益的需要。在致力于解决区域性公共问题的过程中，区域各成员在政府间合作框架下通过沟通、协商和博弈所形成的区域性公共政策议程、构建的区域性制度安排及其实际运作，都直接引发了区域社会治理模式的变迁。可以说，区域治理（或治理的区域化）是区域内各行为体共同管理区域共同事务的诸种方式的系统，共同事务既包含全球性问题，也包括具有地区特殊性的公共问题，是治理理念在区域尺度上的运用，在某种程度上，区域治理是全球治理的局部实践和验证，与全球治理具有密切的联系和互动。

综上所述，区域海洋治理是特定海洋区域内各种行为主体通过合作与协调，在治理基本原则指导下创建公共机构、制定管理规则以维持区域海洋利用和保护的公共秩序，为满足区域共同海洋利益而联合或共同行动，推动治理模式在区域海洋层面的实践（图 4-1）。区域海洋治理的外在驱动是全球海洋问题以及全球海洋治理的发展；其内在动因在于，区域社会因共享的海洋区域所引发的各个层面相互依赖和互动的关系，维护均衡、繁荣和有序的海洋开发利用秩序，以及自然、健康和可持续的海洋生态系统，都是需要区域层面的合作、协调和统一行动，以解决单个国家应对海洋公共问题的不足和集体行动的困境，避免“公地悲剧”的产生①。区域海洋治理一直处于动态的不断发展完善进程中，实践中，区域海洋治理的模式和水平受到多方面条件的影响，国际社会和区域社会所处的发展阶段、普遍的区域认同、成员间的政治关系、历史隔阂和领土纠葛等复杂因素和变量，都可能会制约区域海洋治理的路径选择和发展进程。

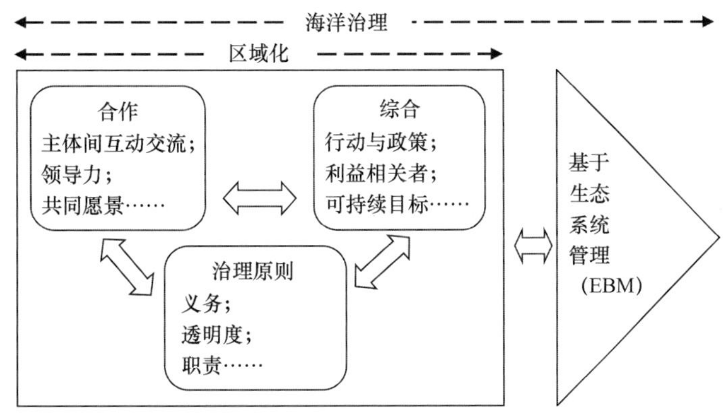

图 4-1　海洋治理区域化的概念框架

来源：Leeuwen，2015

（二）区域海洋治理的功能

在区域一体化视域下，区域海洋治理的主要功能在于实现公共海洋事务的规则化和正常秩序，通过对权力和资源的重新整合，在现有框架内创新性地实现公共决策的科学性和民主化（喻锋，2009），以使区域内成员获得理想的现实和潜在利益；同时，通过区域治理主体的共同行动和对外政策保护本区域的利益免受来自地区外的主体或因素的负面影响。概括来讲，区域海洋治理具有规范、协调和冲突解决的功能。

---

① 美国著名经济学家曼瑟尔·奥尔森在《集体行动的逻辑》一书中详细阐述了这一理论，指出集团的共同利益实际上等同或类似一种公共物品，任何公共物品都具有供应的相联性和排他的不可能性，这两个特征决定了集团成员在公共物品的消费和供给上存在搭便车的动机；另外，当集团成员越多，个体就越会产生“有我没我影响不大”的消极心理，因而对公共物品或共同利益的生产就会采取漠不关心的态度，这就是大集团集体行动困境的根源所在。

规范功能是指区域海洋治理对公共事务实施管理需要通过某种权威和权力来维护正常秩序，但是这种权威和权力的运行不同于政府官僚机构的自上而下的统治、命令方式，而是通过上下互动的合作、协商和伙伴关系确立共同的目标与认同，进而对海洋公共事务的管理提供权威支持。从实践来讲，区域海洋治理“权威”的合法性来源主要有：一是制度性权威或授予性权威，主要是主权国家通过让渡部分主权授予某个超国家组织来行使特定管辖权，如地区一体化组织、区域共同体组织，这种权威的来源通常发生在已经作出某种制度性安排的地区；二是契约性权威，是区域成员基于对共同价值的认同和目标追求而达成的协议或条约，对各自在区域治理中的权利和责任进行约定或限制而形成的权威（黄淼，2009）；三是道义性权威，旨在体现、服务或者保护某种广泛的原则，捍卫国际社会共同利益和价值，并在此基础上开展自主性行动的国际组织，如海洋生物多样性保护相关的国际组织——IUCN、世界自然基金会（World Wildlife Fund，WWF）等（薄燕，2007）；四是专业性权威，由于具有专业技术的合理性和信息的控制力而获得自治权威的组织，如国际性和区域性的各种专门领域的科学机构，UNESCO 及其下属的各种海洋相关科研机构，都具有相关的专业知识和专家人员，并通过对信息和数据的全面统计和知识转化，将科学和政策问题相连接，为区域海洋治理提供权威性的资源和支持（莉萨·马丁和贝思西蒙斯，2006）。区域海洋治理的规范功能主要就是通过综合性权威来规范区域内国家实体和其他非政府组织的行为，使其活动的目标和价值取向符合区域共同的福利，同时也使区域内各种行为体相互制约进而形成自身利益与区域共同体利益的动态平衡。具体从海洋生物多样性的区域治理角度来看，这种规范功能体现为既有的国际体系（包括各种国际条约和制度）、区域性协议对区域行为体的规范和制约，以及对域外行为体的侵害活动及其影响施加作用的过程。其中，具备综合性“权威”的组织对于区域海洋治理的实施和发展极为重要。

区域海洋治理的协调功能主要体现在：一是协调区域内各成员的利益诉求，通过建立沟通和协商的平台促进区域各行为主体的地区政策制定和利益整合。这一过程的主要任务是通过公正、合理的安排最终促成各成员的政策趋同和行动一致，实现多样性中的统一，为区域海洋治理提供存续的合法性基石。处于不同发展阶段和特征的成员对于区域公共产品的需求和供给能力存在差异，“能力有多大，责任就有多大”，实现区域福利的最大化和最优化配置还需要遵循“共同但有区别的责任”原则，对区域海洋生物多样性保护等共同事务的协调以共同责任为前提，对发展诉求大的或对区域海洋生态系统服务存在特殊利益的地区予以政策倾斜或区别对待，进而维护区域治理和一体化框架的稳定性。除了平衡不同国家发展权利的区际公平，还应兼顾代际间的可持续发展，代际公平的一个重要原则是“保存选择原则”，即每一代人应该为后代人保全和维护自然和文化资源多样性，避免限制后代人具有的可供选择的多样性的权利。因此，区域海洋生物多样性的保护和治理应基于可持续发展的要求合理规制开发利用资源的能力。二是协调区域间和次区域间的地区平衡。海洋生态系统是一个有机联系的整体，区域内各要素在空间上的发展格局应该均衡、和谐，如海洋保护区网络的构建应该首先在空间分布上满足均衡、协调发展的要求；本区域和域外地区间关系的协调主要立足于对客观存在的区域间利益差异化的充分认识，确保本区域治理成果免受域外不利因素影响。

区域海洋治理的冲突解决功能主要是通过创建具有“权威性”或“开放性”的机制，包括提供冲突方协商、谈判和争端解决的平台或机制，对不同利益之间的冲突进行平衡和管控，但可能对某些冲突的解决不是充分或根本性的，如涉及海洋管辖边界的划定、海洋资源性主权权利归属等方面的实质性冲突，区域海洋治理机制所能获得的“授权”或者权利能力范围是有限度的，对此类冲突解决可以发挥的作用通常限于提供辅助性、过渡性或缓和性的安排。另外，海洋生物多样性保护相关的主要矛盾和冲突在于不同海洋开发利用部门之间及其与生物多样性保护之间的冲突，空间资源利用的冲突是突出的问题，区域海洋治理可以通过“权威性”的规划指导和规范性的规则管制，以及协调性的“软法”措施和合作行动，促进海洋生态系统区域在政治、社会经济和生态环境综合体系内实现安全、合作与发展。

（三）区域海洋治理的类型

全球范围的区域海洋治理具有多样性的特点，主要原因在于不同区域面临的不同的“集体行动”问题。针对海洋事务的不同领域、不同政策目标，相应的区域治理也会呈现不同的形式（如上文案例研究所描述的各种类型）。从海洋生物多样性保护和治理视角来看，区域海洋治理模式和方法按照不同标准可分为以下类型（不同分类标准下的类型会有交叉）。

1. 按照治理主体标准划分

（1）政府间联合的跨域治理模式，强调的是区域内国家政府相互协调与合作的关系，以国家层面主导的紧密型协调组织架构，以政府为治理主体，以跨区联合为模式，旨在打破政治管辖和管理的界限。

（2）政府、非政府联合跨域治理模式，注重由政府和非政府组织等主体共同形成多中心、多层次的区域网络和治理格局，通过合作、协调、谈判、伙伴关系等多种途径共同应对区域公共事务（张彪，2015）。这种模式主要是通过协调性的制度安排实现的，制度的选择和设计较少受到权力干预或外部压力，区域系统内的权力配置较为均衡，通常发生于特定的利益集团之间。

2. 按照治理的组织结构划分

（1）制度性的区域海洋治理体系。主要由区域性的权威组织主导相关议题、形成共同认可的区域一体化目标和获得授权作出具有约束力的决策，以及负责执行和监督具体的行动计划。具有权威的区域性组织，如波罗的海 HELCOM、东北大西洋 OSPAR 委员会等。

（2）功能性的区域海洋生物多样性合作机制。这类合作机制的目的主要是为解决某些国家间的特定议题承担补充性、前摄性（指合作制度化前期的初步性进展）或协调性角色，在合作方的特定法律授权范围内为实现合作目标而制定专门性的、具有有限约束力的决策，维护区域海洋生物多样性保护合作的关系或网络。如 Natura 2000 就是保护海洋生物多样性的功能性措施，不同的是欧盟这一超国家实体本身所具有的权威使得 Natura 2000 相关政策和措施实施的法律效力较高；又如，瓦登海三边合作项目，就是三方为了协调各自的政策和措施而达成的功能性合作机制。通常情况下达成的功能性合作机制都具有相应的协议来约定合作主体的权利和责任。

3. 按照治理的规划方法划分

（1）综合性规划与规范性方法相结合。通过建立长期性、综合性的目标体系和战略规划，强调对海洋生态环境问题的全过程管理，涵盖了从自然环境面临的压力和现状评估到响应介入的管理性、技术性问题，如波罗的海区域项目设置了压力组、状态组、响应组、技术组和管理组等工作部门搭建了基于 DPSIR 模型的治理框架，同时通过规范性法律工具对造成生态环境压力的主要活动部门进行政策调整，如农业、渔业和航运等几大主要领域，致力于通过协调经济和自然保护相关政策，促进环境政策、标准与其他政策间的融合，促进可持续发展目标的实现。

（2）专门性计划与协调性机制相结合。这种方法主要体现为首先确定优先合作事项，通过形成专门性项目或计划统筹该合作领域的管理活动，如地中海区域项目主要侧重对污染控制、污染应急方面环境保护，同时设置国家联络点兼顾到区域与国家间的协调，还开展区域层面的信息交流活动；瓦登海三边合作项目也强调合作方在技术性领域的合作与协调，采用了建立专家和网络的方式协调各方的监测、评估工作。

4. 按照治理区域涵盖的范围划分

（1）区域性治理。治理的范围涵盖了海洋生态系统区域的整体，甚至在涉及陆源活动对海洋环境影响的领域，治理区域还包括了整个流域腹地区域，进而确保基于海陆统筹的综合性治理，如波罗的海区域项目。一般来讲，“区域”的划分标准除了依据国家管辖边界和依据国家联合体的规则形成的区域，还包括基于生态系统管理的原则，按照自然、生态、地理等要素划分治理的区域。

（2）次区域性治理。主要指几个相邻国家相连接的区域，具有特定的地理、资源、开发活动等因素的密切关联，因而具有突出的环境问题，如瓦登海区域。次区域的范围小于区域，亦可以是区域内部差异性突出的次级区域，如波罗的海和地中海区域项目中将整个区域规划为几个次区域，一方面确保整体性规划的目标、任务经过细化分解得以有效落实；另一方面确保地方层面小尺度、分散性的实施行动与区域整体目标和规划的一致性或符合性。

（3）跨界区域合作。主要是国家间的合作，双边或多边国家间共享的海洋生态系统跨越不同管辖边界，为了共同利益或现实需要，跨界区域之间开展的国家层面或地方层面的合作。因此，跨界区域合作可以成为大、中尺度区域治理的具体实践，也可以是双边根据海洋共同事务的现实需要而开展的联合行动。

总之，海洋生物多样性保护的区域化治理类型需要根据政策目标、现实和潜在需要，以及治理可行性等条件采用合适的类型方法或者类型组合。

二、区域化的海洋生物多样性保护及治理的构成要素

（一）多元合作的治理主体

区域海洋治理的主体具有多元化的特点。区域海洋生物多样性保护和管理的主体不只限于国家政府，还包括了国际/区域组织、非政府组织和公民社会组织等。根据不

同区域保护对象、区域范围等情况，不同层次的主体参与并在区域治理中发挥不同的角色功能。区域治理过程中的地区决策和权威的行使并不由单一行为主体决定，决策和实施的过程是多元主体共同参与和互动的过程。国家、区域性组织和非政府组织是主要的行为主体。

在当今区域海洋治理中，国家利益仍然是国家行为的核心驱动力，国家主体在区域治理体系中的依存程度和权力整合的结构直接影响区域海洋治理的模式构建。国家主权与区域海洋治理是既对立又统一的，存在着两种发展趋势，即“政府间主义”和“超国家主义”，前者指各成员国政府在合作中秉持主权原则，后者意味着承认主权权力的让渡与共同行使（吴弦，2002）。区域治理中的国家主体同样是区域化中的国家，顺应区域/全球海洋治理的趋势对主权进行重构，实现传统的民族国家体制在全球化和区域化时代的自我扬弃是一个时代性的课题。两种趋势之间也并不是绝对排斥的，“超国家主义”所体现的自上而下规制方法和“政府间合作主义”所强调的国家层面和政府主体的能动性，以及国家内公民社会自下而上的参与和支持，可以根据治理的内容、环境和目标等要素的需要相结合，有助于充分整合区域正式组织机构的权威空间和国家主体的可用资源，共同为区域海洋利益的实现发挥积极作用。如欧盟框架下的区域海洋项目就将欧盟作为成员方参与到具体的区域合作中，二者良性的互动也为区域海洋治理注入了持续的动力。

国际/区域组织是以国家为主要主体构成的、以促进合作为目标和以一定协议形式而创设的各种机构。国家间组织、超国家机构、次国家实体等都通过各自不同的方式参与到国际事务当中。区域组织的法律人格是成员国授权赋予的，在法律上的权利能力和行为能力不能凌驾于国家主权之上，无权干涉国家管辖事务。因此，区域性组织的缔结和行使职责都是建立在国家政治意愿和合作合意的基础上，区域性组织自身的能动性更多体现在推动治理的机制创设和维护运行过程中。

随着全球环境社会运动的兴起，越来越多的非国家因素逐渐渗入到全球海洋治理的发展和演进当中，构成了对国家行为体的补充和一定程度的修正乃至制约，并发挥着越来越重要、越来越广泛的作用。非政府组织机构虽然缺少政治权威，但是具有专业性、独立性和网络性特征，对区域海洋治理和海洋生物多样性保护起着积极协助的作用，尤其在科学知识的提升、信息数据的收集、技术和经验的交流和实施上的监督反馈等方面，发挥着不可或缺的作用。因而，非政府组织及其网络是成功的区域海洋治理的重要组成部分和重要支撑力量，已有的实践案例都展示出了各种专家组织、研究机构、信息和技术网络的重要性。非政府组织还是衔接政府与公民社会的桥梁，一方面为政府治理职能的行使提供协助；另一方面通过知识的研究和各种传播途径凝聚社会共识，提升公民意识，有助于培养区域合作机制构建的认知共同体①。此外，某些具有政治敏感性的议题可以借由非政府组织、科研机构等进行独立性或与相关国家政府合作下的科学活动，为促进政府或政府间组织参与开展区域化治理积累知识和能力建设奠定基础。

依据功能主义的观点，凡是承担一定职能、发挥一定作用的主体，根据公众参与原则视为适格主体（张小平，2008）。成功的区域海洋治理一定是多元主体良性互动的过程，对于海洋生物多样性的保护不仅需要国家层面的具体执行和实施，还需要区域层面制度化的组织机构进行整体性的统筹规划与协调，更离不开各层面非政府组织、科研机构和公民团体的积极参与、协助与支持。因此，构建具有开放性和包容性的多元主体交流、互动网络体系具有一定的现实必要性。

（二）治理对象

增强区域海洋公共产品的供给是应对区域海洋治理差距或赤字的重要解决途径。全球性问题或特定区域的共同问题，如海洋生物多样性的保护这一公共产品是区域治理主体基于共同利益诉求和价值取向而理性选择的结果。以海洋生物多样性保护为核心的区域治理包括对生物多样性的恢复和保护，以及对各种压力因素的调控。因此，将海洋生物多样性保护作为区域海洋治理的一个主要方面不意味着区域海洋治理的工具化倾向，而是对区域海洋治理的具体和强化。比较不同的区域海洋治理案例可知，基于不同的区域性问题而逐步建立并完善的区域海洋治理过程更加符合现实需要和治理本身的变迁规律。如波罗的海区域海洋项目的发展也是治理机制的不断革新和完善的过程，治理的内容越来越趋于全过程要素整合、社会经济综合性关系的调整。

从具体治理对象来看，包括了对治理主体、客体/物、时间、空间、信息和技术等相关要素的治理活动。其中，治理主体，如国家、区域性组织、非政府组织、公民社会团体等，既是治理的主体，又是治理的客体，关系着治理的能力建设、成本效益、

① 认知共同体（Epistemic community）概念最早是在20世纪70年代初由美国的约翰·鲁杰（John Ruggie）引入国际关系研究领域的。他认为，“认知共同体”是指国际制度化的认识层次，它建立在围绕一种认识发展而来的相互联系的角色之上。20世纪90年代，随着建构主义理论的兴起，“认知共同体”理论进一步受到借重，彼得·哈斯给“认知共同体”下的定义是：“某一领域中具有被人们普遍认可的技能的职业群体，在与该领域的决策相关的知识方面，他们具有权威性。”认知共同体有别于其他团体的地方主要体现在它同时拥有共同的原则信念、知识基础和政策目标，特别是致力于推动和影响政府政策的制定，涉及国家管理者、跨国事务和国际组织三个层面（喻常森，2007）。

评估体系等方面；客体/物主要指的是海洋治理中相关的一切资源和环境条件，既包括海洋生物多样性所包含的各类要素和过程，还包括了治理体系本身的组织框架实体；时间和空间要素具体指空间的规划和布局，时间期间的调控，流程过程和进展的推进等，具体到海洋生物多样性的保护，时间和空间维度的要素分析必不可少，所体现的正是海洋生物多样性本身所具有的时空特性；信息和技术主要是指信息数据和最新技术方法的获取、处理、分析，以及进一步的标准制定和方法运用。

（三）治理规制

治理模式的发展由传统的命令-控制型规制向规制治理范式转型，规制的方式包含了范围广泛、形式多样的工具，包括有约束力的、正式的、政府间的规则、程序，还包括软硬法结合、多主体参与和协调合作的原则、标准。区域治理的目的在于将区域社会经济生活规则化，不同于传统的以权力控制为核心的政治进程，而突出对非正式实践的正式化过程，提供一个多元、透明和灵活的公共平台，使得即使是存在利益冲突的国家间也可以通过某种安排展开沟通、协商与合作。

区域海洋治理规制的主要取向是维护区域海洋发展的秩序，处理海洋利用中的各种关系和冲突。前者具体包括资源开发秩序，限制过度开发、不合理开发；区域政治秩序，调控国家间公平和互利的关系；保护秩序，整合现有的各种资源，弥补空白，最优化提供生物多样性保护公共产品。后者具体包括海洋环境污染与生态保护、海洋资源开发利用与养护，以及不同开发利用活动之间的空间冲突等。

三、海洋生物多样性的区域化治理结构

区域海洋治理所包含的合作过程需是基于区域共同利益而采取的集体行动，治理结构的形成和发展是区域治理制度安排的形式选择，即使存在共同利益的情况下，有时区域合作无法达成，这种情况被称为“制度性集体行动困境”①，建立能够有效发

① 美国学者费沃克将现实中存在的制度性集体行动困境划分为四种情形。一是由于无法协调利益而产生的。如果集体行动参与方具有互补性的资源，那么最优的方案是各方交换资源，以实现优势互补、互利共赢。但如果双方无法就利益协调达成一致，那么合作所带来净收益就无法实现。二是由于基础设施的规模经济性所导致的困境。基础设施的规模经济性要求地方政府开展合作，以实现规模收益，降低平均成本。此时，如果地方政府以邻为壑，只考虑自己的“一亩三分地”，就会导致各方成本提高。三是在共有产权情况下出现的行动困境。当存在“公共池塘”等问题时，如果各方都只是按照自身短期利益最大化采取行动，就会导致资源的过度使用等问题，出现“公地悲剧”。四是由于外部性所带来的困境，包括正外部性和负外部性。如果不能有效实现外部性的内部化，就会引发地方政府之间的矛盾和纠纷。参见：http：//news. gmw. cn/2014-10/29/content_13683582. htm。

挥治理制度作用的形式结构十分重要。治理结构的概念主要是描述或分析一个特定的社会或实体的统治、管理或经营框架（曾令良，2008），体现的是治理主体在互动中形成的对制度形式的选择。制度又分为制度环境和制度安排或设计，区域的政治、社会、经济和文化等制度环境决定了治理的基本结构，进而对具体的制度安排产生影响。

从治理的要素来看，治理结构包含三个层次的体系（图 4-2），首先是价值体系，首先是多样共存，指对海洋生物多样性保护的社会、经济、文化等多元价值的追求、对区域多样化的发展模式和多边关系的尊重和共存；其次是共享共责，指区域所有主体对生物多样性服务利益和价值的共享，以及共同承担的保护责任；再次是共治共赢，指区域范围对提供海洋生物多样性保护的公共产品的重要性认识和行动，积极合作，

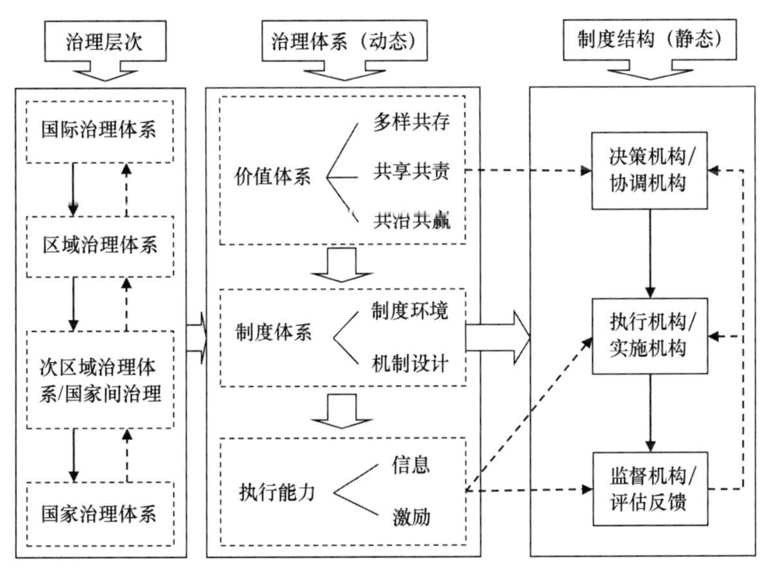

图 4-2　区域海洋治理基本结构框架

管理、规制和调节相互关系，互信、互利、共赢。二是制度体系，包括制度环境和机制设计两个方面，还包括机制结构和具体的规划、管理、政策、方法。三是执行能力，执行能力受区域层面和国家层面各种因素的影响，区域性的实施行动需要各项资源或措施的支持与保障，如知识、信息、技术、激励措施等，直接影响治理的实施成效。按照不同职能，静态的机制结构包括决策或协调机构、执行或实施机构、监督和评价机构等制度安排。

第二节　海洋生物多样性区域治理机制

一、区域合作制度化的需求与形式

面对全球变化对海洋生态系统带来的种种压力和机遇，区域性建制已成为国家和地方层面应对全球变化的制度反映，特别是在涉及多个国家的海洋区域内，在既定的自然系统-社会系统综合目标的统驭下，各种制度规则必须在结构、功能、组成上进行配合，妥善平衡区域内部成员间的利益分配，规范和约束区域成员的行为，从而实现一致的目标，这就产生了对区域合作制度化的需求。新自由制度主义代表人物基欧汉认为，根据科斯定理，在行为体的法律责任框架已经确定、完全信息状态和零交易成本的前提下，行为体之间进行合作不存在任何问题。但在现实政治中，这三个条件无法全部满足，并且会出现政治市场失灵的现象；而制度可以通过提供信息、降低交易成本和减少不确定性为合作的持续进行提供保障和支持。针对区域公共问题的区域制度化进程是面对政策失灵和市场失灵的响应，区域海洋问题的一体化解决就是区域机制构建和发挥作用的过程，区域机制体现为区域安排中的规范、规则和决策程序，亦即区域治理的法律基础、决策和协调机制等组成部分。同时，由于制度设计者自身的价值取向和主观偏好，区域制度设计理性发展的过程也需要与本土化的制度环境因素相结合研究和验证，设计出切实可行的区域合作制度（Keohane，1985）。现实中，宏观国际环境的变化和区域公共问题的现实诉求可以直接催生出区域合作制度建设的需求。

在区域海洋语境下，各行为体实施的对海洋生物多样性造成影响的行为主要从各自利益出发，相互间法律责任框架不明确，同时，缺乏对区域海洋生物多样性信息及其与人类社会之间关系的充分理解，会导致相关主体间合作成本增加，因此，需要创设正式或非正式的制度安排对行为体进行有效约束和规制，达到整体性的秩序和福利（苏长和，2009）。除了基于问题导向引发的合作，区域范围既有政治进程、价值追求和利益需要等方面基础对于未来的区域合作发展具有重要影响，如欧盟范围比较成熟的区域性海洋生物多样性保护制度就是在区域政治、经济、社会等高度一体化框架下推动发展的，中国-东盟基于区域命运共同体的价值追求和区域一体化发展的利益诉求，也积极谋划了多个海洋领域的合作框架，这些都呈现了区域海洋合作的制度化需求和发展趋势。

不同的制度化水平对应不同的制度形式。制度化水平的标准包括正式化、集中化和授权化（田野，2005）。正式化，指明确和公开批准的国家间行为规范。如签订国际条约以及据此建立的正式国际组织是最正式的国际制度安排，次之则如行政协定、非约束性条约、联合声明、联合公报、谅解备忘录等国际制度安排，没有文字记录的口头协议和默契、联合宣言等则是完全非正式的，根据正式化程度的高低可以将国际制度安排分成非正式协议和正式的国际制度两大类别，第三章所描述的基于协议开展的区域海洋治理实践属于正式的国际制度。集中化，指建立具体而稳定的组织结构和行政设施以管理集体行动。一般情况，集中化程度高的国际制度都以正式的国际协议为基础。根据集中化程度的高低，可以将正式的国际制度分为自我实施的正式协议和正式的国际组织。授权化，指授予某实体以运用和实施规则、解决冲突的权威程度。授权化水平较高的正式国际组织被视为超国家组织，如欧盟，授权化程度较低或中等的一般国际组织如 HELCOM。根据这三个维度的标准不同组合，可以将国际制度安排的基本形式分为超国家组织、一般的正式国际组织、自我实施的正式协议和非正式协议（田野，2005）。

从海洋生物多样性保护的角度来考察所依托的区域海洋治理结构，大多区域主体间都制定了正式化水平较高的协议以及辅助性的非正式协议，建立了具有一定稳定性的组织结构负责管理集体行动；授权性方面大多组织机构没有独立的实质性的规则和决策制定权能，较多被赋予了协调和协助的职责，并且不同组织间差异明显。从实践来看，相对稳定的组织结构使国际组织能够开展广泛的集中活动，如信息搜集、责任分担、冲突解决和规则制定与实施等，且具有分配性特征。通过这些功能性的集中活动，正式的国际组织能够更有效地约束成员的对外行为，从而促进各国家主体在更高水平上遵守条约和承诺，但同时也限制了国家行动的自主性。达成何种正式水平、集中程度和授权范畴的组织结构，受到具体问题领域、制度环境、政治利益和机会成本的制约。为了更加有效地实现生物多样性保护的全球性目标，需要更加灵活、多样和创新的治理结构安排，如欧盟的超国家组织治理和国家政府间治理相结合的多元治理体系；公海国际开放海域采用的分散治理结构，即区域内不同行为主体之间建立起松散的、非政府组织形式的协作组织，为区域协调发展和治理提供信息交流平台，实质性层面有赖于各国家主体的自我实施；还有侧重组织间协调的非正式的网络治理模式，如UNEP在全球推动下建立了多个区域海项目，借助其作为联合国框架下的组织机构权威，为国家政府、国际组织、非政府组织等多元主体提供了开放性的交流和互动场所，促进了全球海洋治理；此外，还有区域内治理主体间及其与区域外政府机构、非政府组织和其他利益相关者之间建立的伙伴关系，如东亚海环境管理伙伴关系计划（Partnerships in Environmental Management for the Seas of East Asia，PEMSEA）及其推动建立的区域内海岸带综合管理网络组织，都对特定区域海洋治理及发展进程起到重要作用。因此，区域海洋生物多样性保护问题在空间上的立体性、效应的溢出性、范围的超国家性、主体的多元性等特征就决定了以此为主要基石的区域海洋治理需要具备多层次、空间立体性、多元网状的治理体系和制度结构。

二、区域海洋生物多样性协调治理的法律基础

区域性法制化进程可以强化区域性的共有规范，提高国家遵守规范的水平，促进区域间合作的可操作性。海洋生物多样性作为一个全球性公共问题，区域合作与协调治理的法律基础包括了国际层面、区域层面和国家层面有关国际合作的相关原则和规则。

（一）国际层面相关规则

1971年《拉姆萨尔公约》第5条明确规定了缔约国的协商义务，特别跨界性湿地的保护，应尽力协调和支持有关养护政策与规定的实施。1972年《世界遗产公约》第4条要求各国必要时争取财政、艺术、科学及技术方面的国际援助和合作。1973年《华盛顿公约》也强调进行国际合作的必要性，以防止某些野生动物和植物物种不致由于国际贸易而遭到过度开发利用。1979年《保护迁徙野生动物物种公约》强调国家间通过协调与合作采取适当和必要的行动对迁徙物种的有效保护和管理具有重要性。1982年UNCLOS第十二部分海洋环境的保护和保全规定了结合区域的特点，直接或通过主管国际组织进行全球性或区域性的合作，并鼓励情报和资料交流，积极参加区域性和全球性方案，通过适当的区域一级协调各国政策，等等。CBD是全球生物多样性保护的最重要的正式国际法渊源，其强调国家、政府间组织和非政府部门之间的国际、区域和全球性合作的重要性和必要性。CBD第3条规定了国家管辖或控制范围内的活动不造成其他国家或国家管辖外地区环境损害的基本原则，体现了国家间保护生物多

样性的权利义务平衡。CBD 第 4 条规定的管辖范围适用于国家管辖或控制下开展的过程和活动，不论该过程和活动及其影响发生何处，即包括了具有跨界性影响的活动。CBD 第 5 条呼吁成员国间或通过国际组织在国家管辖外就共同关心的事项进行合作。CBD 第 14 条规定每一国家应通过订立双边、区域或多边安排，促进对其活动可能对管辖外或其他国家生物多样性产生的严重不利影响进行通报、信息交流和磋商，并在有关国家或区域经济一体化组织同意的情况下制订生物多样性风险的联合应急计划。CBD 对于国家间合作和协调的规定较为原则性，但也为国家间根据具体情况灵活处理提供了选择与适应空间。

（二）区域层面的法制化基础

伴随着海洋生物多样性保护国际法制化发展进程，区域海洋生物多样性保护的合作和治理也不断取得法律上的发展。从已有的全球性相关法律框架可以发现，区域性法律制度的形式已成为促进区域协调发展和合作的重要方式和手段。一系列的国际实践经验也充分证明法制化的规范形式对区域治理中国家的行为约束与促进合作的实现具有强大的效果。区域层面海洋合作的法制化是区域应对环境和需求变化寻求变革的一种战略选择，也是国际海洋治理法律框架下的子集。新自由制度主义理论还认为，国际制度的法制化是国家理性选择的结果，国家通过建立法制化的机制可以限制国家行为，提高国家间合作的水平，最终有助于国家利益的实现（周玉渊，2009）。这种理性选择体现的是国家主体基于利益取向的设计，区域治理法制化以区域主体共有的规范和认同为基础，体现出价值取向的特征，这两种取向统一于区域治理的法制化和社会化进程中，构成了区域主体行为的内在动因。值得注意的是，跨域性冲突的解决关键和难点正在于获取超越国家的区域性合法性权力或权威，填补区域治理的权力真空和盲区（金太军，2008）。

依据区域治理的问题属性特征，法制化框架也相应具有不同的表现形式。从区域法制与国家法制之间的互动过程来看，区域法制化分为区域法制的建构与实施两个方面，区域法制体系的良好建构和顺利实施是建立在区域特定的政治、经济和文化等现实条件和法制环境基础上的。区域海洋合作的法制化也是建立在区域各国家主体对共同关切事项的价值认同、主权或管辖权让渡[①]的政治意愿和相关领域合作的基础上的。具体而言，生物多样性作为全人类共同关切事项已经得到全球广泛的认同；区域性和国家间海洋环境合作也是国际环境法和海洋法一再确认的重要原则；海洋生物多样性的区域性保护与治理需要对国家的资源所有权和环境管辖权进行适当限制，或让渡其部分权能给区域性组织，实现更深层次的协调与合作，进而促进相互依赖的国家间形成更为稳定的利益共同体或命运共同体；具体领域的合作基础为进一步的法制化发展做了铺垫；等等。这些都是区域海洋生物多样性保护和合作法制化进程中具有重要影响的积极因素。

根据效力层级的不同，区域海洋合作的法律体系可以笼统分为强制性的“硬法”和契约性的“软法”体系。前者一般在区域一体化程度较高的政治实体或地区性组织框架内，如欧盟、东盟的宪章性质法律文件就具有近似于国内法的效力。后者主要是传统意义上的国际法，以协调国家间关系和规范各国行为为主要功能，如各区域海项目达成的区域条约就属于这一类，广义来讲，它还包括了各类型的合作意向书、备忘录、联合声明、宣言等法律性文件形式。硬法和软法共同构成了区域治理法制化发展的重要形态，在不同领域都扮演着不可或缺的角色。如对濒临灭绝的海洋物种或具有高度脆弱性、重要价值且受到严峻威胁的生境就需要具有一定强制性的手段来规制相关活动。而对具有地域性、持续性和受复杂风险因素影响的生态系统要素、功能或过程则需要更为谨慎和长期性的发展规划和治理架构来做出响应。另外，对于法制化程度的选择也受到地区因素的制约，法制化程度的高低亦是区域内主体基于自身和区域利益的博弈做出的理性选择，区域治理的法制化模式是区域内部多种因素综合考量的结果。

（三）国家层面的法律基础

区域法制化是区域层面法制与国家层面法制良性互动和动态平衡的过程，这个平衡是区域法制的约束性与国家行为的自主性之间的平衡。区域治理的过程一方面有赖于区域层面的法制架构，另一方面有赖于国家主体的能动作用，尤其体现在区域治理的构建到运行过程中，区域性规则需要经过“内化”的过程形成国家层面的规则或政

① 主权让渡理论，是国家在经济全球化、国际关系复杂化与民主化的发展下顺应变化要求而产生的一种新的国家主权观念，是国家对内、外关系的一种新的措施与政策。该理论是各国为了在更高层次上形成利益共同体、避免被边缘化的一种理性选择，为国际范畴的经济一体化和政治一体化奠定基础，欧盟就是由此理论发展起来的组织实体（胡帆影，2013）。

策措施（图 4-3）。国家层面的法律框架体现了国家对区域法制安排的认同程度和履行状况。在生物多样性保护方面，国际治理仍然以主权国家为最重要主体，国际性组织和区域性实践也是在国家的授权和认同基础上得以开展的，国家层面的法律和制度同时又构成了区域法制进一步发展的制度环境因素。例如，在瓦登海三边合作项目中，三个国家在海洋规划和管理方面的法律和制度存在明显差异，合作协议的签订和制度设计中注重发挥各自法律规制的效力，以政策和行动的协调为重点，同样取得了较好的成效。因此，国家层面的法律基础不仅间接构成了区域性海洋生物多样性保护和规划管理的基础，更构成了区域协调与合作框架的法律支撑。

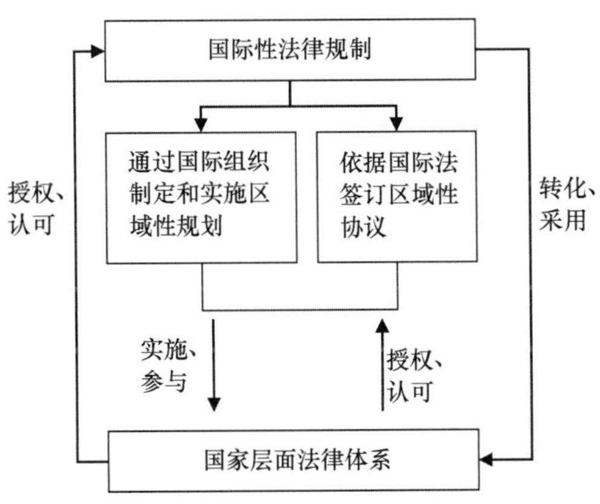

图 4-3　三个层面法律基础的互动关系

除了因区域治理法制化进程而做出的国内规则或政策调整，国家层面的自我约束性法律也是推动区域治理的内生力量。不同国家间在区域公共问题和共同关切事项的法律差距成为相关领域政策趋同（Policy convergence）和扩散（Transfer）的初始动因，具有特定领域领导性或“权威性”话语权的国家有时往往成为区域达成共识的推动力量。在海洋生物多样性保护领域，欧盟达成的某些一体化政策和制度与领先性国家和政治精英的推动不无关系，发达国家的法律实践也为其他发展中国家提供法律移植的重要参照。

综上所述，区域海洋生物多样性治理的法律基础涉及多个层次、多领域纵向和横向的错综交叉（表 4-1），已有法律基础的相互协调（Coordination）、一致（Coherence）和相符（Compliance）关系须首先理顺和调和。对区域治理的法律协调有两种基本途径：一是建立新的综合性区域性协议，从制度性调整的视角统一权力分配规范和运行机制；二是基于功能性调整，以区域性冲突的解决为问题导向，调整主体要素相关的区划安排，或从区域利益最大化诉求出发消除诱发国家间冲突的潜在可能，推动良性竞争与分工合作，逐步实现区域权力运行结构的合理化与稳定性。具体来讲，对海洋生物多样性保护的基本构成要素、功能和过程相关法律协调，可以通过区域性协议明确区域海洋生物多样性保护的法律属性、共同价值认同、利益调整的一般法律原则，包括长远利益和短期利益、经济发展与环境保护和区域间利益调整，以及跨域协调与合作的治理运行机制安排等内容，构建区域海洋生物多样性治理的基本法律规则框架。同时，对于具有冲突风险的重要利益关切事项，可以通过采取功能性的措施或接触性合作安排缓解挑战与威胁，保持国家间对话与合作的延续性，同时也存在通过完善协调性机制及政策措施，逐步转变为治理机制的可能性。

表 4-1　区域海洋生物多样性法律政策协调的框架

层次	协调内容		管理目标
区域	毗连或利益共享国家间（横向）法律和政策整合与协调	国家、区域与国际层面（纵向）政策一致性	一致性
部门	区域性相关组织机构间政策、措施协调	不同公共政策部门间协调	协调性
组织	战略性规划和管理与操作性计划和措施的整合	协调不同适用原则和利益相关者	整体性

三、区域海洋生物多样性共同治理的决策机制

简单来讲，决策机制是指在当前制度框架下制定规则的过程，而不包括整体结构机制设计的过程。对决策的机理和过程分析实际上是解析如何将主体的合作意志转化为针对具体问题的规范和指引的途径。决策的机制运作是治理机制内部的运作程序，亦是不同决策主体间协商、谈判和交流沟通的再次平衡与妥协过程。设计何种模式的决策机制，以及决策过程的设定都对治理制度的有效性产生重要影响。

由于区域治理涉及广泛的利益主体，在不同条件下不同模式的决策机制在治理过程中发挥着重要作用。一种是超国家组织框架下的决策模式，由共同体或国家联盟的决策机构制定政策，决策咨询机构负责提供信息和专家意见，如波罗的海、地中海等区域合作组织框架就主要设立了具有决策权的超国家机构，以及政策咨询的辅助机构；另一种是基于开放协调模式的决策机制，侧重发挥“软法”治理的方式，强调所有相关行为体参与政策目标和管理工具形成的协商过程，包括政府主体和非政府社会

实体等，借助充分的经验沟通和决策协调机制提升解决问题的能力，提高行动的正当性和实际成效，分散模式的合作治理框架具有类似的特征。这种非集权性、包容性的机制安排不同于传统的“共同体方式”所采取的规则取向策略，但这并不意味着治理进程就不需要规范和管制（Non-regulation），它恰恰是基于一种新的管制文化（Regulative culture），是为了实现更好的治理而施以更少的管制（Do less in order to do better）（喻锋，2009）。从功能性视角来看，无论采取何种形式的决策机制，都须确保决策具有正当的权威性来源，促进问题的有效解决。

决策机制的权力分配是治理机制的核心内容，一般地，决策机制的权力分配应该与区域治理领域已形成的主体间权力地位和利益格局相关联。不同模式决策机制下的权力分配也是不同的，超国家组织框架模式下通常设立平行的享有立法权、监督权和司法权的超国家机构，决策的制定主要从区域性利益出发，同时受到相应的约束和监督，超国家组织自治的成分比较明显，决策机构的正式性和权威性比较高，如欧盟及其区域政策；在开放性的协调框架下，通常由成员国代表大会行使最终决策权，辅之建立科学和技术性附属机构，这种模式虽然很好地兼顾到了国家主体的权力平衡，但是不足之处在于决策的强制性不高，较大程度上仍然依赖各个成员层面的具体执行，实施成效的不确定性因素较多。

决策议题的设定是影响决策机制构成和路径的重要阶段，对于治理的有效性也具有重要影响。区域海洋治理框架下的议题范畴一般是区域问题中最受关注，并纳入区域制度化议事日程的问题。议题设定的基本要素包括主体、客体、产生机制、目的和效果等方面。就有权制定和实施区域议题的主体而言，以主权国家为主，还可包括非政府组织和社会团体等多元化主体，有权作出决策的机构通常归超国家机构或成员国大会。议题设定从本质上是具有议题设定权的主体将最符合自身利益的问题强加给区域社会，实践中，由于各国自身影响力、综合实力和在区域体系中所扮演的角色不同，议题设定的能力存在差异，具有较大话语权的国家或组织可以通过主导议题设定影响区域治理的效果和发展走向。

四、区域海洋生物多样性合作治理的协调机制

协调机制涉及的范围很广泛，包含不同的适用领域、主体、内容、阶段和程序等方面要素，目的在于确保治理的运行方向和结果与合作的目标相一致，协调往往建立

在合作基础上，也是合作的一种表现形式，协调机制的构建是为了提高合作的稳定性和持续性。合作治理的建制过程和制度架构都是经过协商和调整而不断发展的过程，治理结构和决策机制的形式是各种权力相互协调和博弈的结果，但是从整体的角度来看，区域海洋治理的合作与协调机制包含了更多维度的内容。从治理的保护目标、主体权利义务、客体范畴和机制运行等方面综合考虑，协调机制主要包括以下四个方面内容。

（一）要素协调

海洋生物多样性的自然构成要素包含了遗传基因、物种、生态系统和景观，具有优先保护价值的要素之间也不是完全孤立的关系，区域性的保护目标侧重的恰恰是具有跨界性、流动性和整体关联性的生物多样性要素，因此，需要管理上基于生态系统方法对相关联的要素从功能、过程、环境和系统的综合视角进行整体规划和协调保护。具体地，对相互关联的物种的保护措施或行动应该协同进行，如渔业管理中对副渔获物的处置、外来入侵物种的防治；对跨界物种的不同生长阶段所栖息的重要生境应该协同保护、协调管理；对具有区域性或本地化特色和重要价值的多重要素应该统筹设计和应用管理措施，如对区域特有的本地物种或稀有生态系统就需要优先的保护；对相互关联的邻近生态系统或具有同质性的重要生态系统的保护和管理需要协调一致性的规制措施。这些都体现了生态系统方法对海洋生物多样性组成要素协调保护与综合管理的内在要求。

（二）部门协调

海洋资源开发利用不同部门政策与海洋生物多样性保护相关政策之间的协调是海洋综合管理的基本要求。在管理的对象或影响超越单一国家管辖或控制区域时，相关不同领域政策之间的协调涉及更为复杂的情形，如一国范围内的资源开发政策与生物多样性保护政策的不协调可能会对相邻国家海域生态系统造成负面影响，就需要国家层面的部门政策协调，或者相邻海域生态补偿等制度安排平衡发展与保护的关系；更为复杂的现实情况往往是不同国家的不同海洋利用部门政策之间及其与海洋保护政策之间交错的矛盾冲突，不仅需要海洋生物多样性保护政策的协调一致，还需要国家层面不同部门政策与区域性战略和利益的现实考量。在此过程中，表面上是社会经济部门与生态保护部门之间的利益平衡，实质上仍然是围绕着区域内国家权利或利益与责任之间关系的协调和博弈。区域社会日益密切的相互依存关系，要求各国从共同的利益出发，通过协调与合作的方式，实现自身利益的同时增进区域利益，而区域共同利益的维护则需要各国责任的分担，共同保护与区域社会发展休戚相关的海洋生物多样性。

（三）区域协调

海洋生物多样性具有明显的空间性特征，保护和管理的格局在空间上也相应地需要统筹规划和协调，如大的生态系统区域内保护区的规划和建设在空间分布上应该兼顾沿岸和近海、深海，形成陆海统筹、系统全面的生态保护网络布局，并确保区域、国家和次国家等层级目标的衔接融合。同时，考虑到不同国家和次区域在社会经济发展水平和能力的差异和特色，还应兼顾发达地区和发展中地区之间的协作和能力建设，注重对具有区域或国际重要性的生物多样性保护与社区福祉及可持续发展的协调。

（四）组织协调

区域海洋合作是否有效还在于能否将区域治理的顶层战略和机制安排具体化为可操作性的管理措施，这有赖于建立起系统的从战略到目标和具体目标，以及指标的方法体系，从而在总体愿景指引下逐步分解为具体的行动。波罗的海区域合作项目就建立起了比较完善的、基于生态系统方法的目标-指标体系，指导各个优先领域事项的响应和管理实践。

海洋生物多样性的区域合作与管理遵循了国际海洋法和国际环境法的基本原则，如国家主权原则、国际合作原则、国家管辖内活动不造成国家管辖外环境损害的责任和共同但有区别责任原则等。海洋的跨界合作还受到更加复杂的海洋地缘政治、法律、历史和文化等方面影响，传统海洋秩序强调国家主权和自由的权利及利益，以区域共同利益为基石的海洋治理强调国家间合作、协调和责任。这就意味着，区域海洋治理的构建需要对现有的区域海洋法治和秩序进行结构性变革，平衡各国正当的海洋自由和权利，保障海洋安全利益均衡发展，同时处理好海洋生物多样性养护和可持续利用的权利和责任，确立公正、合理的区域海洋治理组织体系。

对海洋生物多样性保护和管理相关活动的规划是协调现实和潜在利益冲突的重要管理手段，通过规划过程中不同利益相关主体的参与，协调区域内不同主体间、域内共同利益诉求和域外影响因素、短期和长远发展利益的矛盾或冲突。其中，对于区域治理规制措施的域外效力，如波罗的海设置的PSSAs就通过诉诸主管国际组织IMO形成了具有对所有船舶同等的规制效力；地中海区域对域外第三方的权利或义务的处理较为灵活，基于国际法采取适当的措施确保各项活动主体不违背区域条约的原则和目标，同时通过邀请非成员国和国际性组织合作的方法降低造成利益冲突的可能。

第三节　海洋生物多样性区域治理过程

从整体性视角来看，区域海洋治理的过程既包括治理结构与框架体系构造的宏观层面，也包括具体制度设计、机制运行、管理措施的形成和实施等微观层面。治理体系的构建及其对整个区域社会经济和自然生态综合系统的作用过程，也是区域治理制度的社会化进程。具体而言，区域治理的过程是对已达成区域共识的原则、规则和措施适用于指导治理体系的有效运行和具体问题的解决。

一、区域海洋生物多样性治理的一般原则

海洋生物多样性有效保护和可持续利用是全球海洋治理的重要目标和可持续发展原则的价值要求。以生物多样性保护为核心的区域海洋治理的一般原则和方法，兼具海洋生物多样性保护和区域海洋治理的目标取向和价值取向。

（一）包容性原则

包容性原则是区域治理的一个重要原则，主要是在有益于区域海洋生物多样性保护的共同利益基础上，为了兼顾国家主体的利益而从制度设计、管理手段和方法上在区域合作框架允许范围内根据具体情势需要采取灵活性的举措。包容性治理在开放协调型治理模式中的体现较为突出，基于协商和沟通采取的政策措施满足了应对紧迫性问题的现实需求，但同时并不意味着放弃集中性手段，有时可以针对严重的、迫切的事项优先应对，或者根据严重程度和紧迫性来整合资源做出响应。将区域层面的集中性治理规制与各国家层面基于管辖权对具体事项的分散性规制相结合就是较为务实、灵活的方式。包容性还体现在建立正式的合作机制的路径和过程可以在借鉴国际典型

经验的基础上结合区域特殊情况进行融合和创新，换句话说，这个过程并非单一模式和单一路径，而是包容多样化的治理模式和实现路径，并可以采取循序渐进的推进框架，逐步从低政治的功能性合作过渡到基于规则治理的共同体。

（二）系统规划原则

系统规划原则包含系统性原则和规划方法，其中，系统性原则是基于生态系统管理的内在要求，一般性规划方法包括战略规划和空间规划，是区域合作与综合管理的重要支撑。总而言之，系统规划原则和方法要求对区域海洋生物多样性问题作为一个整体，将区域自然、社会经济系统作为一个体系，通过制定区域海洋可持续发展的长期战略规划和具体行动计划，促进区域海洋“善治”目标的实现。

（三）适应性管理原则

区域海洋治理过程中面临来自各方面复杂因素的不确定性影响，如政治上的权力结构变化或外来权力的干预会影响治理机制的运行和实施的成效，科学上对区域海洋生物多样性相关信息和知识的不确定性直接影响治理水平和管理能力，全球变化带来的各种后果更加深了这种不确定性的影响。因此，需要依据适应性管理的指导原则和内容要求，强化区域层面在科技和信息方面的交流、共享与合作，构建区域的认知共同体，为合作治理的有效实施和可持续发展提供稳定可靠的科技支撑。同时，注重管理过程的监测和评估以及反馈调整机制建设，借鉴国际最佳实践并结合区域现状从行动中汲取经验，在摸索中龃龉前行。

二、多层级整合互动的治理运行体系

海洋生物多样性的国际治理法律和政策体系着眼于全球海洋整体的发展现状，首要针对最薄弱的领域采取优先性保护和管理措施，实现全球性整体目标。区域性合作项目主要目的在于促进区域性的保护与协调、可持续发展，围绕海洋生物多样性保护和可持续利用开展合作和制度构建，抑或以海洋生物多样性保护作为区域海洋治理的优先事项，都包含了对海洋生物多样性进行跨区域、跨领域、立体性综合管理的系统性要求。区域海洋生物多样性合作保护与治理的运行过程是一个复合型的系统，涵盖了多尺度区域范围（包括区域、次区域、国家和地方等），多向度关系的协调（包括纵向和横向机构或部门之间），多维度规制方法及其组合适用（如时空维度和程度上的规划方法和规制工具），多元主体参与（包括政府和非政府实体），多路径互动发展进程（包括自上而下和自下而上治理要素间的影响和作用）。

海洋生物多样性区域治理体系的运行既包含了区域治理理念与价值观念层面的融合与沟通，还在制度载体建构形式上体现合作与协调的核心价值。在DPSIR分析模型基础上拓展形成的治理结构及过程概念性框架糅合了从问题指向到制度构造、再到管理实践的要素、过程和作用关系（图4-4）。区域海洋生物多样性保护与合作治理的驱动力（D）主要考察区域内、外不同层次驱动因素及其综合作用；压力（P）主要考察影响海洋生物多样性及其保护的干扰因素、冲突或威胁；恢复力（R^1）主要体现自然系统、社会系统和自然-社会综合系统对压力呈现出的弹性能力；状态（S）主要关注海洋生物多样性各个构成要素、功能和过程整个系统的状况；影响（I）不仅包括海洋生物多样性自然层面的破坏和生态平衡的冲击，还包括生态系统服务相应的减损、对区域可持续发展的影响，以及产生跨界冲突的消极后果；响应（R^2）则包含了治理制度构建、保障机制和管理的过程，同时将驱动力、压力、状态和影响的内涵与外延纳入治理的响应全过程考虑当中，管理的不同阶段依照适应性管理原则要求，采取动态和灵活的应对策略。管理运行过程离不开区域制度的基础支撑，如整合规划需要在区域合作制度框架下统筹协调来实现；针对来自不同海洋利用部门压力的综合性管理需要进行跨社会经济系统的政策协调与衔接；对于海洋生物多样性系统性的保护需要综合运用基于生态系统的方法和工具；对动态的监测和评估需要整合区域科技和信息支持与相应的能力建设。在治理模式构建上，不同组织框架和结构安排体现了不同的制度化程度，正式、集中性的治理模式与开放、协调和包容性的治理模式分别代表了不同的价值取向和治理路径，治理实践中通常会在这两种相对绝对的模式之间寻求平衡和互补，甚至转化，以达到最优化的选择，如自上而下的正式化制度构建逐渐到开放性的协商参与，如科技上认知共同体的形成和信息的交流与共享需要更具开放性的安排；自下而上的协调性合作管理逐渐到集中性、统一的治理体系，如具有权威性和合法性效力来源的规制措施通常具有更好的有效性。综上所述，区域海洋生物多样性的整合性保护与合作治理过程是一个立体的运行系统，是区域内以海洋生物多样性有效保护和可持续利用为目标的治理结构、机制和过程的综合性体系，也是区域一体化和区域可持续发展进程的重要组成内容。

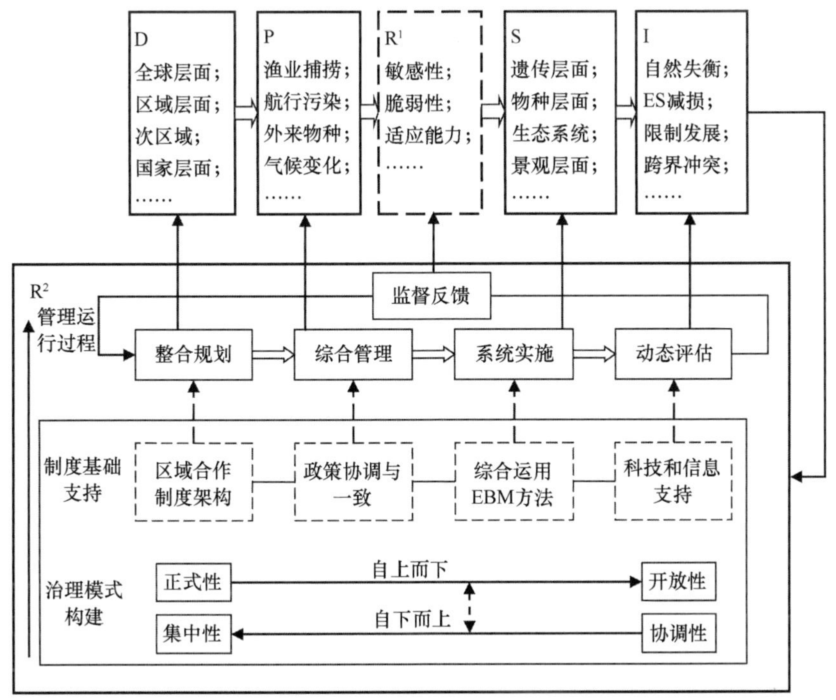

图 4-4　以海洋生物多样性为核心的整合性区域治理层级结构与过程

D：Driver 驱动力；P：Pressure 压力；R^1：Resilience 弹性；S：State 状态；I：Impact 影响；

R^2：Response 响应；EBM：Ecosystem-based Management 基于生态系统管理；ES：Ecosystem Service 生态系统服务

三、基于生态系统管理的实施

区域海洋合作与治理的进程很大程度上有赖于区域性政策和管理工具的有效实施。总的来说，主要有跨界海洋空间规划、海洋保护区网络建设等空间性管理工具。基于生态系统的区域海洋治理框架下开展跨界海洋综合规划是有效平衡海洋利用与保护需求之间关系，以及各种海洋利用方式之间关系的可行工具，关键在于如何设计并形成有效运行的规划体系，将现有的空间性方法、标准和指南综合起来并发挥实际作用（图 4-5）。

（一）规划区域范围的确定

海洋生物多样性受到的压力和威胁大部分来自海岸带地区，以及人类各种海洋开发利用活动，因此，基于生态系统管理的原则和理念要求，海洋生物多样性保护空间规划范围应该统筹兼顾实际需要和潜在范围，以及对海洋生物多样性产生显著影响的

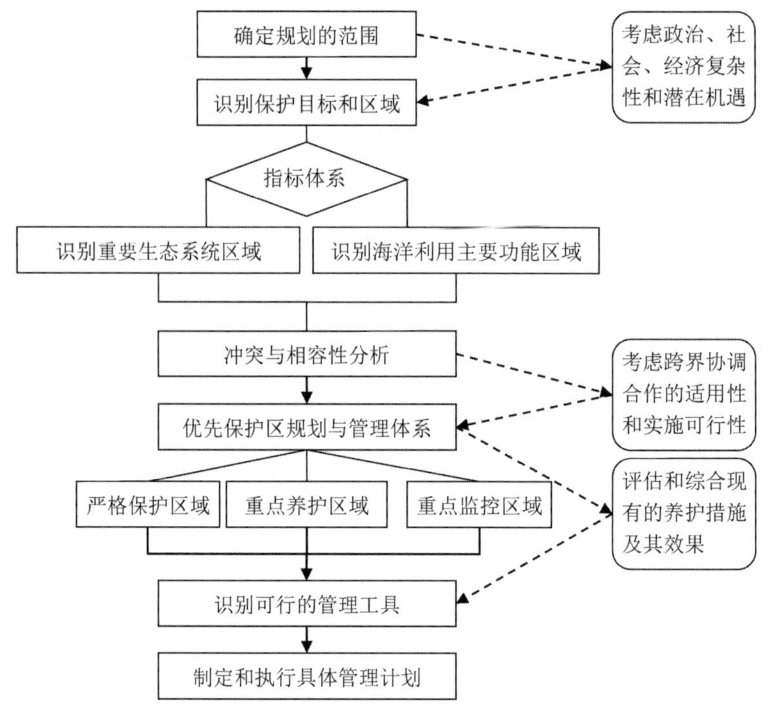

图 4-5　区域海洋生物多样性养护规划基本过程

人类活动范围。依据生态的标准来看，通常大海洋生态系统的整个区域应该作为综合性规划的范围，进而确保生态系统保护和管理的整体性与一致性。

大、中区域尺度通常出于管理上的可操作性和针对性考虑进一步按照自然地理、水文和生态特点，以及环境单元的自然条件等标准划分成若干个自然地理区域。如波罗的海区域和地中海区域规划和保护过程中就将整个生态系统区域划分为若干次区域，便于具体管理。相应的分区标准和过程可以为未来类似海域提供直接的经验借鉴。

（二）优先保护区域的识别

海洋生物多样性保护的对象是珍稀海洋物种及其生境、典型海洋生态系统。优先保护的区域应该是区域内具有全球或区域重要保护意义的珍稀海洋物种及其生境、典型海洋生态系统。对海洋生物多样性保护区域的识别不仅要识别现状下重要的生态和生物区域，也要识别出重要的生态系统服务功能区域，揭示各经济和发展部门对海洋生物多样性的潜在风险，进而加以预警和防护，避免不利的影响。

海洋生物多样性保护的国际法律和制度从多个方面的需要对重要保护区域的识别标准进行了规定，如 CBD 对识别具有重要生态学或生物学意义的区域（EBSAs）的七个科学标准、区域性渔业管理组织的脆弱海洋生态系统（VMEs）识别、IMO 的特别敏感海域（PSSAs）和 UNESCO 的世界遗产地等国际性标准、IUCN 的关键生物多样性区域（Key Biodiversity Areas，KBAs）标准，以及区域组织框架下建立的保护区认定标准，如地中海的 SPAMIs 和大西洋海域的 OSPAR 公约下保护区的识别（表 4-2）。这些标准存在具体指标上的交叉，实践中可以根据特定区域的现实条件和目标需要选择适当的识别标准。为了区域性保护和管理措施的成功实施，在区域治理框架下识别的优先保护区域，首要应从区域共同利益出发考虑具有区域或跨界重要价值的生物多样性构成要素，或在应对各种人类活动威胁的压力下具有显著脆弱性和敏感性的区域。

表 4-2　国际和区域组织适用的生态保护区域识别标准举例

类别	法律依据	标准	相应保护措施
EBSAs	2008 年 CBD 第九次成员国大会关于海洋和海岸带生物多样性的决议Ⅸ/20 附件 Ⅰ	1. 独特或稀有； 2. 对物种生命史的各阶段具有特殊重要性； 3. 对受到威胁、濒危或衰退物种或生境具有重要性； 4. 脆弱性、敏感性和恢复缓慢； 5. 生物生产力； 6. 生物多样性； 7. 自然性	设立保护区、全球和区域性网络、跨界保护区
VMEs	2006 年联合国大会第 61/105 号决议，2008 年 FAO 管理公海深海渔业的国际指南	1. 独特、稀有； 2. 生境的功能重要性； 3. 脆弱性； 4. 物种的生命史属性； 5. 结构复杂型	依区域而不同，包括特定区域或捕捞方式的禁渔区（Closure）、渔具限制
KBAs	Eken et al.，2004；Langhammer et al.，2007；UNEP/CBD/SBSTTA 第 17 次会议 10/10/2013	1. 脆弱性； 2. 不可替代性	为保护区的识别与养护措施的应用提供依据

续表

类别	法律依据	标准	相应保护措施
PSSAs	2006年IMO决议A.982（24）；2006年海洋环境保护委员会（Marine Environment Protection Committee，MEPC）通告510	累积条件： 1. 该区域必须至少满足下列之一标准：独特或稀有；关键栖息地；依赖性；代表性；多样性；生产力；产卵或繁殖场所；自然属性；完整性；脆弱性；生物地理上的重要性；社会或经济依赖性；人类依赖性；文化遗产；测量研究的基线；教育。 2. 该地区必须容易受到国际航运活动的损害。 3. 必须有可以通过IMO适用的措施对该地区提供保护，免受这些特定国际航运活动的损害	适当的保护措施（Associated protective measures）依区域而不同，包括禁航区、替代性航线规划措施、报告制度（Roberts et al.，2005）
SPAMIs	1995年《关于地中海特别保护区和生物多样性议定书》，附件Ⅰ（b）	1. 独特性； 2. 自然代表性； 3. 多样性； 4. 自然性； 5. 存在濒危、受到威胁或特有物种的栖息地； 6. 文化代表性	建立保护区及网络
OSPAR MPAs	1998年OSPAR公约附件V关于保护和养护海洋生态系统和生物多样性第3（1）（b）（ii）条；2003年关于OSPAR海洋区域识别和选取海洋保护区的指南	生态标准或考量因素： 1. 受到威胁或衰退的物种和生境或群落； 2. 重要物种和生境或群落； 3. 生态意义； 4. 较高自然生物多样性； 5. 代表性； 6. 敏感性； 7. 自然性。 实践标准或考量因素： 1. 尺度大小； 2. 恢复的潜力； 3. 可接受程度； 4. 管理措施成功的潜力； 5. 人类活动对区域的潜在损害； 6. 科学价值	建立公海保护区、成员国采取适当管制措施

1. 识别重要生态功能区域

综合上述已有的各种标准，生态上识别重要区域的标准主要包括六个方面，同时，为了将自然-社会系统之间的互动联系起来，初步加入了对具有不同方面重要性的物种和区域进行敏感性的估判（表 4-3）。敏感性是指区域生态系统对人类活动干扰和自然环境变化的反映程度，说明发生生态环境问题的概率大小（欧阳志云等，2000）。敏感性的等级主要考虑重要生态区域的物种或生境受区域性或跨界性的活动及其影响而受到损害或衰退的程度，大致分为极敏感、高度敏感和中度敏感。一般来讲，较为脆弱的和具有关键性作用的物种或生态系统具有较高的敏感性，生物生产力和多样性较丰富的区域同时具有较好的恢复力，也因此具有相对的高敏感性。虽然具有高度敏感性的生物多样性不一定具有较高脆弱性，但是具有一定脆弱性的生物多样性要素对其影响因素一般较为敏感，因此，为了更有效地保护生物多样性免受潜在和现实各种威胁和压力，依据其敏感性程度相应进行不同强度或类型的保护性安排，较为合理。

表 4-3　生态上重要保护区域的识别标准

生态上重要性标准	说明	敏感性估判
独特性	本区域特有物种及栖息地	极敏感
脆弱性或稀有性	具有受到现实或易受潜在威胁、濒危或处于衰退中的物种或生境，如列入 IUCN 红色名录的物种、纯自然未受人类干扰的生境	极敏感
对迁徙物种生命史的各阶段具有特殊重要性	重要海洋迁徙物种产卵场、索饵场和繁殖场等关键生境	极敏感
较高的自然生物多样性	具有较高生物多样性，如全球海洋生物多样性分布的热点区域	高度敏感
代表性或典型性	具有自然或文化代表性或典型性的物种和生境或群落，如红树林、珊瑚礁、海草床、岛礁等重要生态系统，以及世界自然遗产地	高度敏感
生物生产力	具有较高的生物生产力，如海洋学上通过卫星监测评估出来的全球海洋初级生产力分布情况，太平洋赤道上升流海域就具有较高生物生产力	中度敏感

参考：颜利等，2012。

2. 识别主要的海洋空间和资源利用功能区域

首先确定主要的海洋空间和资源利用的部门，对应相关的海洋生态系统服务和功能，基于各部门对海洋空间利用的现实情况和潜在发展趋势，识别主要的利益关切区域（表 4-4）。

表 4-4　主要功能区域的类别及识别

主要类别	相关的生态系统服务和功能	重要区域识别
航运业	调节服务：废物处理；空间资源	基于航运发展现状和未来发展趋势识别：航线密集区、新的航线方案、利益（或潜在利益）相关区域
渔业生物资源利用	供给服务：食物、原材料、基因资源、医药资源、观赏资源	基于渔业捕捞现状和未来趋势识别：最大捕捞量区域或捕捞密集区、主要产卵区和繁殖区、拖网捕捞区
能源开发	矿产资源、电缆和管道、风能等	基于区域能源开发现状和未来趋势及其环境影响识别：潜在能源利益区
旅游业	文化服务：娱乐、文化遗产的艺术价值、科研和教育价值	基于区域旅游业发展的现状和前景识别：主要和潜在旅游观光点和度假区
防御和科研	空间资源	识别：具有主要影响的军事演习区域和科学监测地点
保护区	供给服务、调节服务、支持服务和文化服务	识别：现有重要的自然保护区（如世界遗产地、国家公园等）、已识别的重要生态区域（如 EBSAs、VMEs 等）

（三）冲突与相容性分析

基于上述重要区域的识别，综合考察国际法律和制度，以及区域相关国家层面的相关领域发展战略、法律政策和规划制度体系，分析主要的区域或跨界性法律冲突、主体（利益）冲突、空间冲突等表现（如航行自由和环境责任的冲突），进而以区域共同利益和长远发展的共同愿景为出发点（包括生态系统健康、海上交通安全、养护渔业产卵、培育和捕捞区域、维持海洋自然保护区网络、增加海洋和海岸带社区福利等），依据综合性的生态系统管理目标优先性排序，平衡和选择需要共同保护的重要利益，以及需要采取适当安排缓解和解决的冲突与矛盾。

（四）优先保护区管理规划体系

通过上述的步骤确认需要合作与共同养护的优先领域和区域（Common conservation priorities），根据受到威胁的生物多样性构成要素或系统及其保护的需要、冲突的主要驱动力-压力因素以及性质，初步识别出需要严格保护区域、重点养护区域和重点监控区域，分别针对不同的生物多样性保护目标便于采取针对性的管理方法（表4–5）。

表4–5　优先保护区域的管理规划体系

类别	类型特征	保护对象和防护重点	主导性方法
严格保护	极敏感区域	重要珍稀、濒危海洋物种和生境，及其产卵场、索饵场和繁殖场等	空间性方法，如建立严格自然保护区
重点养护	高度敏感区域	关键生境资源、重要渔业资源水域等	空间性、时间性方法，如建立生境和物种管理保护区、禁渔区或实施禁渔期等
重点监控	中度敏感区域	海洋活动污染、生态破坏活动、外来物种入侵等	法律规制方法，如限制性规范或措施等

参考：蒋金龙等，2012。

（五）识别可行的管理工具

对于严格保护区的优先保护对象，可以通过建立严格的自然保护区方式，禁止所有与生物多样性保护无关的开发利用活动，同时加强海洋生态环境保护，加快珍稀生态系统的生态恢复，有效保护珍稀濒危海洋生物和生境。

对于重点养护区域的优先保护对象，主要涉及重要的渔业资源养护，以及重要的生境资源，如具有开发利用价值的海洋生态系统服务或功能区域，可以采取空间性以及空间性与时间性方法相结合的管理工具和措施，如设立禁渔区、禁渔期、捕鱼方式或工具设备的限制等，确保全方位地保护和养护重要生境和生物资源（表4–5）。

对于受到人类海洋活动污染、生态破坏或外来物种入侵威胁的重点监控区域，可以通过采取有力的法律规制措施进行预防和保护，如针对航行带来的污染对脆弱海洋生态系统的损害和风险可以采取设置PSSAs，划定禁航区、指定分道通航方案、强制性报告制度等措施；对海洋开发利用活动可能造成的生态环境破坏风险可以通过加强环境影响评价的要求以及相应的环保措施来防护；等等。

实践表明，区域尺度的渔业和航行的管理很大程度上依赖于国际或区域性法律的有效规制，空间规划性方法可以对区域治理框架的相关政策产生一定影响，若能将空间性规划方法和政策法律规制手段相结合，对海洋生物多样性的保护会更加有力。

（六）制订和执行具体管理计划

制定和执行具体管理计划，是落实区域合作保护的重要行动依据。通过从区域层面制定共同的管理行动计划或国家层面制定管辖范围内实施的相应的国家行动计划，可以直接为优先保护区域的管理提供政策支持。为了保证管理计划的有效实施，还需要在资金和技术等方面提供稳定、可持续的保障。同时，管理计划的执行还应符合适应性管理原则的要求，可供定期评估与管理反馈。

第四节　小　结

本章对以海洋生物多样性保护为核心的区域海洋治理整合性模式及其结构和过程进行了系统、深入的研究。前面几章的内容更多侧重于国际法层面的理念阐述和实证分析，本章的论述着重从治理的视角进一步回答了为什么构建区域化的治理体系、应该建立什么样的制度和机制，以及实际怎样构建的过程。

关于第一个问题，为什么构建海洋生物多样性区域化的治理模式？具有公共产品性质的海洋生物多样性保护问题在全球范围兴起并发展成为区域性公共问题，进而产生了区域治理的必要性问题。海洋生物多样性系统性和连通性特征决定了通过现有的基于海域管辖边界的分割式管理不足以解决管理冲突问题，必须由有关国家共同合作，采取共同管理的途径。对海洋生物多样性保护共同的价值认同和发展的利益诉求是促进和推动国家间或区域进行合作治理的一个基本前提和驱动力。现有的政治系统和市场失灵、公地悲剧和集体行动难题，以及现实的不确定性，都揭示了制度化合作对区域公共问题响应和实现公共利益的必要性与关键作用。区域海洋治理可以通过具有“权威性”的制度性约束或规范行为主体基于损人利己动机的行为，达到稳定合作关系的目标；通过分配性的协调制度设计与创新，维护相关主体、地区之间的利益平衡，引导和激励多元主体在追逐自身利益的同时可以为区域的整体利益及公共问题的解决采取合作性集体行动；通过开放性、包容性的沟通和交流平台与程序性机制设计，为现实和潜在冲突的解决提供有序化的途径，使得即使存在各种冲突的情况下，对于公共问题的合作仍然稳步发展。

关于第二个问题，应该建立怎样的制度和机制，即区域合作治理的制度化阶段。制度化的建设和发展离不开法制化的基础，进而为区域集体行动提供合法性来源，提升合作的长效性。正式的或非正式的决策机制设计体现为共同遵守的规则和程序，决策机制的目的在于提供多种可能性选择，并将各主体的利益逐渐向共同利益趋近，是将公共问题与集体行动连接起来的重要环节。集中性的决策机制可以为合作提供强有力的权威来源，开放性、包容性的决策机制安排可以促进合作治理的社会化进程发展。协调性机制的构建是基于海洋生态系统管理的基本原则和要求做出的制度设计，要素和区域的协调立足于海洋生物多样性具体的保护和管理目标，凸显政策和管理的整体、关联性特征；部门政策协调与整合从根本上体现的是海洋生态系统服务功能的兼容与冲突协调，是海洋综合管理的基本要求，体现了海洋生物多样性保护的主流化趋势；组织协调需将自然-社会系统的互动紧密整合起来考虑，通过综合性的规划-管理工具维持系统、一致和可持续的治理过程。当然，无论是通过区域性立法建立区域法治，还是聚焦低敏感问题的功能性合作，都取决于区域内在的社会经济基础和外在环境等综合因素。

关于第三个问题，实践中怎样构建海洋生物多样性区域治理的制度及其发展变迁过程，也是区域合作治理的社会化或本地化阶段，是将海洋生态系统管理和区域海洋治理理念与区域实际条件相结合的应用过程。全球海洋治理的区域实践经验的借鉴也需要遵循务实、可行原则，从问题导向的功能性合作逐步发展到与策略或规则导向相融合的制度性合作是区域海洋治理发展可行的路径选择。区域复杂因素的影响及不确定性有赖适应性管理的行动和学习过程获取不断跨越的能量。区域治理体系包含了价值理念认知层面和制度层面，以及后续的执行能力支撑。基于 DPSIR 分析范式，糅合了多层次的主体、范围、面向和过程要素的整合性互动治理是可以促进区域实现均衡、协调和聚合发展的创新性治理结构、机制和过程的综合体。基于生态系统管理的规划和管理工具的运作过程是区域治理付诸实施的重要阶段。海洋生物多样性及其保护的时空特征对于规划管理工具的适用仍然是主要考虑的因素，分步骤采取有针对性、可操作性的综合性规划方法和管理措施是践行区域海洋生物多样性整体保护和综合治理的可行手段。全球范围已有的关于海洋保护区网络建设、跨界海洋空间规划等实践进展为区域海洋生物多样性保护的空间规划和管理理论框架及实践应用提供了可资借鉴的宝贵经验。

尽管对于海洋生物多样性保护的国际治理和区域合作有着诸多理论思考和实证积累，但是现实社会的变迁往往比纯粹研究中所关注的有限因素更为错综复杂，而恰恰是现实情势的这种多样化，以及新的层出不穷的挑战，激励着穷尽记录式的描述向更系统深入的理论分析方式转化，从单一学科的分析向多学科跨学科研究发展，从找寻标准化的范式到敢于探索变革与创新的尝试。归根结底，历史的经验和时代的发展趋势都要求我们怀抱对全人类共同关切的和平、正义、秩序和发展的理想主义情怀，以开放、包容的心态积极探索国际/区域制度建设，以严谨、务实的科学态度贡献策略和规划。

第二部分　南海区域研究

本部分以南海大海洋生态系统区域内的海洋生物多样性保护和管理问题为切入点，着重探讨南海生物多样性保护相关的区域进展，剖析已有的合作基础和环境，以及存在的主要问题，并从多角度论述在相互依赖的社会-生态系统中实现从合作到治理的发展动力与实现途径，尝试构建推动区域海洋治理发展演进的策略体系。

第五章　南海生态系统区域与生物多样性概况

本章主要概述南海生态系统区域的基本特征和现实条件，了解该特定区域下的海洋生物多样性整体概况，以及海洋生物多样性所面临的主要威胁或压力，分析存在的主要问题。

第一节　南海区域

一、区域的界定

对“区域”这一概念及其范围的界定较为复杂，依据不同的标准可以有很多种表述。按照 Alexander（1984）的定义，区域是“地球表面的一个分区，该分区由于具有不同于其他分区的内在特征组合而有异于其他分区”。划分区域的标准可能是自然地理的标准，也可能是人口学、经济学、行政学或其他标准。地理学上的区域是指人们按一定的指标和方法划分出来的空间单位，由于目的、指标不同，划分的区域类型也不同。生物学的区域是指特定的动物和植物所有物种的集合所定居的场所（Life zones）。行政学的区域是指国家管理的行政单元。经济学中的区域是指人类经济活动的地域空间。因此，区域的概念既可以是根据自然地理特征确定的区域，也可以是人为出于各种不同的目的和动机而划定的区域。对区域概念界定的不同原则之间是相互联系的，人类相关的文化、经济和生存条件依赖于人所生活的特定区域的物理、生态等条件，当我们试图运用区域的方法界定整个世界时，需要综合考虑各种方法的意义进而得出更科学的定义。

随着海洋作为世界交流越来越重要的通道，海洋成为自然系统和人类社会系统密切沟通与相互作用的空间载体，海洋区域（Region）较之海洋地区（Area）从组织模式上更显现人类综合作用的痕迹。海洋地区和海洋区域也被作为两种基准范式评定海洋区域化及现代化发展的进程。前者是指人们采取传统方式予以利用并影响海洋的空间差异，但并未形成一个精心设计的组织模式以及凝聚力。后者是指被赋予了一定组织框架体系，追求实现特定的关于环境、资源管理和经济发展的明确目标，区域因此是人类与海洋生态系统广泛互动下的产物，本质上也体现了人类处理海洋的政治性方法（Vallega，2002）。人类认识和改造海洋的根本目标在于实现人类与海洋的可持续发展，包括生态完整、经济效率和社会公平等综合性目标，其中生态完整性是后两方面的基础。

现有的不同组织体系和科学框架根据各自目标需要和标准依据对海洋区域给予了不同界定（表5-1）。比较来看，同一个海洋区域的管理上或法律上的界定与科学上的严格定义并不必然统一，在范围上会存在不同，可以说，不同的海洋区域划分体系体现了不同的海洋区域化方法论取向。从广义上讲，依据国际法律框架或国际组织所确立的标准识别的特别管理区域，如IMO设计的特别区域和PSSAs，CBD描述的EBSAs等，也属于海洋区域化的特殊表现形式。随着海洋管理理念的不断发展成熟，对海洋区域的综合管理需求催生了跨越法律、政策和科学等多系统的概念框架，现实的海洋面临着来自全球化和全球变化过程，以及科技进步的多重影响，海洋区域的界定也要符合新形势下的发展需要，运用整合性思维，将自然生态系统保护的适当范围与区域社会经济发展的范畴有机结合，确立海洋区域可持续发展的“平台”。UNEP将区域海洋定义为“合理划定的半封闭或封闭海域，也是明确存在着共同问题的海域”（UNEP/WG 63/4，Annes Ⅱ，Recommendation No. 2）；而根据UNEP区域海项目的实践，区域海洋是指生态系统应受保护，并且沿海国和岛屿国的发展将因国际合作而受益的海洋空间。可以说，对海洋区域的划分应该是基于综合管理的目的对海洋环境的分区，而不是出于部门性评价和管理的需要，生态系统的自然构成要素、人类活动相关的社会因素和国际法律制度下国家管辖海洋区域的政治因素等方面的特征应该成为评定海洋区域的主要标准（Vallega，2002）。

表 5-1 不同框架下海洋区域的界定

组织系统	区域类型	界定依据	合作目标
UNCLOS	领海、专属经济区、大陆架、公海、"区域"	国家政治管辖边界	海洋生物资源的管理、养护、勘探和开发；保护和保全海洋环境；科学研究
	闭海或半封闭海：两个或两个以上国家所环绕并由一个狭窄的出口连接到另一个海或洋，或全部或主要由两个或两个以上沿海国的领海和专属经济区构成的海湾、海盆或海域	法律	
IHO RHCs（IHO，1953）	海域	水文	联合水道测量、制图、航行安全
FAO RFMOs	主要渔业区域（Major fishing areas）	渔业数据统计目的	渔业资源养护和管理
UNEP	区域海项目（Regional Seas Programme）	海洋学、法律、环境科学	海洋环境保护、海洋生物多样性保护等
LME（Sherman，1994）	大海洋生态系统	水文地理学、地貌、地质构造、生态学	海洋生物资源保护
MEOW（Spalding et al.，2007）	海洋生态区域（Ecoregions）	生物地理学	海洋资源的养护和可持续利用

注：IHO RHCs——International Hydrographic Organization Regional Hydrographic Commissions，国际水文组织的区域水文委员会；

FAO RFMOs——Food and Agriculture Organization Regional Fishery Management Organizations，联合国粮食与农业组织的区域渔业管理组织；

MEOW——Marine Ecoregions of the World，世界海洋生态区域。

二、南海区域范围

（一）南海区域的界定

根据自然地理的标准，南海区域的范围可以借鉴多种标准进行识别并界定，如 IHO 所划的南海电子航海图（Electronic Navigational Chart，ENC）；根据 LME 方法识别的全球 64 个大海洋生态系中南海位列第 36 号；MEOW 在其识别的全球海洋生态区域中勾勒出了南海及其次区域的界线范围（第 25 号、第 26 号）；综合生态、社会和政治等多种因素和目标的标准，南海同时也是 UNEP 区域海项目——东亚海项目（East Asian Seas，EAS）所涵盖的一个子区域。根据陆海统筹的原则，对影响海洋的海岸带陆地区域也应一并纳入综合管理的范畴，如波罗的海区域海洋计划就将整个流域腹地纳入区域综合治理的范围。对南海的全面治理从理论上需要遵循从流域到海岸带再到海域的整体性、系统性管理框架。因此，对南海区域的大体范围界定应综合不同目标和标准，根据基于生态系统管理的理念及原则，南海区域海洋治理的范围可以采用大海洋生态系统方法进行界定。

从区域化发展进程来看，南海区域也正处于从海洋地区向海洋区域过渡的发展进程中。区域内已有一些综合性海洋管理的地方实践，如东亚海环境管理伙伴关系计划推动的海岸带综合管理示范项目，为南海近海环境保护、生物资源养护与可持续利用的协调与合作发展奠定基础。

同时，当今世界海洋领域的全球化和全球变化所带来的挑战，为区域海洋治理带来了重要发展机遇，重塑区域事务合作管理的空间格局和机制框架，既是海洋治理全球化和区域化发展路径的必然趋势，也是区域社会经济系统内生因素的客观需求。以区域为海洋治理的构建平台，其根本目标在于推动海洋资源养护和可持续利用形成公正合理的区域秩序，增进区域共同利益。

（二）南海区域的基本特征

地理上，南海被中国、菲律宾、马来西亚、文莱、印度尼西亚、新加坡、越南等国环绕，是亚太区域工业化和经济快速发展为世界所瞩目的区域。南海位居西太平洋和印度洋之间的航运要冲，也是世界第二大繁忙的航线，具有重要的地缘政治和经济地位。东北部经巴士海峡等众多海峡和水道与太平洋相通，东南经民都洛海峡、巴拉巴克海峡与苏禄海相接，南面经卡里马塔海峡及加斯帕海峡与爪哇海相邻，西南经马六甲海峡与印度洋相通，西部有北部湾和泰国湾两个大型海湾。南海海底地形较为复杂，主要以大陆架、大陆坡和中央海盆三个部分呈环状分布，宽大陆架出现在北部和南部，东部和西部呈陡峭的斜坡（Liu，2013）。200 m等深线包围而成一个菱形盆地一直延伸到东北方向，南海诸岛就是在海盆隆起的台阶上形成的，主要有东沙群岛、西沙群岛、中沙群岛、曾母暗沙、南沙群岛和黄岩岛等大大小小约 250 个海岛、珊瑚礁、沙洲、浅滩，且大部分属于无人岛。

南海区域生物多样性及自然资源丰富，为周边国家社会经济发展提供了必要的生态系统产品与服务，尤其是渔业已成为周边社会经济发展的重要支撑产业，同时南海还蕴藏着丰富的油气资源。南海周边流域腹地面积达 250×10^4 km^2，沿海地区人口密集，未来人口增长将会更加迅速，对南海的社会经济依赖程度会逐渐加深，环境、资源和生态系统也将面临更加严峻的挑战和压力。正是由于南海的自然地理形态、海洋学特征和所依附的陆地社会经济系统，其生态系统和生物多样性对来自周边流域地区和人类海上活动的环境影响具有较高敏感性，生态系统健康、资源可持续利用与养护成为此区域海洋领域关注的热点。

第二节　南海区域海洋生物多样性现状

一、区域海洋生物多样性面临的主要驱动力和压力

南海区域既是海洋生物多样性程度较高的热点区域，也是海洋生物多样性受人类影响强度较大的热点区域，区域内社会发展对海洋生物多样性可持续发展形成了多方面的压力。

（一）主要驱动因素

南海区域的高人口增长率及城市化和新兴工业化的迅速发展对海洋生产力及环境造成了极大影响。东南亚地区是世界上人口比较稠密的地区之一，沿海人口密度大、增长快，是世界经济增长最快的地区之一，以 GDP 增长为导向的工业和服务部门发展、食品和消费方式严重依赖渔业资源开发利用。农渔部门仍然是国家收入和粮食供应的主要来源，分别占 GDP 的 13.8%（印度尼西亚）、9.7%（马来西亚）、10.1%（菲律宾）和 12.4%（越南），林业、矿业和制造业是相关国家的支柱性产业（ADB，2022）。自 1980 年以来，海岸带水产养殖大幅度增加，东南亚地区向中国和日本的鱼类供应也呈现增长。南海区域潜在的矿产储量也是周边国家关注的焦点之一，海洋勘探和开发矿产资源的增长势必对海洋生态系统造成新的干扰。除了对生物资源的需求，海洋作为全球化时代交流、沟通的主要通道，对海洋空间资源利用的增强和拓展也是海洋生态系统所面临的主要压力来源。南海是世界最繁忙的国际航线之一，承担了超过一半的超级油轮交通，是世界海上石油运输的主要路线之一。海洋航运安全对

国家经济发展至关重要，同时，航运的快速发展也会对生态环境带来较大压力。

（二）主要压力来源

南海区域海洋生态系统受到各种人类活动累积影响的程度是较高的，从整个生态系统区域所受人类影响的分布来看，从海岸带到近海再到开放远海海域，影响程度大体上呈现递减趋势（Halpern et al.，2008）。具体到不同的物种和生境所受到的主要人类活动压力及程度也是不同的。

1. 生物资源利用

南海区域是世界重要的渔业区域，南海区域渔业资源在全球 64 个大海洋生态系统中是最丰富的。过度捕捞、破坏性捕捞、非法捕捞和副渔获物是造成区域海洋生物资源衰退的主要威胁，相关全球尺度的研究认为南海区域不合理渔业活动占人类活动累积影响的 30%~50%（Halpern et al.，2010）。海洋渔业资源对于周边国家的粮食安全和经济发展至关重要，约 2/3 的迁徙鱼类物种如金枪鱼、旗鱼、鲨鱼和其他远洋物种及一些渔场都处于完全利用或过度捕捞状态。许多底栖珊瑚礁鱼类、海参、软体动物和甲壳动物的捕捞也由于大型作业装置的过度使用而超过了最大持续渔获量（Maximum Sustainable Yield，MSY）。大部分鱼类的单位努力捕捞量持续下降，呈现出严重的过度开发状态，但某些主要鱼类物种捕捞量增加，也说明了存在着选择性捕捞的压力。同时，一些遍布南海生态系统的鲨鱼种类也成为金枪鱼和剑鱼捕捞的副渔目标。缺乏副渔获物排除装置加重了渔业物种的过度开发，也加剧了一些珍稀濒危物种如海龟、儒艮、鲨鱼和鲸类的风险。破坏性捕捞方式如拖网、细网眼捕捞、电鱼、炸鱼和毒鱼方式不仅造成鱼类资源的加速衰退，更对珊瑚礁等重要生态系统造成不可逆转的毁坏和破碎化，渔业资源生产力随之下降。区域人口增长和社会发展对鱼类资源需求的增加趋势使得海洋生物多样性在未来将面临更大的压力（Wilkinson et al.，2005）。采取被明令禁止的捕捞方式的捕鱼活动是本区域存在的主要问题之一（Li and Amer，2015）。就沿海和海洋生态系统而言，如果目前的过度捕捞和破坏性捕捞做法继续下去，预计 2000—2050 年期间每年将损失 56.4 亿美元（按 2007 年价格计算）（ASEAN Centre for Biodiversity，2017）。

2. 海域空间资源利用

南海区域是印度洋通往太平洋的主要油轮航行路线，全球每年2/3的商船经过马六甲海峡驶入南海区域，且一半会途经南沙群岛附近海域。航运运输的主要是原油、液化天然气和干散货（煤炭和铁矿石）等。日本、韩国液化天然气的进口主要依赖南海航线输送。随着亚洲对油气资源的需求增长，国际贸易增长使航运的压力与强度也会成倍增加。航行（包括油轮、渔船、散货船和渡轮）附带的排放、溢油事故和压舱水排污对海域环境与生态造成不同程度的影响，包括海水水质下降、有害物质污染、渔业物种损失、生境污染等。尽管周边国家已经批准了 UNCLOS 以及 MARPOL，溢油控制措施和应急程序并未达到完善。同时，南海位居太平洋和印度洋之间的航运要冲，海上运输与贸易往来频繁，这也为海洋外来物种的传入和扩散提供了便利条件。外来入侵物种会对入侵地的生态系统造成长期的不利影响。全球尺度气候变暖也会导致物种范围的扩散。

海岸带是陆海联通的关键生态系统区域带，因而受到来自近海开发活动和腹地活动的双重压力与叠加影响。东南亚地区的城市发展是世界上最快的区域之一，大约80%的人口居住在离海岸 100 km 以内，这种情况导致经济活动和生计过度集中在沿海特大城市，而沿海城市通过开垦部分海域或清除红树林来扩张，进一步破坏了沿海和海洋物种的重要栖息地，如洪泛区、河口和海岸线。海岸带地区人类活动对海洋自然条件的改造是海洋生境面临的主要压力之一，近 2/3 的红树林生境丧失的主要原因在于因建造养虾场、城市发展和采伐而对土地空间利用方式的改变。近岸陆地区域的砍伐和开采极大增加了入海的输沙量，对菲律宾、马来西亚、印度尼西亚和泰国湾等地分布的珊瑚礁、海草床和其他海岸带生境种群结构和功能组合造成损毁。

3. 全球变化的威胁

南海区域受厄尔尼诺、拉尼娜和澳大利亚季风与亚洲季风影响深刻。全球气候变化加剧了各种自然灾害的影响，如风暴潮、海流侵蚀等都对海岸带水文特征造成影响，对近海生境造成冲击。海水变暖或酸化会打乱海洋生态系统的平衡，不利于海洋生物的生存，如破坏珊瑚礁结构或出现白化现象。降雨量的增加、极端天气事件和预计的海平面上升增加了居住在沿海地区的人们遭受洪水的风险。预计到 2050 年，气候变化将成为生物多样性丧失和生态系统变化的主要驱动力。由于海平面上升，全球大约20%的湿地可能会消失。气候变化及其对海洋温度和海平面的影响模式仍具有很大的不确定性，物种和生态系统适应环境的能力尚未被充分认识。南海大部分区域内人类活动的累积影响也正呈现出高增加的趋势（Halpern et al.，2015）。针对全球变化对区域海洋生态系统和生物多样性的影响，需要通过长期的跟踪监测和适应性的管理与减缓措施来应对，也有必要从区域层面统筹开展大尺度的合作来提升应对能力。

二、区域海洋生物多样性的现状和影响

涵盖南海区域在内的印度–西太平洋海域一直被公认为全球热带海洋生物多样性的中心，南海区域包含了超过 2 500 种海洋物种（Wilkinson et al.，2005），超过 1 760 种甲壳动物、100 多种非鱼类脊椎动物，是具有全球性重要价值的生物多样性区域之一。同世界范围大多数热带海岸一样，南海区域占优势地位的海岸带生态系统是红树林、珊瑚礁和海草床（Vo et al.，2013）。南海的近岸地区拥有全球 51 种红树林中的 45 种，全球 70 个珊瑚属中的 50 个属，以及 9 种巨型蛤中的 7 种（Spalding et al.，1997；UNEP，2007a；2008a）。

（一）物种多样性

南海区域物种多样性方面，除了一些广泛分布的普通物种，某些珍稀物种在空间分布上存在差异，菲律宾群岛、马来半岛附近海域是物种的聚集区。南海区域也是海洋脊椎动物的一个全球多样性的中心区域。区域内拥有数量众多的鲸类物种，如鳁鲸、蓝鲸和长须鲸等，但目前这些鲸类都处于濒危状态（Endangered）。区域内的尖齿锯鳐、宽鳍鲨、白鳍半皱唇鲨、血犁齿鲷、香港红斑鱼等也都处于濒危状态。很多物种是跨界迁徙的，为物种多样性的养护带来极大挑战。其他珍稀物种如鲎、中华白海豚（*Sousa chinensis*）等也面临着生境破坏、捕捞和污染等威胁，也呈现濒危状态。儒艮（*Dugong dugon*）曾经遍布南海区域，但是长期的捕捞用于食用和加工产品，以及被破坏性捕捞方式意外捕杀的，还有生境的破坏、溢油污染等使得儒艮物种多样性非常脆弱，已被 IUCN 列为脆弱状态（Vulnerable），所有种群都被列入 CITES 附件一禁止贸易（除了澳大利亚的种群列为附件二管制贸易）。

全球现存 7 种海龟物种，在东亚海域可发现的有 5 种：棱皮龟（*Dermochelys coriacea*）、蠵龟（*Caretta caretta*）、绿海龟（*Chelonia mydas*）、玳瑁龟（*Eretmochelys imbricata*）和丽龟（*Lepidochelys olivacea*）。棱皮龟、蠵龟、绿海龟和玳瑁龟遍布于热带区域，丽龟分布于热带和亚热带印度洋–太平洋区域。整个区域对于海龟这个古老海洋物种的生存繁衍提供了重要的栖息地。海龟在其生命周期的全过程都对近海和远海生

态系统健康起着重要的作用。这些海龟到近岸产卵，构成了海岸带沙丘生态系统的重要构成部分，龟蛋和幼龟是食肉动物的食物来源，空蛋壳可以提供营养元素。海龟对亚太地区海岸带区域具有重要的社会经济和文化意义，受到社会经济和文化的深刻影响，例如，玳瑁龟龟壳被制作成珠宝、装饰品和餐具用于市场贸易；海龟蛋在东南亚一些地区被消费。海龟是远距离跨界迁徙的物种，因此，种群生存所面临的威胁也是广泛和持续性的，包括海龟肉和海龟蛋的过度消费、海龟和海龟制品的非法贸易、不合理的海岸带发展对海龟筑巢沙滩和近岸生境的破坏，以及现代工业渔具对海龟的高强度捕获，同时，气候变化也是一个日渐显著的威胁，高温会改变孵化幼龟的性别，海平面上升会淹没筑巢沙滩。各种威胁使得6种海龟处于极度濒危（Critically Endangered）或濒危（Endangered）状态。过去的几十年间，东南亚和太平洋地区海龟的数量明显下降。海龟的季节性迁徙路径较远，可达12 000 km，通常穿越几个国家的海域和远海，海龟需要广泛、多样的生境来完成不同的生命周期阶段，包括沙滩、热带和亚热带海岸带水域、海草床、珊瑚礁和开放远海，因此，海龟的养护和管理需要统筹相关国家的共同行动。

（二）生境多样性

南海区域具有多样的生态系统形态，主要包括红树林、珊瑚礁、海草床、海岸带湿地等，其中，前三者是本区域内最为重要和典型的生境。

1. 红树林

红树林生态系统是世界上生物物种最丰富、初级生产力最高的海洋生态系统之一，不仅维护了海岸带生态系统的完整性和支持大量野生动植物的生存和繁育，还容纳了各种商业和非商业渔业资源，是许多沿海地区的经济基础；除了定居生物，红树林还是迁徙物种的中转站，包括许多从北半球到南半球季节性移动的海岸鸟类；红树林每年可削减$2\ 550\times10^4$ t碳，是重要的碳汇（Ong，1993）；红树林还具有预防和减少海岸侵蚀的功能，有助于保护珊瑚礁、海草床和航道安全（UNEP，2004）。印度-马来西亚和菲律宾群岛是全球红树林生物多样性最高的地区，存在着70个已知红树林物种中的36~46种。红树林之所以具有高度的多样性，主要原因在于其所分布的地理位置处于亚热带和热带范围，适宜红树林的生存繁衍。根据SCS项目所获数据，南海最大面积的红树林位于印度尼西亚，紧随其后的是马来西亚和越南，柬埔寨、中国、菲律宾和泰国红树林的面积总和小于 $15×10^4$ hm^2。从红树林在南海区域的分布来看，南部是区域红树林的热点区域。包括印度尼西亚的廖内省（Indonesia's Riau Province）和西加里曼丹省（West Kalimantan Province），马来西亚的沙捞越（Sarawak）和沙巴地区（Sabah）。向北泰国湾东部和越南南部具有更广阔的红树林，主要的分布区为泰国的达叻（Trat）和尖竹汶（Chantaburi），柬埔寨戈公省（Koh Kong）的 Peam Krasop，南部湄公河河口的越南金瓯（Ca Mau）地区、同奈（Dong Nai）河口芹耶（Can Gio）地区（Vo et al.，2013）。

红树林生态区域受到人类活动破坏和过度开发利用，以及间接人类活动导致的污染和气候变化的威胁。世界范围内 120 个拥有红树林的国家中 26 个国家的红树林已经处于极度濒危或接近灭绝的状态（FAO，2003）。如果对红树林持续破坏下去，红树林将会缩减为残遗的斑块形态而不足以支撑赖其生存的生物多样性。由于生境的大面积丧失，栖息于红树林湿地的动物物种中至少 40%面临逐渐增大的灭绝风险（Luther and Greenburg，2009）。东南亚国家红树林的损失和退化仍然是全球最大的，占全球损失的近 40%，退化部分占到 60%多（Worthington and Spalding，2018）。南海周边国家的红树林破坏的原因包括改造池塘养殖（尤其是虾），伐木用于制造木材产品，用于城市和港口建设以及人类居住的开荒，等等，特别是印度尼西亚西部、菲律宾和泰国的大部分地区转为水产养殖，以及越南南部的战争造成的红树林严重损失。

随着红树林区块逐渐变小和碎片化，红树林物种的丧失会造成不可逆转的生态系统服务损失，尤其在红树林物种多样性低且生态系统恢复力低的地区。红树林的采伐和破坏首先直接破坏其初级生产力，降低红树林对大气中二氧化碳的碳汇和其作为海洋碳源的双重能力；红树林生态系统对陆地和海洋食物链的支撑作用将受到不可逆转的影响，进一步危及赖其生存的动物群，降低其缓冲河流淤积对海草床和珊瑚礁物理影响的能力；同时不利于海岸带区域有效应对海平面上升、风暴潮和海啸的风险。依赖红树林维持生计的人类社区也将丧失必要的食物、纤维、木材、化工产品和药品的重要来源。随着海岸带城市化和工业化发展带来的压力渐增，加上气候变化和海平面上升等全球变化的影响，养护、保护和修复滨海湿地的需求变得日趋紧迫。

2. 珊瑚礁

东南亚地区拥有 600 种硬珊瑚和超过 1 300 种珊瑚鱼类，面积达 $7×10^4$ km^2，约占世界珊瑚礁总面积的 28%，占世界造礁珊瑚物种的 76%（Spalding et al.，2001）。从分布来看，大部分珊瑚礁分布于 Sunda 和 Sahul 陆架上，种类有裙礁、台礁、堡礁和环礁（Tun et al.，2008）。其中，印度尼西亚和菲律宾的珊瑚礁占绝大部分，且都具有较高的多样性水平。从菲律宾和婆罗洲东海岸延伸到巴布亚的珊瑚礁构成了珊瑚礁三角区的西半部分，该区域具有世界上珊瑚、鱼类和其他珊瑚礁物种最高的生物多样性（Veron et al.，2009）。位于爪哇海海岸线上的珊瑚礁多样性有所降低，由于黑潮暖流的影响，珊瑚礁得以延伸到日本南部。本区域的珊瑚礁、红树林和海草生态系统之间的生态联系也是非常重要的，后两者有助于支持珊瑚礁鱼类幼鱼的存活（Nagelkerken，2009）。

南海区域珊瑚礁是全球范围受到威胁最高的，大约 95%的珊瑚礁受到来自当地因素的各种威胁，几乎一半是受到较高程度的威胁，仅在人口稀少的东部区域面临较低的威胁。其中，过度捕鱼、破坏性捕鱼活动、淤积和污染是最大的威胁因素（Tun et al.，2008）。东南亚地区人口增长快、密度大，超过 1.38 亿人口居住在海岸带地区距离珊瑚礁 30 km 内的区域，对邻近海域资源的需求和依赖较强，环境压力可想而知（Burke et al.，2011）。过度捕鱼和不可持续的渔业活动（如非法的炸鱼、毒鱼）导致了本区域鱼类种群的衰减，接近 60%的珊瑚礁处于较高威胁等级、超过 35%的珊瑚礁处于中等威胁之下，尤其在印度尼西亚、菲律宾、泰国、马来西亚和越南，过度捕鱼使得菲律宾的所有珊瑚礁和印度尼西亚 83%的珊瑚礁处于危险状态，而某些保持较原始状态的珊瑚礁还受到毒鱼活动的威胁。对其他生境如红树林和海草床生态系统的破坏所导致的淤积和污染加剧也对海岸带珊瑚礁造成了不利影响。

3. 海草床

海草是红树林和珊瑚礁以外一个重要的海洋生态系统，大面积的连片海草被称为海草床，是许多大型海洋生物甚至哺乳动物赖以生存的重要栖息地，在生态上具有重要意义。海草床对生物群落的保护作用不可忽视：为鱼类和贝壳类动物提供良好的栖息地和庇护场所；有利于海鸟的栖息；个别种类海草还是濒危保护动物儒艮和绿海龟的食物；还具有过滤海岸带海水、消散波能等重要物理功能。

南海区域海岸带水域的海草床多样性排名世界第二，具有全球约 60 种海草物种中的 18 种，其中，柬埔寨 9 种，中国 8 种，印度尼西亚 12 种，马来西亚 14 种，泰国 12 种，菲律宾 15 种和越南 14 种（UNEP，2008b）。南海区域较大面积的海草床包括位于柬埔寨的贡布省（Kampot）海岸带水域、菲律宾博利诺海角（Cape Bolinao）、越南富国岛（Phu Quoc）及周边岛屿、印度尼西亚的东民丹（East Bintan）（UNEP，2008c；Vo，2010）。柬埔寨和越南相邻海域覆盖了南海最大面积的海草床，包含贡布省和富国岛相连的海草床，作为一个关系着区域粮食安全的重要区域鱼类种群保护区还具有重要的全球性意义（Paterson et al.，2013），本区域存在约 10 种海草物种，还是儒艮种群的栖息地，具有区域重要生物多样性价值。

南海区域海草生态系统同红树林和珊瑚礁生态系统一样也面临着严重的破坏和快速的损失，印度尼西亚损失了 30%~40%的海草，泰国损失了 20%~30%的海草，菲律宾损失了 30%~50%的海草。海草生态系统面临的主要威胁包括破坏性捕鱼，如使用追逐网具和底拖网方式，海岸带发展导致的沉积增加，废水和营养物质排放，海岸带建设和改造工程，以及过度捕捞等（UNEP，2006）。马来半岛东部和菲律宾海豚湾（Puerto Galera）的大量海草生态系统面临的威胁主要来自开发旅游而进行的填海工程和港口发展；中国广东流沙湾和越南 Thuy Trieu 潟湖区的海草受到虾类养殖的威胁；泰国 Pattani Bay 主要受灌溉和土地冲刷的淡水汇入威胁（UNEP，2008b）。除了本地的威胁，许多不利因素具有远距离来源，尤其是陆地径流，由于对整个流域进行管理的保护区较少，现有法律框架在控制营养物质输送、有毒物质污染和保护区范围外的目标方面普遍存在不足。海草生态系统通常并不作为保护区建设的核心目标，因此，除了划设保护区的管理方法，还有必要采取相应的法律规制措施保护海草生态系统，如通过立法限制特定的活动，包括拖网捕捞方式、挖掘或其他陆源污染物的排放等。

综上所述，海洋生物多样性是海洋健康的重要指标，南海区域海洋生物多样性呈现持续衰退的趋势，生物多样性损失所带来的生态系统完整性的改变及其为人类社会发展提供的生态系统服务的减损是显而易见的。从全球尺度上来看，生物多样性的丧失是生态系统改变的主要驱动因素（Hooper et al.，2012）。而生境的丧失是对海洋生物多样性最严峻的威胁，尤其对于构成景观多样性的连续生态系统，如南海区域的珊瑚礁、海草和红树林，因此，有效保护生物多样性的方式在某种程度上主要是防止生境的改变或衰退。更重要的是，物种和种群的进一步丧失会破坏生态系统的稳定性和恢复力，并将威胁到人类维持自身人口的能力。

第三节　小　结

南海区域既是全球海洋生物多样性最高的热点区域之一，也是受人类活动影响较深的热点区域。随着周边社会经济发展对整个生态系统区域干扰的范围逐渐扩大、强度逐渐增加，具有区域重要意义和价值的物种和生境将面临逐渐加剧的威胁。同时，由于短期内大部分周边国家经济发展模式与社会文化传统不会迅速转型，占主导地位的传统经济部门仍然是海洋生物多样性变化的主要驱动力。海洋生物多样性与生态系统的衰退根本原因是社会经济发展目标与生态环境保护目标之间的矛盾，现有治理体系存在的各种问题和差距加剧了生物多样性问题，包括对海洋生态系统的认识不足、粗放和低水平的海岸带发展方式、重要生态系统内捕捞活动的管制不力、政策不完善等。区域海洋可持续发展的目标和过程任重而道远。海洋自然资源与环境是区域生存发展的重要基础，生物多样性养护与经济可持续发展是相互依存的社会目标。本章通过历史资料和现状信息的梳理，展示了区域海洋生物多样性面临的驱动力-压力和现状-影响，不仅为具体的地方性政策和管理措施的制定提供有益的参考，也为区域层面将跨界问题和综合影响纳入综合治理的合作框架提供科学启示。

第六章　南海区域海洋生物多样性保护与管理现状

随着南海区域周边国家对海洋生物多样性养护和可持续利用的重要性认识逐步深化，各国不断完善其对管辖海域生物多样性保护的规划、行动与能力。区域、国家和地方等各个层面的合作项目是不断发展形成中的区域治理重要实践，已有的保护和管理基础共同构成了未来制度设计的环境因素，相关经验和差距为继续完善管理策略提供了改进的思路。

第一节　相关法律和政策框架

南海区域海洋生物多样性保护和可持续利用相关法律和政策框架主要包括正式的国际或区域法律文书和非正式的软法文件，前者包括国际性多边条约、强制性规则或准则，后者包括自愿性准则、政治宣言、行动倡议、合作计划或区域组织决议等文件。南海区域周边国家加入或达成的正式和非正式法律文件构成了区域海洋合作进一步发展的必要法律基础（表6-1和表6-2）。规范海洋生物资源养护和生态环境保护的最基本法律框架是1982年UNCLOS和1992年CBD。南海周边国家除了柬埔寨以外都是UNCLOS的成员国，UNCLOS第123条对半闭海沿岸国家的合作义务有较为明确的规定，即“国家应尽力直接或通过适当区域组织：（a）协调海洋生物资源的管理、养护、勘探和开发；（b）协调行使和履行其在保护和保全海洋环境方面的权利和义务；（c）协调其科学研究政策，并在适当情形下在该地区进行联合的科学研究方案；（d）在适当情形下，邀请其他有关国家或国际组织与其合作以推行本条的规定”。除此之外，UNCLOS第十二部分整章详细规定了国家采取单独或联合采取措施保护海洋环境的义务，确保管辖下活动不造成其他国家环境损害的义务，以及根据区域特点采取区域性环境保护与资源养护合作的义务。南海周边国家也都是CBD的成员国，并相应制定了国家生物多样性战略和行动计划。CBD 规定了成员国为实现生物多样性养护和可持续利用开展合作的要求。CBD 的实施以国家管辖权为基础，客观上存在的政治和法律边界对海洋生态系统的分割，可能会对 CBD 整体目标的实现产生不利影响。

表 6-1　周边国家加入的若干相关国际条约/协议情况

	中国	越南	泰国	柬埔寨	马来西亚	印度尼西亚	文莱	菲律宾
UNCLOS	+	+	+	+	+	+	+	+
UNFSA	+					+		
UNFCCC	+	+	+	+	+	+	+	+
CBD	+	+	+	+	+	+	+	+
CMS								+
CITES	+	+	+	+	+	+	+	+
RC	+	+	+	+	+	+		+
IWC	+			+				
WHC	+	+	+	+	+		+	+
MARPOL	+	+	+	+	+	+	+	+
MOU-海龟	+ *	+	+	+	+	+	+ *	+
MOU-儒艮	+ *	+ *	+	+ *	+ *	+ *		+

UNCLOS：联合国海洋法公约；UNFSA：联合国鱼类种群协定；UNFCCC：联合国气候变化公约；CBD：生物多样性公约；CMS：保护迁徙野生动物物种公约；CITES：濒危野生动植物物种国际贸易公约；RC：拉姆萨尔公约；IWC：国际捕鲸公约；WHC：世界遗产公约；MARPOL：《防治船舶污染国际公约》；MOU-海龟：印度洋和东南亚海龟及其生境养护和管理谅解备忘录；MOU-儒艮：养护和管理儒艮及其整个分布区栖息地谅解备忘录。

“+”：指加入，其中，柬埔寨签署未批准（截至 2020 年）。

“ * ”：不属于签约国，属于分布国。虽然南海周边国家除了菲律宾都未批准 CMS，但是这两个备忘录是在 CMS 框架推动下签署的，促进对两种珍稀物种分布和栖息生境的养护和管理。

表 6-2 区域渔业资源养护和管理相关的其他若干法律文件和计划

法律文件	内容	说明
FAO 遵守协定[1]	规范所有公海渔船捕捞活动，加强船旗国对其从事公海作业渔船的责任，包括实行渔船登记制度和公海捕捞许可制度、对本国的违规渔船采取强制性措施、确保公海捕捞渔船向其船旗国主管机关提供必要资料	菲律宾加入
FAO 港口国措施协定[2]	主要针对外国渔船在港口国管辖范围外的行为，规定港口国的权利和义务，旨在杜绝涉及 IUU 渔获的卸货和运输	具有法律约束力的多边条约；印度尼西亚、菲律宾、泰国和越南等国加入（截至 2020 年）
FAO 负责任渔业行为守则（CCRF，1995）	确定制定和执行负责任的渔业资源养护、渔业管理和发展的国家政策的原则和标准，同时兼顾生态系统和生物多样性方面	属于自愿性软法文件
FAO 船籍国效能自愿性指导方针（2014）	促进船籍国有效履行责任，消除 IUU 捕捞和确保海洋生物资源与生态系统可持续利用与保护	属于自愿性软法文件
SEAFDEC[3]区域负责任渔业行为守则	是 SEAFDEC 区域性 CCRF 指导方针	属于自愿性软法文件
行动计划	内容	已制定相关政策的国家
FAO 国际行动计划	《预防、制止和消除 IUU 捕鱼的国际行动计划》，协助成员国制定综合、有效和透明的措施	文莱、马来西亚、泰国、越南和中国等
	《捕捞能力管理国际行动计划》，旨在促进全球渔业能力管理的高效、公平和透明	印度尼西亚、马来西亚、越南、菲律宾、泰国和中国等
	《鲨鱼养护及管理国际行动计划》	印度尼西亚、马来西亚和泰国等
	《减少延绳钓渔业中误捕海鸟国际行动计划》	马来西亚不适用
APEC 巴厘行动计划（2005）和帕拉卡斯行动倡议（2010）	确保海洋环境和资源可持续管理，平衡资源养护和管理与区域经济增长，强化区域渔业管理组织作用，明确十几个未来工作方向	APEC 成员

[1]1993 年（2003 年生效）《促进公海渔船遵守国际养护和管理措施的协定》；

[2]2009 年（2016 年生效）《关于港口国预防、制止和消除非法、不报告、不管制捕鱼的措施的协定》；

[3]SEAFDEC：Southeast Asian Fisheries Development Center，东南亚渔业发展中心。

2002 年，中国与东盟十国达成了《南海各方行为宣言》（Declaration on the Conduct of Parties in the South China Sea，DOC），是中国与东盟签署的第一份有关南海

问题的政治文件。各国承诺通过友好协商和谈判采用和平方式解决领土和管辖争端，并开展海洋环境保护、海洋科学研究、航行安全和交流、搜救行动和打击跨国犯罪等方面合作行动。依据此宣言，中国和东盟相应建立了实施机制，并于 2011 年制定了关于可能的合作活动、措施和项目的 DOC 实施导则。“南海行为准则”的磋商于 2013 年 9 月正式启动，是对 2002 年中国与东盟签署的《南海各方行为宣言》的推进和落实。2017 年 5 月 18 日，中国与东盟国家落实《南海各方行为宣言》第 14 次高官会在贵阳举行，会议审议通过了“南海行为准则”框架。2017 年 8 月 6 日，在菲律宾首都马尼拉召开的第 50 届东盟外长会正式通过了“南海行为准则”框架。2018 年 8 月 2 日，“南海行为准则”单一磋商文本草案形成。当前，中国和东盟国家正努力排除内外障碍，积极推动“南海行为准则”磋商进程，促进达成共同遵守的地区规则。除了国际性、区域性或多边法律文书，区域内各国家之间签署的一系列区域性软法文件（表 6-3）、双边合作协议和搭建的各类交流平台（表 6-4），对于整个区域海洋生物资源养护和环境保护都起到了积极的推动作用。

表 6-3　南海国家签订和参加的其他若干合作协议或文件

名称	中国	越南	柬埔寨	泰国	马来西亚	印度尼西亚	文莱	菲律宾
2022 年纪念《南海各方行为宣言》签署 20 周年联合声明	+	+	+	+	+	+	+	+
2009—2015 年中国-东盟环境保护合作战略、2016—2020 年中国-东盟环境合作战略	+	+	+	+	+	+	+	+
2003 年东盟遗产公园宣言		+	+	+	+	+	+	+
2003 年可持续发展仰光决议		+	+	+	+	+	+	+
2002 年跨界危险污染东盟协定		+	+	+	+	+	+	+
1997 年环境和发展雅加达宣言		+			+	+	+	+
1995 年湄公河流域可持续发展合作协定		+	+	+				
1994 年环境与发展斯里巴加湾宣言				+	+	+	+	+
1992 年环境和发展新加坡决议				+	+	+	+	+
1990 年环境和发展吉隆坡协议				+	+	+	+	+
1987 年可持续发展雅加达决议				+	+	+	+	+
1984 年东盟环境曼谷宣言				+	+	+	+	+
1981 年东盟环境马尼拉宣言				+	+	+		+

参考：隋军，2013。

表 6-4　南海国家间签订的双边合作协议和交流平台

国家/地区	协议文件	合作与交流平台
中国-文莱	2013 年 4 月 5 日，签署《中华人民共和国和文莱达鲁萨兰国联合声明》，支持两国有关企业本着相互尊重、平等互利的原则共同勘探和开采海上油气资源。 2013 年 10 月的两国联合声明，鼓励两国企业共同勘探和开采海上油气资源	
中国-泰国	2008 年 9 月 26 日，签署《国家海洋局第一海洋研究所与泰国普吉海洋生物中心的合作备忘录》； 2013 年 10 月 11 日，签署《中华人民共和国国家海洋局与泰国自然资源与环境部海洋领域合作五年规划（2014—2018）》	2012 年 4 月至 2016 年 5 月，中泰举行了五届海洋领域合作联委会会议； 2013 年 6 月 6 日，中国与泰国在海洋领域的第一个联合研究实体——中泰气候与海洋生态联合实验室正式挂牌启用
中国-印度尼西亚	2007 年 11 月 10 日，签署《中国国家海洋局与印尼海洋与渔业部关于海洋领域合作的谅解备忘录》，2011 年签署修订《中华人民共和国国家海洋局和印度尼西亚共和国海洋与渔业部海洋领域合作谅解备忘录》的议定书； 2012 年制定《中印尼海洋领域合作五年计划（2013—2017）》	2010 年 5 月 14 日，成立“中国-印尼海洋与气候联合研究中心”，作为常设合作平台，建立了海洋领域高官、科学家和专家学者间的对话交流机制； 2007—2011 年，举办五届中印尼海洋科学与环境保护研讨会
中国-马来西亚	2009 年 6 月，签署《中马政府间海洋科技合作协议》	2010 年 3 月 9—10 日，举办第一届中马海洋科学研讨会； 2010 年 3 月 11 日，召开中马海洋科技合作联委会第一次会议，确定了未来两年中马海洋科技合作 5 项优先合作计划，包括：生态系统与生物多样性研究，海洋与海岸带管理及技术支撑等； 2013 年 11 月 19 日，召开中马海洋科技合作联委会第二次会议

续表

国家/地区	协议文件	合作与交流平台
中国-越南	2000 年《中越北部湾渔业合作协定》签署，共同制定共同渔区生物资源的养护、管理和可持续利用措施，养护和持续利用北部湾协定水域的海洋生物资源； 2011 年 10 月 11 日，签署《关于指导解决中越海上问题基本原则协议》，推进北部湾湾口外海域划界谈判，积极商谈该海域的共同开发问题。积极推进海上低敏感领域合作，包括海洋环保、海洋科研、海上搜救、减灾防灾领域的合作。努力增进互信，为解决更困难的问题创造条件； 2013 年 10 月 13 日，签署《中华人民共和国国家海洋局与越南社会主义共和国自然资源与环境部关于开展北部湾海洋及岛屿环境综合管理合作研究的协议》，开展北部湾湾口内海洋环境管理及科学研究合作，增强对北部湾海域海洋环境与生态状况的了解，提高海洋环境的管理水平，为北部湾海洋环境与生态保护及应对污染事故提供参考和技术支撑。双方通过合作研究、举办学术研讨会以及交流培训等方式，加强在海洋生态保护方法等领域的合作与交流，开展环境管理示范区建设，同时向两国民众普及海洋环境保护知识，提高公众海洋环保意识，更好地保护北部湾的环境与生态	2011 年 12 月 14—18 日，举行第二届中越海洋科学研讨会； 2012 年以来，双方就开展两国在海洋环保、海洋科研、海上搜救、减灾防灾等领域合作举行了多轮海上低敏感领域合作专家工作组磋商； 2013 年 12 月 6 日，成立中越海上共同开发磋商工作组，推进两国跨境地区和海上合作
中国-柬埔寨	2012 年 7 月 16 日，中国国家海洋局第一海洋研究所与柬埔寨智慧大学等机构签署了《海洋科学与技术领域合作谅解备忘录》，是中柬两国在海洋领域的首个合作协议，双方在联合科学研究、专家学者互访、研究生交流、联合研讨会及相关学术培训等多个方面开展了合作； 《中柬海洋合作优先计划（2014—2018）》，将优先支持海岸带管理与脆弱性研究、生物多样性保护及海洋公园（保护区）建设管理合作、海洋监测及预报能力建设合作、海洋管理与政策合作等； 2015 年 4 月 13 日，《国家海洋技术中心与柬埔寨智慧大学关于柬埔寨海洋空间规划编制研究的合作协议》签署，推动建立柬埔寨海洋空间规划	
中国-新加坡	2013 年 11 月 1 日，签署《国家海洋技术中心与新加坡南洋理工大学谅解备忘录》	

来源：中国南海网（www.china-nanhai.org），原国家海洋局网站（www.soa.gov.cn），中国外交部网站（www.mfa.gov.cn）。

第二节　相关区域管理框架和机制安排

自 1990 年以来，南海区域海域环境合作水平不断提升，已经建立了许多政府间组织和管理框架，这些机制和治理结构以及采取的举措对于区域海洋生态系统健康的改善和海洋经济可持续发展发挥了积极的作用，为有效应对区域共同面临的各种挑战奠定了重要基础。

一、UNEP/GEF“南中国海项目”

由 GEF 资助、UNEP 负责实施的“扭转南中国海和泰国湾环境退化趋势”（2002—2009）项目（简称“南中国海项目”）致力于促进区域海洋环境协调管理，促进国家海洋和海岸带生境的管理及对泰国湾渔业和生物多样性的综合管理。作为该项目的延续，“实施南中国海和泰国湾战略行动计划”项目（简称“南中国海二期项目”）在多方努力下，于 2021 年 7 月正式启动，中国、柬埔寨、印度尼西亚、菲律宾、泰国和越南六国共同参与。该项目根据跨界诊断分析（Transboundary Diagnostic Analysis，TDA）识别出的三个优先领域，即海岸带生境的损失和退化、泰国湾渔业过度开发和陆源污染问题，初步建立了区域海岸带生境和陆源污染管理的试点网络，构建了区域管理框架（图 6-1）。该治理结构主要通过 UNEP 主导并直接负责机制安排和运作过程，该框架体系的构建和有效运行得到所有相关主体的认同和支持，而科学、合理的机制设计及其不断完善是确保有效协调与综合管理目标实现的重要保障。从实施情况来看，该项目管理框架取得了一定成效和经验：前期准备充分，机制安排的设计较为具体，包括组织框架、主体地位和责任，确保了实施阶段的可操作性；所建立的区域和国家层面机构内部及其之间的沟通、交流与协商渠道直接、有效；科技咨询机构在推动基于最佳科学信息的综合决策方面起着重要作用，来自各国家的相关领域专家组形成了自上而下和自下而上的信息交流网络；国家和地方层面的示范项目注重广泛利益主体的参与，有利于提高实施成效；实践中不断改进适应性管理，新设立经济评估和法律问题的特别工作组，为优化管理机制提供了更全面的咨询意见（Pernetta and Jiang，2013）。

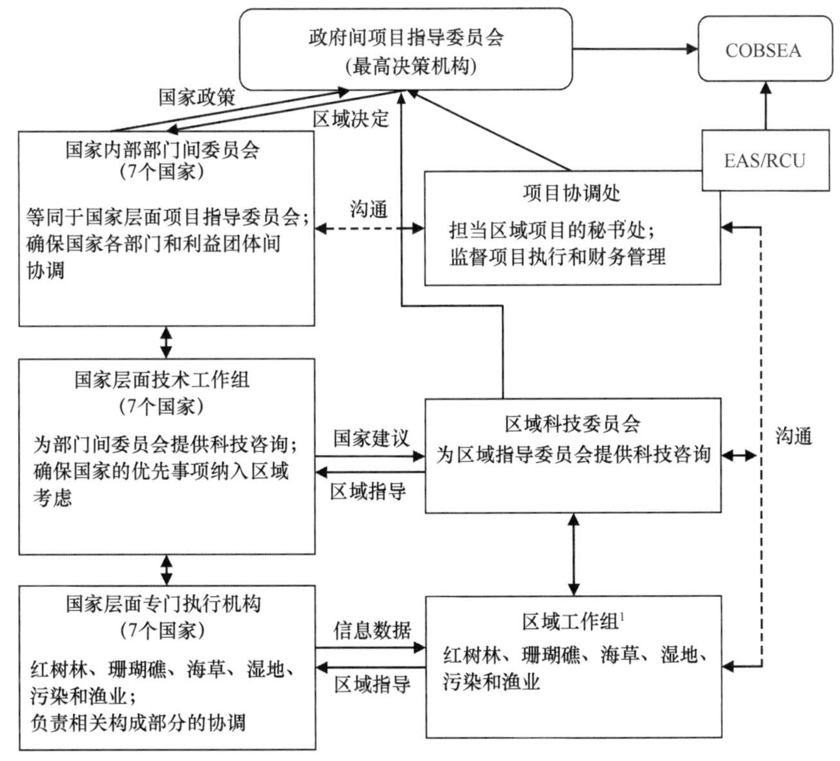

图 6-1　UNEP/GEF“南中国海项目”基本管理框架

COBSEA：Coordinating Body for the Seas of East Asia，东亚海协调机构；

EAS/RCU：East Asian Seas Regional Coordinating Unit of UNEP，东亚海区域协调处；

[1]在区域层面，每一领域的区域工作组指导国家行动计划的制定和建立识别需要优先管理的跨界生境的标准和程序

二、东亚海协调机构（COBSEA）

成立于 1994 年的政府间组织——COBSEA 是 UNEP 区域海项目之东亚海行动计划（East Asian Seas Action Plan）的监督和指导机构，该机构负责协调政府、非政府组织、联合国机构的区域海洋环境治理相关活动，COBSEA 为区域一级基于科学的政策制定提供了一个政府间机制。其主要工作领域包括：评估人类活动对海洋环境的影响，控制海岸带污染，保护红树林、海草、珊瑚礁和废物管理等。COBSEA 于 2018 年启动实施的新战略方向（New Strategic Direction，2018—2022 年）主要侧重三个优先领域：陆源海洋污染，海洋与海岸带规划和管理，以及治理、资源调动和伙伴关系，旨在指

导COBSEA参与国和秘书处行动的发展和保护东亚海洋和沿海地区环境，依托COBSEA这一政府间政策机制，根据全球《区域海战略方向2017—2020》（Regional Seas Directions 2017—2020）规划、实施和跟踪与海洋相关的可持续发展目标。。除了协助国家层面的行动，COBSEA鼓励通过建立正式和非正式的伙伴关系减少重复性行动，强化区域性合作，如建立东亚海知识库，实施海洋垃圾区域行动计划，等等。然而，东亚海域尚无具有法律约束力的海洋生态环境治理相关区域性条约，项目的实施主要基于成员国的意愿和自主贡献，侧重于促进各国对现有环境条约的落实。COBSEA的行动也面临着一些现实困境和挑战，如资金短缺问题、成员国之间的利益冲突，以及与其他环境组织之间的竞争（Zou，2015）。

三、东亚海环境管理伙伴关系（PEMSEA）

PEMSEA是IMO、联合国开发计划署（United Nations Development Programme，UNDP）、GEF和世界银行（World Bank）于1994年共同发起的一个政府间组织，旨在通过海洋综合管理解决方案和构建跨部门、跨行业和跨政府伙伴关系，促进和维持东亚海域健康和有复原力的海岸带和海洋、社区和经济。PEMSEA协助成员在国家和次级区域层面防治和管理海洋污染，建立了海洋污染监测和信息管理网络，促进信息共享和交流。2006年，成员签署了海口伙伴关系协议，确定PEMSEA作为实施东亚海可持续发展战略（SDS-SEA）的区域协调机构，主要的组织机构包括：东亚海大会、东亚海合作委员会、PEMSEA资源服务机构（Resource Facility）。PEMSEA是东亚地区海岸带综合管理（ICM）的倡导者和积极推动者，其通过推行ICM协助东亚海区域海岸带的可持续发展、生态系统恢复和保护，以及社会的适应性管理。已有13%以上的东亚地区海岸线区域实施了ICM，惠及超过1.46亿海岸带地区人口。为了实现可持续发展目标，PEMSEA的ICM试点地区重点关注海岸带和海洋生境的管理，如红树林、珊瑚礁、海草床和其他湿地。每一个示范点和污染热点都将自然生境的主要威胁作为优先考虑，通过制定和实施各种层次的行动计划来保护、恢复和管理生境，实现养护生物多样性和维持海岸带生态系统产品和服务的综合目标。

PEMSEA也越来越意识到，对于跨界性问题，单一地方、区域或国家无法独立应对，需要从更高层面来介入，ICM实施区域需要拓展到更广泛乃至所有海岸带区域，PEMSEA框架下的SDS-SEA和ICM可以为相关利益主体的合作提供战略框架和平台。

四、东盟（ASEAN）保护框架

东盟为成员国和机制外国家提供了一个交往与合作的平台，是推动地区海洋合作进程发展的重要平台机制。东盟成员国除了各自依据 CBD 采取的生物多样性养护行动，还通过广泛深入的协作促进生物多样性养护和生物资源可持续利用。东盟于 2005 年设立了东盟生物多样性中心（ASEAN Centre for Biodiversity，ACB），致力于协同公共、私人部门、公民社会、国际组织和捐助机构促进生物多样性的养护和可持续利用，重点支持十个成员国降低生物多样性损失率、实现全球的“爱知目标”、履行 CBD 和其他多边环境法律框架下的义务，并作为一个有效的协调机构促进跨国生物多样性养护问题的讨论和解决。根据 2007 年的东盟环境可持续性宣言，ACB 是东亚生物多样性养护和管理的一个区域中心。ACB 建立了生物多样性信息共享服务平台（Information Sharing Service）促进成员国间的科学信息交流和共享，提升联盟共同应对生物多样性问题的能力。截至 2021 年，东盟成员国依据 2003 年《东盟遗产公园和保护区宣言》的框架机制已经建立了 50 个东盟遗产公园（仅 9 处位于海岸带和海洋区域），保护具有区域重要生物多样性意义和价值的地区，维持区域具有代表性的生态系统，并积极推动各遗产公园管理和经验分享，促进东盟成员国和 ACB 之间的协调与协作。东盟遗产公园主要类别有：自然公园、自然保护区、文化遗址、史前遗址和和平公园。提名东盟遗产公园的程序为：首先由东盟成员向 ACB 提交提名保护区的完整信息，ACB 汇总并提交给东盟海洋公园的海岸带和海洋环境工作组[①]，工作组向东盟高级环境执行员和东盟秘书处提出拟考虑的建议名单，最后由东盟环境部长对名录予以批准。评定东盟遗产公园的标准包括：生态完整性、代表性或典型性、自然性、较高养护重要性、已是合法公布的养护区和具有批准的管理计划，同时，这个遗址还需是具有较高人类学意义和对濒危或珍稀生物多样性具有重要性、跨界性和独特性的区域。

五、区域渔业资源管理组织或安排

南海区域渔业资源的开发利用是周边各国重要的海洋利益，“南中国海项目”在

① 东盟海岸带和海洋环境工作组的职责在于确保东盟海岸带和海洋环境：得到可持续管理的措施；其独特的生态系统、原始地区和物种受到保护；经济活动得到可持续管理；公众对海岸带和海洋环境的认识有所提高。

泰国湾组织开展了渔业资源养护的合作行动，但仍然存在大范围海域尚未就渔业资源养护和管理达成合作。UNCLOS 第 123 条明确规定了“闭海或半闭海应该直接或通过适当的区域组织合作养护和管理海洋生物资源”。现有的全球或区域渔业管理组织是沿岸国家和远洋渔业国家应对跨界和高度洄游鱼类种群以及其他公海鱼类的主要合作机制。南海区域尚未建立专门性的渔业管理组织或机构，但是各国分别被几个 FAO 框架下的区域渔业管理组织所覆盖（表6-5）。这些区域性渔业管理组织的范围通常涵盖了国家管辖内海域，包括领海和专属经济区，还包括了国家管辖外的公海，管理的对象可以是特定的跨界和高度洄游鱼类种群（如 WCPFC、IWC），也有的是所有鱼类（如 SEAFDEC、APFIC）。考虑到不同区域渔业管理组织的管理目标、措施和进展各异，难以满足整个南海区域渔业资源养护和管理的整体性需要，有研究呼吁，周边国家可以合作建立功能性的区域渔业管理机制，或在已有的区域性机制框架下成立专门的下属机构负责整个南海区域渔业资源的养护和管理（Kao，2015）。

表 6-5　周边国家加入全球/区域渔业管理组织情况

	IWC	APFIC	WCPFC	SEAFDEC
中国	+	+	+[2]	
越南		+	-	+
泰国		+	-	+
柬埔寨	+	+		+
马来西亚		+		+
印度尼西亚		+	+	+
文莱				+
菲律宾	+[1]	+	+	+

“+”表示成员国；“-”表示非成员参与国。

[1]菲律宾于 1981—1988 年是成员国；[2]我国台湾地区以渔业实体身份加入。

IWC：International Whaling Commission，国际捕鲸委员会；APFIC：Asia-Pacific Fishery Commission，亚太渔业委员会；WCPFC：Western and Central Pacific Fisheries Commission，中西太平洋渔业委员会；SEAFDEC：Southeast Asian Fisheries Development Center，东南亚渔业发展中心。

渔业资源养护和管理的合作需要综合考虑政治、法律和社会经济各方面复杂因素，在未设立正式的区域渔业管理组织和未制定区域性规范标准的情况下，FAO 作为全球渔业活动的主管国际组织，其框架下制定的一系列普适性规范、准则和措施对于处理跨界性或区域性渔业资源养护与可持续利用的关系具有重要指导意义，相关区域渔业管理组织采取的具有针对性的区域性措施也具有实践参考价值。南海区域各国和各类组织机构可以根据特定海域渔业领域的优先事项，适时采取综合性管理措施和联合行动，缓解渔业资源的衰退，保护脆弱的海洋生态系统，包括限制不合理的捕捞方式、识别和建立渔业庇护所或渔业资源特别养护区，以及加强 IUU 捕捞活动管控等。

六、国家间多边和双边合作项目

海洋生态系统构成要素和过程的流动性与整体性往往突破行政管辖边界，对于跨管辖边界的生态系统、跨界迁徙的物种需要通过协调或协作实施跨界养护方法实现生物多样性保护和生态系统管理目标。跨界养护的具体情形有：一是跨越管辖边界且具有生态联系的跨界保护区；二是包括保护区和多重资源利用区域在内的跨越管辖边界且具有生态联系的跨界景观养护区；三是保护迁徙野生物种生境的跨界迁徙物种养护区，还有一类特殊的旨在实现上述目标同时促进和平与合作的和平公园（Vasilijevi et al.，2015）。从已有跨界养护的实践来看，除了实现自然保护这一直接目标，还可以是多元的或综合性的目标，如维护和平、增进国家关系、维持政治稳定、刺激经济发展和推动社会文化融合等。其中，合作是跨界保护区的主要特征和必要条件，不同水平的合作（表 6-6）体现出跨界保护区的不同层次，也体现了不同时空背景下（包括需求、利益、政治和社会经济条件等因素）的不同合作模式。

表 6-6　跨界养护合作的不同水平

合作层次	描述	举例
0. 无合作	不同保护区的主体间无任何信息交流、共享或具体问题的合作	中国-菲律宾
1. 交流或信息共享	主体间针对相关问题或特定地点的管理行动开展定期交流或信息共享	越南-菲律宾联合科研考察；中-印尼、中-泰联合科研中心建设
2. 磋商、讨论	主体间针对问题的解决和管理行动的完善互相讨论与反馈，以及为协调管理而开展的合作性磋商过程	越南-泰国就非法捕鱼活动的磋商；泰国-柬埔寨就海洋安全的磋商；中国-东盟海洋合作
3. 协同行动	共同协调各主体管辖范围区域的管理行动，客观上有利于实现整个跨界生态系统的养护目标，如对物种和生态过程的监测	印尼-马来西亚-新加坡联合巡航活动

续表

合作层次	描述	举例
4. 协调规划	各主体基于整个跨界生态系统的统一目标协调各自的规划和政策	中-越北部湾渔业合作
5. 充分合作	各主体联合决策和统一目标，共同实施管理行动，如联合执法、联合资助和项目实施	菲、马、印尼参与的珊瑚礁三角区项目和苏禄-苏拉威西海生态区域养护项目（WWF）；菲、马的龟岛遗址跨界保护区

来源：Zbicz，1999；Vasilijevi，et al.，2015。

除了区域层面已有的合作平台和机制建设进展，南海周边国家间还开展了不同领域、不同区域、多种形式的双边和多边合作。如 1995 年中国、缅甸、老挝、泰国、柬埔寨和越南共同开展大湄公河次区域环境合作项目，并形成了合作机制，保护大湄公河次区域的生态环境和生物多样性。1996 年，菲律宾和马来西亚共同建立龟岛遗址保护区，该保护区是东南亚地区绿海龟最大的筑巢区，也是世界上第一个跨界海洋保护区。两国签订了《建立龟岛遗址保护区议定书》，该项目建立了联合管理委员会和合作管理的框架，建立了统一的数据和信息网络，实施海龟资源的综合管理项目、生态旅游项目和海龟养护与研究项目，协调信息搜集、制定监测计划和发展适度的旅游业，目前仍然分别由两方依各自管辖进行管理。菲律宾和越南在 1996—2007 年间开展了四次海洋学和海洋科研联合考察，对南沙群岛的 18 处珊瑚礁生物多样性进行了研究（Zou，2015）。2000—2015 年的中国-越南《北部湾渔业协定》，旨在促进双方合作养护、管理和可持续利用生物资源。2007 年，印度尼西亚、马来西亚和新加坡建立了马六甲海峡航行安全和海洋环境保护的合作机制，开展了一系列防治海洋污染的活动。中国-东盟从 2004 年起开展环境保护合作，建立了中国-东盟环境部长会议机制，2009 年双方达成了《中国-东盟环境保护合作战略（2009—2015）》以及相应的环境合作行动计划，致力于促进生物多样性养护和科学研究、生物多样性监测和经验分享，以及推动跨界自然保护区和生态廊道建设以保护常规迁徙物种等。中国政府在 2013 年联合 UNEP 启动了“加强东南亚国家执行 2011—2020 生物多样性战略计划与实现‘爱知目标’能力建设”项目，旨在促进东盟国家和中国在该领域的知识共享与交流。2016 年，中国和东盟达成了《中国-东盟环境合作战略（2016—2020 年）》，推进双方九大领域合作，包括政策对话交流，环境数据与信息共享，环境影响评价，生物多样性与生态保护，环境产业技术促进绿色发展，环境可持续城市，环境教育与公众意识，还有机构和人员能力建设，以及联合研究。其中，合作的大部分资金由中方提供，主要包括中国-东盟合作基金、中国政府设立的亚洲区域合作专项资金、财政资金等，也有少量资金由国际合作伙伴提供。

珊瑚礁生态系统保护问题是各国的重点合作领域。珊瑚礁三角区项目（Coral Triangle Initiative，CTI）是包括印度尼西亚、菲律宾和马来西亚三个南海周边国家，以及巴布亚新几内亚、东帝汶和所罗门群岛六个国家间开展的一个政府间的协调性管理合作计划。该项目实施的空间范围较为广阔，确保从生态系统完整性和连通性角度涵盖重要的跨界生态过程，也因此有能力吸引广泛来源的资助。项目的目的是保护区域的海洋资源可持续发展，将珊瑚礁的养护与渔业和粮食安全相联系起来，通过区域和国家层面的行动计划促进合作目标的实现，包括从优先景观管理、气候变化适应性措施的规划设计和受威胁物种现状的改善等方面开展行动。该项目并不具备法律强制执行力，主要在参加国的推动下开展，项目运行过程中注重行动的开放性和透明度，这是项目取得成效的重要因素，如何建立更加稳定和长效的治理机制或安排是未来需要继续完善的地方。2012 年，中国与印度尼西亚合作共建了中国在东南亚的第一个国际联合海洋生态站——比通生态站，推进对珊瑚礁三角区生物多样性的研究和保护，取得了有益的研究成果和合作成效。

七、讨论和小结

通过对区域内海洋领域主要组织框架和合作机制的考察，可以初步总结出一些积极经验和启示，主要体现在以下几个方面。

（一）积极成效

已有的实践探索在推进区域海洋治理方面取得了积极进展，具体包括：建立了相关国家之间的合作与协作机制，获取有力的政治支持和组织保障；积极创造协同效应，以完善跨界治理和实施具体的管理计划；确定了共同的优先事项，并提供了区域合作框架，确保合作的针对性和可行性；积极促进次区域经济一体化，强化各国间社会经济系统之间的联系；召集利益相关方围绕海洋问题开展对话，通过开放、深入的沟通交流，提升对海洋治理议题的认识，凝聚广泛的支持和共识。

在知识和能力建设方面，已有管理框架和合作机制不断积累了有益成果，包括：

从相关计划的实施过程中吸取了宝贵的经验或教训，并利用广泛的合作伙伴关系引入专业知识和相关专家的投入；注重对优先领域、决定和进程进行高级别宣传和吸引更多关注，改善合作、协调和协作；促进信息交流，提升相关组织机构的能力建设，加强区域政策对话；提高对议题的科学认识水平；改进从科学到管理的决策。

（二）经验启示

已有的区域合作机制和综合管理框架建设和发展过程，为后续治理的完善提供了有价值的经验启示。

1. 有效的区域治理，需要具备以下特征或要求：（1）确立综合性的目标体系，解决相互联系的环境、经济和社会可持续发展问题；（2）需要设立强有力的秘书机构，为区域层面目标和政策的执行提供一个居中协调的组织保障；（3）治理结构上，宜采取分权结构；（4）提升治理的透明度、问责制和公众参与；（5）加强利益相关方的参与。

2. 有效的国家和地方治理，需要：（1）注重解决地方和国家问题，在此基础上推进区域合作；（2）将区域优先事项与国家优先事项相结合；（3）加强国家政府管理体系和执行机制的作用；（4）填补基础设施缺口，提供有利的政策和监管环境；（5）地方政府积极参与区域战略制定；等。

3. 知识和能力建设方面的关键是：（1）分享国家和区域两级的知识和经验教训，并提出适合当地实际需要和条件的解决方案；（2）改善管理系统；（3）通过实地考察提高决策者的理解和行动的动力。

4. 资金支持方面需要：（1）调动广泛的财政资源，如捐款和捐赠；（2）提高政府官员和公民的认识，争取他们对议题的优先考虑，并公开支持保护工作；（3）增强融资来源的多样化以降低风险，可以考虑旅游税、债务转换和捕鱼许可证收入等资金来源；（4）通过鼓励主要的捐助者和政府捐款来建立稳定可靠的融资伙伴关系。

（三）完善对策

虽然已有的为应对海洋生态系统面临的威胁而制定的许多区域倡议取得了积极成效，并形成了一定的影响力。但是，在区域、国家和地方治理的可持续性方面，仍然存在诸多困难，需要进一步完善现有的组织框架和管理机制，加强区域合作，以有效应对当前和潜在的挑战。可以采取的改进措施包括：（1）促进对现行多边协议的实施和执行；（2）提高具有区域协调功能的机构实体的能力，提升其形象和影响力并争取主要国家决策者的支持；（3）加强区域合作和一体化倡议之间的协调并推进制度化建设；（4）进一步提高透明度，加强与利益相关者的联系；（5）建立具有包容性和弹性的价值链，完善治理的体系性；（6）促进国家与全球和区域主要行业领域之间的区域对话，协调产业部门发展与环境保护的关系；（7）制定并实施有效的国家政策和管理框架；（8）建立区域数据共享系统，以跟踪可持续发展目标的进展并改善海洋资源管理；（9）提高公众意识，推进海洋利益攸关方之间的合作。

第三节　区域海洋保护地及网络建设

各类海洋保护地是养护海洋生物多样性和增进人类健康与福利的重要手段。海洋保护地网络（或海洋保护区网络）是指一系列单个海洋保护地通过在各种空间尺度和保护层面的合作和协同运作实现单个保护地不能达到的目标（IUCN/WCPA，2008）。海洋保护区网络既可以是国家层面、区域层面，也可以是全球层面的网络体系。根据CBD“爱知目标”第11项，“到2020年，至少有10%的海岸和海洋区域，尤其是对于生物多样性和生态系统服务具有特殊重要性的区域，通过建立有效而公平管理的、生态上有代表性和连通性好的保护区系统和其他基于区域的有效保护措施而得到保护，并被纳入更广泛的海洋景观”。2022年CBD第十五次缔约方会议达成的“昆明-蒙特利尔全球生物多样性框架”确立了“到2030年，至少30%的陆地、内陆水域、海岸带和海洋区域得到有效保护”的目标。完整性、系统性和有代表性的海洋保护区网络能够为重要生态系统的可持续发展和管理提供一个决策框架。海洋保护区网络特有的优势主要包括：确保生物多样性的各个层次和要素得到充分保护；确保对濒危、特有和稀有物种的碎片式生境保护范围得到拓展；确保对完整的生态系统过程和功能单元进行基于生态系统方法的管理；确保保护区之间的社会和经济联系受到适当考虑；凝聚不同部门机构和利益相关者朝着共同目标努力；促进信息共享和经验获取；等等（UNEP-WCMC，2008）。

对南海区域来讲，建立海洋保护区网络将有益于保护半封闭海内具有国际重要性的、处于衰退和丧失威胁下的生境，有利于养护和恢复受到过度开发的鱼类种群。为了实现CBD生物多样性战略计划和全球生物多样性目标，东盟成员国采取了一系列国家战略和行动计划，以及包括保护地在内的措施积极推动相关目标要求的实施。东盟早在2003年发布了《东盟遗产公园宣言》，并实施了东盟遗产公园项目，强化对具有区域生物多样性重要价值的保护地建设和管理。针对东亚海域生物多样性热点区域的海洋保护区网络还包括印度尼西亚、菲律宾和马来西亚共同建设的苏禄-苏拉威西海海洋生态区域的网络、珊瑚礁三角区保护网络、IUCN协调和指导实施下的东南亚海洋保护区网络，以及其他一些次区域或国家间以及国家层面建设的海洋保护区网络，相关的进展共同构成了南海区域海洋保护区网络建设的实践基础。

中国制定了《中国生物多样性保护战略与行动计划》（2011—2030年），明确了到2020年，基本建成布局合理、功能完善的自然保护区体系；到2030年，生物多样性得到切实保护，各类保护区域数量和面积达到合理水平，生态系统、物种和遗传多样性得到有效保护，形成完善的生物多样性保护政策法律体系和生物资源可持续利用机制。并综合考虑生态系统类型的代表性、特有程度、特殊生态功能，以及物种的丰富程度、珍稀濒危程度、受威胁因素、地区代表性、经济用途、科学研究价值、分布数据的可获得性等因素，划定了包括黄渤海保护区域、东海及台湾海峡保护区域和南海保护区域3个海洋与海岸生物多样性保护优先区域在内的陆海共35个生物多样性保护优先区域，进一步明确了中国南海区域的具体保护重点①。《全国海洋主体功能区规划》明确了海洋保护区占管辖海域面积比重增加到5%的目标。

一、国家层面的海洋保护地建设

南海周边国家和地区已建立的海洋保护地（表6-7），对于保护重要海洋生态系统和生物多样性发挥着重要作用。但是，从各国海洋保护区建设整体情况来看，无论数量还是覆盖面积，距离达到全球性目标仍然相去甚远。大部分国家和地区的海洋保护区面积占海域面积的比例都低于3%，东盟层面的整体比例约为2%，中国沿海11省份各类海洋保护区面积占管辖海域总面积比例约为4.1%。同时，与陆地保护区面积相比，海洋保护区面积仍然较小。总之，南海区域的海洋保护地体系建设仍然有很

① 南海保护区域的保护重点包括广东潮州及汕头中国鲎、阳江文昌鱼、茂名江豚等海洋物种栖息地，汕尾、惠州红树林生态系统分布区，阳江、湛江海草床生态系统分布区，深圳、珠海珊瑚及珊瑚礁生态系统分布区，中山滨海湿地、珠海海岛生态区，江门镇海湾、茂名近海、汕头近岸、惠来前詹、广州南沙坦头、汕尾汇聚流海洋生态区，惠东港口海龟分布区、珠江口中华白海豚分布区，广西涠洲岛珊瑚礁分布区、茅尾海域、大风江河口海域、钦州三娘湾中华白海豚栖息地、防城港东湾红树林分布区，海南文昌、琼海珊瑚礁海草床分布区，万宁、蜈支洲、双帆石、东锣、西鼓、昌江海尾、儋州大铲礁软珊瑚、柳珊瑚和珊瑚礁分布区，鹦哥海盐场湿地、黑脸琵鹭分布区，以及西沙、中沙和南沙珊瑚礁分布区等。

大的发展空间。

表 6-7　周边国家海洋保护地概况

国家	海洋保护区面积/km^2	占海域面积的比例	占陆地和海洋保护区总面积比例
文莱	52	0.13%	1.83%
柬埔寨	89	0.19%	0.19%
印度尼西亚	171 453	2.96%	43.11%
马来西亚	6 358	1.40%	9.10%
菲律宾	21 269	1.16%	31.73%
新加坡	0	0	0
泰国	5 774	1.83%	5.60%
越南	3 630	0.56%	12.68%

来源：ASEAN centre for Biodiversity，2017。

二、区域性保护地网络项目

（一）“南中国海项目”确定的具有区域意义的保护区域

“南中国海项目”基于特定标准①和程序明确了需要采取区域合作行动优先养护和管理的生境和区域，包括 26 处红树林、43 处珊瑚礁、26 处海草床和 40 处湿地，为保护区的选划或采取养护管理措施提供重要参考。项目相应选取和资助建立了 22 个示范地点作为监测、修复和公共意识提升的实施范例（UNEP，2007b），并建立了地方环境资源规划与管理的协调机制，鼓励跨界资源和环境的综合管理。“南中国海项目”确立的区域战略行动计划还设置了生境养护和管理的目标，即将 4.49%的红树林区域建成国家公园和保护区；到 2015 年，实现 82 个目标区域的珊瑚礁至少 70%得到可持

① 相关标准包括：生物多样性、跨界重要性、区域或全球重要性、威胁程度、尺度问题、国家重要性或优先权、现有管理框架、共享资金和长期可持续性水平等，参见：［1］Report of the 1st Meeting of the Regional Scientific and Technical Committee for the UNEP/GEF South China Sea Project. Pattaya，Thailand，March 14－16，2002，UNEP/GEF/SCS/RSTC. 1/3 at 5 and Annex 4. ［2］Report of the 2nd Meeting of the Project Steering Committee for the UNEP/GEF South China Sea Project. Hanoi，Viet Nam，December 16－18，2002，UNEP/GEF/SCS/PSC. 2/3 at 12. ［3］Report of the 3rd Meeting of the Project Steering Committee for the UNEP/GEF South China Sea Project，Manila，Philippines，February 25－27，2004，UNEP/GEF/SCS/PSC. 3/3，Annex 9. ［4］Report of the 4th Meeting of the Project Steering Committee for the UNEP/GEF South China Sea Project，Guilin，China，December 13－15，2004，UNEP/GEF/SCS/PSC. 4/3 at 8.

续的管理；到2012年，对21个海草地进行可持续管理，修改现有的7个海草生境保护区管理计划，建立7个新的海草生境保护区；到2012年，建立或完善特定湿地管理计划，强化至少7个湿地的保护（UNEP，2008c）。

在渔业资源养护方面，南海的泰国湾项目建立了渔业庇护所（Refugia），制定了政府间渔业庇护所建设指南，各参与国识别了具有跨界意义的远洋和水底鱼类的优先名录和濒危物种的区域性名录，并确定52个产卵和繁育区为潜在的庇护所（UNEP，2007c）。渔业庇护所是指为维护重要物种（渔业资源）的可持续利用而在其生命周期的关键阶段适用特殊管理措施的空间和地理范畴（Paterson et al.，2006），对于泰国湾渔业资源可持续利用发挥了积极作用。

（二）东盟遗产公园

"东盟遗产公园"保护区网络建设计划的历史可以追溯到1984年，当时东盟创始国的部长签署了确认11个保护区为东盟遗产公园的一份联合宣言。2002年，东盟环境部长会议与COBSEA合作制定并通过了海洋保护区相关的两套标准：一是具有国家重要性的海洋保护区；二是具有区域重要性的东盟海洋遗产遗迹的标准。目的在于促进区域海洋保护区网络建立和管理的协调性方法，该标准随后在东盟高级别会议上被纳入万象行动计划项目（2004—2010年）（UNEP-WCMC，2008）。东盟遗产公园是东盟层面正式确认的保护区，以其独特的生物多样性和生态系统重要价值而闻名，因其公认的区域重要性而得到最高的认可。通过《东盟遗产公园和保护区宣言》，东盟成员国达成了有效管理这些重要遗产公园和保护区的政治共识，以维护生态过程和生命支持系统；保存遗传多样性；确保物种和生态系统的可持续利用；维护具有风景、文化、教育、研究、娱乐和旅游价值的原野。在2007年4月于马来西亚举行的第二次东盟遗产公园会议期间，制定了第一个东盟遗产公园的区域行动计划，ACB根据CBD的《生物多样性战略行动计划（2011—2020）》和"爱知目标"进一步制定了《2016—2020年东盟遗产公园区域行动计划》，为ACB和遗产公园实施生物多样性优先保护措施提供了指导框架。截至2021年，共建立了50个东盟遗产公园，分布如下：文莱1个；柬埔寨2个；印度尼西亚7个；老挝1个；马来西亚3个；缅甸8个；菲律宾9个；新加坡2个；泰国7个；越南10个。

东盟生物多样性中心（ACB）是东盟遗产公园项目的秘书处。东盟遗产公园委员会由成员国代表组成。在实施过程中，东盟自然保护和生物多样性工作组对审查和批准东盟遗产公园提名、ACB 工作计划和东盟遗产公园项目提案等工作提供技术指导。各成员国依据国家和地方政策法规负责东盟遗产公园的具体管理。在东盟遗产公园项目框架下，ACB 根据每一个东盟遗产公园存在的差距和问题形成区域性的解决方案，帮助成员国更好地理解共同的问题。虽然 ACB 积极寻求合作伙伴的支持，但是在遗产公园建设中仍然存在可持续融资方面的挑战，一些遗产公园的管理计划也有待及时完善，同时，为了平衡陆地和海洋遗产公园的空间布局，迫切需要提名更多新的海洋遗产公园。

三、国际机制或框架确认的特殊保护区域

除了根据国家法律和区域共识建立的各类海洋保护区，根据不同国际组织框架制定的相关标准识别或描述的特殊保护区域也具有重要的参考价值。现有的国际组织框架根据不同领域或保护对象所建立的保护区域建设标准具有全球性的意义，包括 UNESCO 建立的世界遗产地体系和生物圈保护区标准，《国际湿地公约》识别的国际湿地，CBD 确立的具有重要生态学或生物学意义的区域（EBSAs）描述标准，IUCN 建立的关键生物多样性区域（KBAs）识别标准等（表 6-8）。南海区域周边国家和地区积极参与相关组织框架下特别保护区识别和选划有关的研究与实务进程，取得的积极进展也为各国家和区域层面完善保护地体系提供了科学支持和政策参考。

表 6-8 国际机制识别或建立的相关海洋保护区类型

	MPA	保护重点	说明
UNESCO	世界遗产地	地貌、景观	截至 2019 年，中国和东盟国家已列入世界遗产名录的海洋和海岸带遗产地 6 处，如菲律宾 Tubbataha 群礁自然公园、Puerto Princesa 地下河国家公园、越南下龙湾等
	生物圈保护区	生物圈景观	岛屿和海岸带生物圈保护区网络（WNICBR）包括中国 1 个，印度尼西亚 2 个，菲律宾 1 个，越南 2 个。东南亚生物圈保护区网络（SeaBRnet）创建于 1998 年，成员包括柬埔寨、中国、印度尼西亚、日本、老挝、马来西亚、缅甸、菲律宾、泰国、越南和东帝汶
《拉姆萨尔公约》秘书处	湿地	海岸带湿地	截至 2021 年，中国和东盟国家海洋和海岸带区域建立的国际湿地约 50 处，包括柬埔寨 1 个，印度尼西亚 6 个，马来西亚 6 个，菲律宾 6 个，泰国 9 个，越南 3 个，中国 16 个

续表

	MPA	保护重点	说明
CBD	EBSAs	生物多样性	2011年起11个区域论坛开展相关识别工作，2015年12月召开了促进东亚海EBSAs描述的区域研讨会以及培训（Regional Workshop to Facilitate the Description of EBSAs in the Seas of East Asia，and Training Session on EBSAs）
IUCN	KBAs	物种、生境	截至2021年，中国和东盟成员国识别的海洋KBAs数量超过500个

四、成效与差距分析

南海周边国家和地区海洋保护区的建设与发展经历了长期的实践积累过程，取得了显著成效。随着国际上对海洋生物多样性的有效养护和可持续利用不断涌现出新的治理理念和现代技术，为本区域海洋生物多样性保护体系的完善注入新的发展动力。

（一）现有保护区的成效和差距

尽管南海区域国家建立了各种类型和数量众多的保护区，但是现有的保护区从覆盖面积和代表性，以及管理的综合性成效来看都远未达到生物多样性和生态系统保护的目标。

从现有保护区的代表性来看，现有数据显示了海洋保护区在数量上不断增加的发展趋势，然而区域内重要的生态系统如珊瑚礁、红树林和海草在数量和质量上的衰退是显而易见的。亟须拓展对重要和关键生境的保护，以免进一步造成物种和资源丧失的后果；对海草生境保护的比例约为8.3%，泰国和印度尼西亚的保护比例占绝大部分，作为重要的鱼类和多种无脊椎动物的繁育场所，海草生态系统应进一步纳入养护计划和海洋保护区建设中；对珊瑚礁保护的比例达到14%，但是马来西亚和菲律宾的珊瑚礁保护仍然面临各种挑战，大部分具有较高珊瑚礁鱼类物种多样性的受到威胁区域并未得到有效保护（ACB，2010）。KBAs对于保护目标的识别和保护区选划具有重要参考价值，但是，东南亚国家中已经识别的82处KBAs（包括菲律宾的77处和泰国认定的5处），仅有10处得到了部分或者全部的保护。东盟建议各成员国进一步通过识别出与现有保护区不相重复的KBAs，以弥补海洋保护区在代表性上的差距；而对于那些与已识别出的KBAs不完全重叠的保护区，鉴于KBAs是涵盖了关键生境和目标物种的区域，因此建议调整或拓展已有保护区设计上的不足；对于已经描述出来但是未纳入保护范围的区域应该尽快建立相应类型的保护区，弥补管理上的空白和差距，如菲律宾和印度尼西亚很多具有较高物种多样性的区域受到高度威胁但是并未得到保护，南沙群岛和西沙群岛等区域也未被明确纳入特殊保护范围。同时，由于KBAs方法本身侧重于限定范围内的物种或生境，对于那些大尺度迁徙的物种，尚不能涵盖其迁徙的生态廊道，不能够对物种种群层面提供充分的保护，需要辅之以其他的生态整体性标准以便对此类物种全面评估（如鱼类庇护区的识别标准），而且KBAs依据的物种濒危状态是出于全球范围的整体评估，对于地方性濒危物种但全球范围来看处于低风险威胁的情形，KBAs方法的应用存在局限。因此，依据国际标准识别生物多样性优先保护目标或区域的同时，还应充分考虑区域地方性的实际需要，完善适合本区域的识别标准体系。

从现有保护区的空间格局来看，几乎所有的海洋保护区都位于海岸带区域，且呈斑点状分布。考虑到海洋和海岸带生态系统所面临的各种威胁具有关联性和累积性特征，包括陆源和海上活动的风险，海洋保护区的建设需要统筹兼顾海岸带和海洋的、中上层水体和底层的生态系统，进而实现对整个生态系统层面及其多样性的整体性和系统性保护。在连通性方面，现有较多海洋物种的保护区较小且空间上分散，对鲸类、鲨鱼和海龟等长距离迁徙物种的保护不够。如对海龟筑巢栖息地的保护，现有保护区网络并未予以充分的保护。另外，对很多物种的分布和时空移动规律缺乏足够的认识和信息数据，科学认知的差距制约着实践中保护和管理的成效。但是，基于预防性原则和方法的要求，仍然可以吸纳或整合相关标准识别出优先保护的大体范围，并遵循适应性管理的一般要求，不断完善和确立更科学的标准体系。海洋生态环境和自然资源对于社会经济发展具有重要价值，需要确保海洋经济性物种和生态系统的恢复力和可持续利用，故而，人类活动的威胁因素也应该成为优先地区识别过程中考量的要素，尤其跨界性活动或具有跨界性影响的活动。

对现有海洋保护区管理上，仅有少量海洋保护区得到有效管理，绝大多数海洋保护区处于不良管理或未知状态，东盟国家建立的珊瑚礁和红树林相关保护区仅有约10%得到较好管理（Wilkinson et al.，2006）。较多海洋保护区的管理停留在理论上，尚未制定完善的管理计划并付诸实践。另外，较多保护区由于缺乏充分的研究和监测而存在科学信息和实践经验上的差距。纵然未来需要继续提升现有保护区的管理成效，同时注意到，运用保护区方法对特定范畴生态系统管理的可行性和有效性也有待评估，而众多实践表明，仅依靠海洋保护区的单一方式对于达到生态系统健康和生物多样性保护目标是不够的，可能需要其他替代性划区管理工具及其他基于政策的管理工具的补充或融合来弥补单一方法的缺陷。现有海洋保护区建设和管理的标准、原则和方法与海洋空间规划和基于生态系统管理的有效结合，是较为合理的一种实现途径（Dunstan et al.，2016）。实现社会、经济和生态可持续发展的综合效益和目标有赖于管理理念原则和机制框架的不断完善与革新，推动构建形成一个涵盖关键要素、价值和过程的整体性和包容性治理体系。

（二）跨界保护区建设的不足和未来发展

虽然南海周边国家间已有跨界合作养护的实践，但跨界海洋保护区的建设仍然滞后，合作的内容的广度和深度均有限。同时，虽然从合作形式上相关国家间达成了双边或多边协议，明确共同目标和优先行动事项，但是跨界合作的实际成效受到各种因素干扰而并不显著。跨界养护的主体上，东盟国家间的合作开展较为广泛，中国与邻近国家间的双边合作多以具体问题领域切入，中国-东盟多边合作以经济领域和科研机构间合作交流为主，海洋生物多样性保护领域的务实合作的推进行动有待拓展和深化。

从跨界海洋保护区（包括生态廊道）建设的未来需求来看，南海区域跨界养护合作包括几种情形：一是海域管辖边界明确的情况；二是争议海域范围明确的情况；三是存在重叠主张的海域且主张方对争议的状态存在立场分歧的情况。针对第一种情形，可以识别和选划出确定边界范围的跨界生态系统，建立跨界海洋保护区或采取适当的跨界养护措施。合作的模式可以是信息交流、协调规划和一致性的保护措施等。合作性管理措施的实施有赖于各方的具体执行。针对第二种情形，虽然存在海域管辖归属争议，但是各国具有保护共同的海洋生态系统的意识和意愿，对此情形下的协商和做出合作安排可以成为有利于相关利益主体实现共赢的方案选择。对于这些海域的保护、利用和管理，相关方可以根据海洋生物多样性保护的优先事项或迫切需要开展政策对话和协调养护行动，共同承担起对具有区域共同价值的生物多样性养护和可持续利用责任。此外，对区域性跨界洄游类珍稀物种及其重要生境或生态廊道的保护，以及应对海平面上升、石油泄漏等共同的威胁或挑战，需要利益相关主体的积极参与和共同努力，包括国家政府、非政府组织等，通过建立跨界养护伙伴关系、交流平台与合作网络，推动区域海洋生物多样性治理秩序的形成和良性发展。

（三）区域海洋保护区网络建设存在的问题和挑战

目前，南海区域海洋保护区网络建设存在的主要问题在于：一方面，提升现有保护区网络的整体性和协调性，包括拓展现有保护区网络建设的包容性和开放性，进一步整合区域内所有国家和地区的参与，密切国家海洋保护区网络建设与区域性海洋保护区网络建设的互动关系，从区域视角出发协调国家层面的行动，加强与主要利益相关方的合作与协调；另一方面，需要加强现有的保护区网络项目与社会经济部门或领域的协调，针对区域濒危物种的保护、渔业资源可持续管理、海上活动污染规制等突出问题作为优先事项，采取基于生态系统的管理方法和规制措施，提升保护区网络建设和管理的整体成效。借鉴世界范围内其他区域的海洋保护区网络建设经验，如欧盟Natura 2000、波罗的海和地中海海洋保护区网络建设，具有较强领导力和执行力的组织协调框架对于区域保护地网络建设的水平和能力的提升发挥着必要的支持作用。

海洋保护区网络的规划和实施过程①，不仅建立在对生物多样性构成要素的充分认识基础上，通常还面临复杂的社会、文化和政治因素的挑战，可选的决策方案有限——一是建立一个全新的保护地体系，这显然不是最佳可行的方案；二是从现有网络框架中选择一个付诸实施，但整体有效性方面可能存在局限；三是整合或拓展现有的不同尺度的养护计划形成一体化保护网络，显然第三种符合大多数区域实际情况与成本考虑的。南海区域现有的大多数海洋保护区建设和管理机制各异，对于积累能力建设、信息交流和经验推广起着重要作用，但相关的区域合作框架多为软法性质，各个次区域、双边或多边国家间的养护合作形式相对松散，虽然从实效上来看确实符合区域内多边合作的传统方式，对于不同国家而言具有更大灵活度，但是没有形成一个综合性的区域网络体系，距离实现区域整体目标存在差距。

① UNEP-WCMC归纳的8个主要步骤：1. 确认和吸纳利益相关者；2. 确定目标和具体目标；3. 汇编生态、社会经济和文化方面的数据；4. 确立养护的目标和设计基本原则；5. 评估现有保护区域成效和差距；6. 选择新的保护区域；7. 网络建设，包括确定范围边界、适当的管理措施和其他具体安排；8. 维护和监测保护区网络，适应性管理。

第七章　多元视角下南海生物多样性保护和利用的冲突与合作

海洋生态系统保护和管理的构成要素体现为四个主要面向，生物的面向、社会的面向、经济的面向和政治的面向。已有管理成效的不足通常归结于偏重社会、经济的单一目标，而忽略自然-社会生态系统之间广泛的联系和循环效应，脱离特定人文语境对任何环境问题的探讨都难免片面化。生态系统健康的有效维护需要将自然养护目标与社会、经济、文化和政治需求相关联与平衡，谋求基于相关主体共同利益的集体行动[①]。除了对生态环境问题从科学角度的解析，如何在特定语境下（包括人类的需要和价值因素）识别和界定适当的养护行动以达到效益最大化，需要运用联系的观点和发展的眼光辩证地分析。前文主要基于自然视角为海洋生物多样性保护及合作问题提供经验信息和工具方法，本章将从多元视角对南海区域海洋生物多样性保护的冲突和协调进行再审视，综合法律、政治、社会和经济等因素分析推进区域合作机制形成与演进的内在逻辑和发展潜力，为进一步明确“为什么合作”到“怎样治理”这一路径提供合理解释。

第一节　资源环境利益的法律冲突与协调

南海区域内人-海关系的互动符合人类对于海洋生物多样性的几个层次价值需求：一是满足生存与发展的最基本需要的资源、能源和纳污空间；二是生态安全与社会稳定；三是交往和交流的媒介和网络；四是创新能力和可持续发展的需要。人类开发利用海洋资源环境的能动性和价值导向会对自然系统产生极大影响，而当前以人的需求为中心或以人的能力提升为主导的海洋利用格局不断地冲击着海洋自然生态系统的承载力及其提供生态系统服务的能力，对于海洋生物多样性这一公共产品的竞争也产生

① 集体行动，实际上不是属于集体性质的行动，而是主体之间为达到共同的利益而采取的一种互惠的行动，如罗纳德·奥克森（Ronald J. Oakerson）所说的“集体可以做出选择，但只有个体可以行动。只要人们集体地‘行动’，他们就是由于相互理解和协作才如此做的”（苏长和，2009）。

了错综复杂的利益冲突。在现有的海洋秩序下，相关主体间的权力和利益冲突体现出区域内跨领域、跨区域的权利义务冲突。如何完善基于规则的协调合作机制是区域治理发展的重要内容。

一、跨部门冲突与协调

区域层面的跨部门性冲突主要指不同海洋利用活动与海洋生物资源养护和生态环境保护之间的冲突。

（一）航行活动与海洋生态环境保护

国际航运造成的污染以及外来物种入侵等问题是南海生态系统和海洋环境面临的主要威胁。南海周边相关国家并没有对载运大量石油和危险物品的船舶做出特殊规范，未限制油轮、核动力船舶和载运危险物质船舶的通行，也并未就航行安全指定航道（管松，2012a）。UNCLOS 基于政治边界创设的海洋环境管辖权在协调生态系统区域尺度的冲突时缺乏强有力的规制效力和执行能力。

IMO 所创设的四种划区管理制度——“MARPOL 特别海域”“特别敏感海域[①]”（PSSAs）和“排放控制区”等（表 7-1），可以通过采取适当的规制措施强化海洋环境保护。根据受到航运影响的保护对象的重要性，可以选择替代性航行线路、分道通航制等避免对重要生态系统的威胁；对不可替代的航线可以对航行排污规定更为严格的环境标准，减轻海洋环境污染的风险和影响。从综合研究和比较几种制度来看，特别敏感海域具有较明显的优势适用于复杂的南海域。原因在于，PSSAs 设定范围不限于专属经济区，也可能包括公海海域所设定的缓冲地带，设置区域范围灵活；PSSAs 的设置和保护措施需要经过 IMO 的认定，且可以逐渐完善，虽然认定的法律依据是 IMO 的决议而不是条约，不具有强制性法律约束力[②]，但是建议性的措施为相关国家通过此种方式的环境保护合作行动提供了更大回旋空间，自愿性的措施也能一定程度

① 2001 年《关于特别敏感海域的认定及指定的指南》的定义：因公认的生态学的或社会经济的或科学的理由及其易受来自国际海运活动的损害的影响，因而需要 IMO 采取特别保护行动的区域。

② 有研究也表明，PSSAs 指南获得约束力的方式是“纳入”（incorporation）。UNCLOS 作为一个框架或“伞形”公约，不能穷尽所有方面和细节，需引用其他条约和文件以补充与配合（第 237 条、第 311 条）。UNCLOS 第十二章很多条文提到各国需遵守通过“主管国际组织”制定的“一般接受的国际规则和标准”或“可适用的国际规则和标准”（如第 211 条第 6 款与第 216 条），IMO 是主管国际组织，IMO 决议也属于“一般接受的国际标准”，因此，PSSAs 及其相关保护措施具有相应的法律约束力（马进，2014）。

上消除有关国家政治上的后顾之忧，更有利于达到海洋环境保护的目标；此外，PSSAs 可以采取的保护措施类型丰富，可协商选择空间大，有利于发挥预防性措施和生态系统方法的积极作用。

表 7-1　航行相关特别保护区制度及其主要特征

制度类型	依据/措施	条件/范围
特别区域	1954 年、1962 年《防止海洋石油污染的国际公约》，1973/1978 MARPOL 公约，UNCLOS 第 211 条第 6 款。保护措施：主要限制船舶操作性排放造成的污染，所以相关保护措施主要是对污染物的排放实行限制	海域必须是需要采取特别保护措施的海域；海洋学和生态条件有关的公认的技术理由的存在、该区域的利用和资源保护的需要、航运上的特殊性质等。当沿海国意图对特别区域制定和执行高于国际规则和标准的法律、规章时，需要在符合公约规定的要件的前提下与相关国家进行妥善协商，并获得国际组织的认可
排放控制区	MARPOL 公约 1997 年议定书及 8 个决议案，纳入“防止船舶造成大气污染规则”，2005 年修订公约附则Ⅵ，硫排放控制区和氮排放控制区	硫排放控制区目前有两个，分别为波罗的海和英国北海
特别海域	1973/1978 MARPOL 公约及其议定书	事实上，特指地中海、波罗的海、黑海、红海、科孚海峡等条约适用水域，不存在沿海国自主设定海洋保护区的问题，且上述水域也包括部分公海海域在内（龚迎春，2009）
特别敏感海域	IMO 决议，即 2001 年《关于特别敏感海域的认定及指定的指南》；2005 年《确认和划定特别敏感海域准则之修订》。可采取的具体保护措施包括：对航行的船舶实施特别的排放规定；根据《国际海上人命安全公约》和有关指定航道的规则和船舶通报制度的标准，对区域内及其周边的船舶适用指定航道和船舶通报制度；强制性船舶引水制度及与船舶航行管理制度有关的其他措施	认定和决定采取相关保护措施时须考虑以下三个要素：特定区域的特别环境条件；该区域对来自国际海运活动的损害具有的脆弱性；在 IMO 的权限范围内实施相关保护措施的可能性。 其认定须至少符合以下要件之一：即生态学的标准；社会的、文化的以及经济的标准；科学的以及教育的标准。且上述标准只应适用于易受来自国际海运活动损害影响的区域

从科学依据和技术标准层面来考察，南海有关区域的生态特征和航运情况也体现了采取特殊区域性保护措施的必要性。南海的自然条件符合 IMO《确认和划定特别敏感海域准则之修订》的生态标准，其环境的脆弱性和对国际航运的战略意义，设立特别敏感海域并无理论上的障碍。关键在于如何处理好行使航行管辖权和保护措施执行权的关系。UNCLOS 第 211 条在涉及高于国际规则和标准的特定强制性保护措施的执

行方面规定了非常严格的要件和程序，从而排除了沿海国在其设定的特别区域内滥用强制性保护措施、侵害他国权益的情况。PSSAs 的设定和具体的保护措施是首先需要经过区域内相关国家一致同意，并依承诺履行相关义务的，这至少在区域层面能够对海洋环境保护起到积极作用。目前已经批准建立的 PSSAs 中，大堡礁、托雷斯海峡和博尼法乔海峡的案例可为南海马六甲海峡及附近海域的实践提供经验借鉴。未来，随着海洋环境保护受到更大的关注，以及沿海国在海洋环境保护领域的逐步加强，尝试和创设符合敏感区域实际需要和长远利益的特殊区域或特别保护措施也是可能的。

（二）渔业资源开发与生物多样性养护

南海渔业资源开发压力不断增大，对海洋生物多样性与可持续利用带来极大的威胁：过度开发超过最大可持续捕捞量，不利于区域渔业资源的可持续发展；副渔获物现象的存在危害了某些珍稀、濒危物种的生存和发展；破坏性捕捞对具有区域或全球重要性的典型生境造成破坏。UNCLOS 及其相关执行协定规定了成员国可持续利用鱼类种群的义务，但是具体的义务规定较为一般原则性和模糊；尽管在 IUU 捕鱼方面采取相关措施，但是实际中很难通过有效监测实现对广阔海域范围的管控；对于广大发展中国家而言，缺乏足够的资源和能力实施相关国际性措施。根据 UNCLOS 第 63 条对于出现在两个以上国家专属经济区的种群，通过分区域或区域组织就种群的养护和发展的必要措施达成协议。根据 UNCLOS 第 74 条专属经济区界限划定前，可以做出实际性的临时安排作为过渡，相关国家基于谅解和合作对共享海域或主张重叠海域的渔业生物资源做出适当的制度性安排，有利于确保海洋生物资源相关权利和利益的公正、合理分配，以及对海洋生物资源养护责任的共同分担。

对于南海区域的渔业资源利用，周边国家存在利益竞合，各国在实际行使渔业生物资源利用和养护相关权利时，均应严格遵守相关国际法律文书规定的关于生物多样性保护的义务。除此之外，对于半闭海区域的渔业可持续利用与管理，周边国家可以通过适当的分区域或区域性组织或安排实施基于生态系统方法的跨界渔业资源养护合作，采取协调性措施共同贯彻国际渔业管理的一般性守则和义务，如消除 IUU 捕捞、副渔获物和破坏性捕捞活动；通过活动准入管理和活动方式规制实现对脆弱生态系统的源头保护；综合运用渔业资源养护综合规划和划区管理方法和措施，保护重要和关键生境。

（三）油气资源勘探开发与生态系统保护

对海底油气资源的开发活动可能会对敏感的海洋生态系统造成持续性破坏，干扰海洋物种，尤其是迁徙物种生境，开发、运输过程中的石油泄漏会对生物多样性热点区域的生态系统造成严重威胁。勘探开发海底大陆架油气资源属于沿海国的专属性主权权利，沿海国对其管辖的海底活动造成的污染应该制定法律和规章、采取可能必要的措施，同时应在区域一级协调相关政策，各国应通过主管国际组织制定全球性和区域性规则、标准和建议，防止此类海洋环境污染（相关国际规则参见表7-2）。海洋油气资源的规划和开发中对海洋环境关注不足，对相应的环境影响和生态价值的评估不够，而且不同国家规定不同的环境和社会标准，发展中国家的环境标准较低。目前的双边或三边合作开发协议所确立的规则、地理范围和活动存在较大差异，合作区域主要集中在泰国湾、北部湾和南海南部，对油气资源可持续开采以及污染管理并未纳入合作协议中。随着南海油气资源开发和管道设施的铺设增多，可能带来新的海洋生态环境损害的风险，合理管控海底资源勘探开发活动、防范海洋环境污染和生态破坏是妥善处理资源利用与环境保护关系的必然要求。从长远来看，油气资源开发的社会经济发展需求应纳入系统性的养护规划考虑之中，强化资源勘探开发全过程环境保护标准的指导与协同作用。

表7-2　油气资源开发过程适用的相关国际环境条约

名称	成员国	主要相关内容
1982年UNCLOS	所有周边国家	第208条国家管辖的海底活动造成的污染问题；第210条倾倒造成的污染；第211条来自船只的污染；第214条关于来自海底活动的污染的执行；第216（1）条关于倾倒造成污染的执行；第220（1）条沿海国的执行
1972年《防止倾倒废弃物及其他物质污染海洋的公约》《伦敦公约》及1996年议定书	菲律宾、中国；中国批准议定书	依据UNCLOS第210（6）条制定的关于有意地在海上倾弃废物或其他物质的行为的规制；近海装置和结构的废弃属于公约约束范围
1989年《控制危险废料越境转移及其处置的巴塞尔公约》及其1995年修订版（尚未生效）	所有周边国家	适用于在环境中持续富集的废油和持久性有机污染物（POPs）等、海洋油气开发活动中和产业中使用的多氯联苯（PCBs）和诸如热交换液的化合物等
MARPOL附件一、附件二	所有周边国家	附件一油污污染；附件二散装有毒液体物质

续表

名称	成员国	主要相关内容
MARPOL 附件三至附件五	柬埔寨、中国、马来西亚、菲律宾、新加坡	附件三海运包装中的有害物质；附件四来自船舶的污水；附件五来自船舶的垃圾
1990 年《国际油污防备、反应和合作公约》	中国、马来西亚、新加坡、泰国	包括油污应急计划、油污报告程序及行动、油污事故反应的协调和国际合作等内容
2001 年《国际控制船舶有害防污的系统公约》	中国、马来西亚、新加坡	彻底禁止船舶使用含有有机锡的防污底漆，以使海洋生物系统免受该漆产生的污染影响
1969 年、1992 年《油污损害民事责任公约》（CLC）	文莱、柬埔寨、中国、印度尼西亚、马来西亚、菲律宾、新加坡、越南	适用于油类从船上溢出或排放引起的污染在该船之外造成的灭失或损害，还适用于不论在何处采取的用以防止或减少此种损害的预防措施。不适用于装载过程中装置中储油驳船的溢油，适用运输过程中驳船的溢油
1992 年《设立油污损害赔偿国际基金国际公约》议定书	文莱、柬埔寨、中国、马来西亚、菲律宾、新加坡	对 CLC 的补充，对受害者在其之下未获得完全补偿的部分予以补偿
2001 年《燃油污染损害民事责任国际公约》	中国、马来西亚、新加坡、越南	适用于油轮和非油轮海洋船舶的燃油自船上溢出或排放引起的污染损害
2001 年《水下文化遗产保护公约》	柬埔寨	“无意中影响水下文化遗产的活动”指尽管不以水下文化遗产为主要对象或对象之一，但可能对其造成损伤或破坏的活动，就包括了其他海洋资源开发活动

二、跨界冲突的法律协调

区域层面跨界冲突主要包括：国家之间政策和法律不一致产生的跨界性生态系统或物种保护管理的冲突与不协调（Inharmonious）；国家间针对一国管辖或控制内的活动的跨界性影响产生的矛盾或冲突（Conflict）（如跨界海洋污染或生态破坏①）；国家生物多样性保护相关政策和法律及其实施与区域性或国际性法律、规则和标准的不相

① 如 2011 年日本发生福岛核泄漏事故，日本私自排入海水中的大量放射性物质大范围扩散，对太平洋海域的生态系统平衡和生态安全造成了严重破坏，这是典型的跨界海洋环境污染行为。根据相关监测显示，日本、美国等太平洋周边海域某些物种的生存受到严重威胁。但是日本政府一直掩盖真相，不通报情况，不采取有效措施防止污染物继续扩散，其“排海”行为严重违反了一系列国际公约的相关规定，应该承担相应的国家责任。本书所述的跨界海洋污染通常是指国家正常的社会经济活动附带产生的海洋污染物质及其对海洋环境的累积性影响，这一类跨界污染一般情况下不以国家的不法行为为基础，而较多体现为国际法不加禁止的行为，然而，从国际环境法的发展来看，对后者产生的责任问题越来越关注，相应地，对于跨界海洋环境污染的防治和应急也更加突显了预警方法和国际合作的重要性。

符（Incompliance）。

具体而言，南海区域内存在很多跨界性的重要生态系统，如珊瑚礁、红树林、海草等，由于不同国家社会经济发展情况不同，不同国家管辖内的生境衰退问题产生的原因不同，相应的政策目标和管理重点也不尽相同，如国家间红树林和珊瑚礁加工产品的贸易、海岸带旅游业发展和陆源污染排放，可能会对具有区域重要性的生境造成破坏；对某些珍稀濒危海洋物种如海龟，由于不同国家和地区的社会文化传统差异，对海龟蛋的消费活动、对龟壳的世界性贸易管制不统一，不利于维护该跨界迁徙物种的生存繁衍。各国海洋保护区制度的实施存在管理上的差异，包括管理职能部门不同，中央和地方政府的权力分配不同，保护区类型和设计规划方法不同，具体的保护管理措施不同等，造成了资源或物种保护管理的地理政治范围与其生物功能范围不匹配。此外，在跨界保护区合作、海洋生物资源养护和管理区域合作方面的发展水平和程度不均衡。相关区域性组织如 ASEAN、COBSEA 的政策方案的适用范围有限，在统筹形成区域性行动方面缺乏足够的领导力和执行力。

解决不同法律和政策冲突的途径，可以通过法律移植（包括扩散和转移）和政策趋同实现不同规则或准则的互动融合。法律移植，是指一个国家对同时代其他国家法律制度（包括法律概念、技术、规范、原则、制度和法律观念等）的吸收和借鉴，并同化为本国法律的有机组成部分（何勤华，2002）。法律移植的范围：一是外国的法律；二是国际通行的法律和国际惯例。法律移植发生的情形包括：一是社会经济文化等发展阶段和发展水平大体相同的国家间互相吸收对方的法律制度，逐渐融合或趋同的过程；二是落后国家或发展中国家通过学习过程直接采纳先进国家或发达国家的法律，促进本国法律发展；三是法律全球化或区域性法律统一运动推动下政策扩散的结果。纵观南海区域周边国家，东南亚国家间在社会经济文化等方面存在较大的相同点，区域一体化进程中伴随着法律融合的过程，在海洋生物多样性保护方面现有的国际性法律原则和观念逐步融入区域和国家及地方层面的管理实践中。政策趋同，是指某领域的政策特征（如政策目标、政策环境、政策工具）经过一段时间发展演变而在其他政治范围（如区域、跨国主体、国家和地方）内呈现出相应程度、范围和方向上不断增长的相似性（陈芳，2013）。政策趋同的发生机制主要体现为几种：一是受到强势经济或政治资源强迫被动接受某项政策；二是由于某种外部性或依赖性的存在促使国家通过与国际组织合作方式解决共同问题，因而被合法地要求遵守某一国际法或区域法的统一法律义务，采纳相似的政策和项目；三是国家间经济一体化引起的相互竞争压力使其纷纷调整或放松规制标准以提升竞争优势；四是国家间基于信息交换和交流引发的跨国问题解决、经验吸取和借鉴、互相效仿等；五是决策者面临平行问题的压力而做出的独立但相似的政策响应（Katharina and Knill，2005）。对于相邻国家间的跨界规划而言，政策结构和话语越相似，成功的可能性越大（Wiering and Verwijmeren，2012）。南海区域海洋生物多样性的整体性和连通性特征要求采取协调一致的政策和方法，实现这一目标将是一个循序渐进的过程。随着国际政策和法律的逐步完善，区域内正逐渐形成海洋生物多样性合作保护的共识，区域或次区域的倡议和项目不断发展，已有的各领域实践积累需要通过系统性框架进行整合优化促进相关国际目标和义务的有效实现；各国出于政治和安全考虑越来越倾向于加强对海洋环境管辖权的行使和话语权的争夺，环境规制标准和技术门槛的提高是未来发展的必然趋势，更加需要强化信任机制建设避免冲突的产生和加剧；同时，在科学和信息方面的广泛交流也会为进一步的集体行动提供必要支持，系统化的信息获取、共享和交流平台的搭建对于塑造共同利益和价值认同十分必要。

三、共同利益和责任的价值取向

南海区域存在的复杂海域争端现状是探讨区域海洋合作与治理议题不可回避的现实。持续的管理缺位或利益冲突会对海洋生物多样性养护与可持续利用产生消极影响。一方面，由于海洋生态系统的跨界性，相邻国家间对生物资源权利的享有具有地理上的依赖性以及外部效应的溢出性；另一方面，在养护义务履行上消极滞后形成了“强权利、弱义务”的不和谐状态，需要相关国家从整体利益出发，坚持可持续发展理念，树立新的区域海洋秩序观和治理观，共同探索实现区域合作共赢的良性发展路径。现有国际法中的重要原则和价值追求，为区域秩序的构建提供了必要的法理基础。

（1）合作原则。根据 UNCLOS 第 123 条的规定，半闭海沿岸国行使和履行本公约所规定的权利和义务时，应互相合作；根据第十二部分以及一般国际法，合作的责任是防止海洋污染的基本原则；第 61 条也规定了专属经济区生物资源养护的合作义务。合作的目的是保护海洋环境、适度利用生物资源，这符合海洋生态系统管理的要求。合作的方式可以是通过全球性或区域性主管国际组织，也可以是国家间协商合作的方式。对于存在海域争端的情形，“有关各国也应基于谅解和合作精神，尽一切努力作出实际性的临时安排”（第 74 条和第 83 条），而这种临时性的安排形式未限定，在后果上“这种安排不危害或阻碍最后协议的达成，不妨害最后界限的划定”。跨界海洋环境问题和生物多样性养护问题具有全球和区域重要性以及迫切性，需要通过各方的诚意合作方式去解决，关键在于设计适当的合作形式和治理工具，使相关方的权利和义务分配平衡。

（2）风险预警原则。预警原则是指当有合理根据认为直接或间接排放到海洋环境中的物质或能量可能对人类健康带来灾难、危害生物资源和海洋生态系统、破坏优美环境或妨碍海洋的其他正当用途时，应采取预警措施，即使关于排放物质与危害结果之间的因果关系还未形成最终的科学结论（褚晓琳，2010）。CBD 序言中就规定“当存在对生物多样性的严重威胁时，缺乏充足的科学确定性不应成为推迟采取措施，以避免或减少这种损害的理由”。海洋环境方面的一系列国际公约也都对预警原则做了规定，如 1972 年《伦敦公约》、1996 年《防止倾倒废物和其他物质污染海洋的公约》议定书，以及 1992 年《保护波罗的海区域海洋环境公约》。海洋生物资源养护方面，1995 年的《联合国鱼类种群协定》要求缔约国适用预警原则以养护、管理和开发跨界鱼类和高度洄游鱼类，进而更好地保护海洋生物资源。FAO 的《负责任渔业行为守则》将预警原则列为一般原则。《联合国里约环境与发展宣言》和《21 世纪议程》也都强调了预警方法对海洋生物资源养护，以及对海洋可持续发展的必要性。海洋生态系统的多样性和复杂性在科学上的不确定性，以及人类活动的盲目性，是海洋生物资源过度开发和海洋污染不能得到有效遏制的重要原因，如果加上出于政治上短期利益的管理失范的影响，海洋生态系统无疑将面临更严峻的危机。因此，预警原则作为正在形成中的国际习惯法，理应成为区域海洋环境保护、海洋生物多样性和生物资源养护实践的重要依据。不论科学上的不确定性是由于人类科学技术能力上的客观差距造成的还是由于政治环境的人为障碍形成的，都不应该成为拖延采取预警方法和措施的理由。

（3）公平原则。公平原则是国际合作中的重要原则，要求在合作中以国际正义和公平观念指导自身行为、平衡各方利益；公平原则还是可持续发展的基本内涵。海洋生物多样性保护作为人类共同关切事项，体现了最广泛的国际社会正义价值和重要意义。国家间在处理海洋生物多样性保护以及相关利益冲突时，所参照的有关情况包括海洋自然环境因素、各方社会经济条件、历史文化因素、现实威胁和压力以及保护的紧迫性、重要性，等等。在冲突的解决过程中，综合实际情况，设计出符合相关国家和区域整体长远利益，又符合现实中管理运行成本效率的合作方案。公平不仅指利益相关主体间的利益分配平衡，还包括相应的发展权利和保护义务的平衡，更包含了可持续发展的代际公平含义。另外，根据“共同但有区别责任原则”的内涵，不同国家应尽力承担与其能力和实际情况相适应的义务，需要综合考虑：一是生态环境的压力来源，即造成生物多样性问题的主要贡献者，据此可以由义务主体加强对管辖或控制下的活动的管制，或者对跨界性环境影响开展联合治理；二是不同国家社会经济发展对生物多样性资源与环境的依赖性程度，而CBD序言明确指出了“经济和社会发展以及根除贫困是发展中国家第一和压倒一切的优先事务”，在生物多样性保护等方面的义务应照顾此类发展中国家的“特殊情况和能力”，可以通过不同发展水平国家间技术转让、信息交流、技术培训、资金和财务等安排协助此类发展中国家社会经济发展结构和开发利用海洋生物多样性方式朝着有利于生态系统健康与可持续的方向发展；三是对受影响程度大或具有较高敏感性和脆弱性的国家和地区，除了在履行义务方面的照顾和能力建设方面的协助，可以充分挖掘和相关国家之间的优势互补型合作机遇，促进实现共赢。

第二节　社会经济视角下的互动与合作

海洋生态系统保护与可持续发展是开展海洋综合性治理以及区域性合作的核心目标。复杂的社会、经济、政治、文化因素及其对自然生态系统的影响构成区域可治理性的基础（江莹和秦亚勋，2005），对主体（国家）、生态系统和社会-经济系统综合因素及其互动关系的考察有助于进一步理解非自然因素如何影响区域合作及其对其他领域的溢出效应。本节借助国际关系理论对南海区域海洋合作发展的驱动力和影响因素进行探讨，透过三个主要方面——相互依赖关系、敏感性和脆弱性进行分析和呈现。国际关系领域，罗伯特·基欧汉（Robert O. Keohane）和约瑟夫·奈（Joseph S. Nye）通过敏感性和脆弱性两个概念建构了新自由制度主义理论①，丰富和发展了相互依赖理论。这三个概念不仅体现在国际政治中，还可以运用在国际经济、外交、军事、环境等领域，其反映的是特定领域相互依赖的主体间利益关系发展、行为和政策变化及

① 由罗伯特·基欧汉创立。其内容是以国际制度理论为核心的世界政治理论体系，包括（1）国际制度的合法性；（2）国际制度的作用及其与权力政治的关系；（3）无政府状态的性质与结果；（4）国际合作，相对与绝对获益；（5）国家的优先目标、意图和能力，体制与制度。新自由制度主义认为，在无政府的国际体系中，国家之间可以通过国际机制进行合作；军事力量等“硬权力”越来越成为常量和背景因素，相互依赖而产生的“软权力”越来越发挥更大的直接作用。

其规律，有助于我们针对区域海洋生态环境这一具体实践问题分析国家主体的战略能动性、合作的发展趋势，以及策略选择。

一、区域一体化背景下的相互依赖

从一般意义上来讲，相互依存是指一个体系中的行为体在行动和利益上的一种相互关系或事件相互影响的情势，简单地说，就是指互相依赖。生态系统要素、功能和过程之间具有相互依赖性，如物种与其所处的环境之间的相互依赖，处于不同功能位的动植物之间的相互依赖等。从经济学意义上来讲，由于外界因素变化而造成主体行动的非自主性，会使主体的政策和行动处于外界因素制约的敏感性状态，这时便出现了相互依赖的关系（苏长和，2009）。在这种相互依赖关系中，任何行为主体的行动会程度不等地对其他主体产生积极或消极的外部性影响。消极的外部性影响会导致利益相关方出现权利和责任的冲突，因而就需要必要的关于行动的规约和准则构成某种国际制度安排，调整和控制主体间权利和义务关系，限制和避免发生利益冲突，否则，“各个行为主体之间将处于永久的冲突和混乱状态了”（苏长和，2009）。在某种程度上，相互依赖关系的发展过程就是国际制度形成的过程，相互依赖所包含的权利和责任及代价问题，也意味着各行为主体所处体系中由各种规则构成的制度环境。

全球化和区域一体化是一种相互依赖的体系。随着经济全球化和区域一体化的迅速发展，市场的作用逐渐增大，商品、人员和资本的自由流动形成了遍及全球的经济相互依存网络。南海周边国家除了中国，其他东南亚国家自东盟成立以来，经济上相互依赖程度日益加深，经济一体化进程不断取得成就。1997 年亚洲金融危机后，中国与东盟的经济合作起步，双方合作机制也不断建立和完善①，实现了地区国家经济共同发展。2014 年，中国-东盟贸易额已达 4 800 亿美元，中国成为东盟的最大贸易伙伴，而东盟则是中国的第三大贸易伙伴。密切的经济交往使得中国与东盟的联系越来越密切，利益更加相互交织，相互依赖程度更加深化。就渔业部门来说，2010—2018 年中国-东盟水产品贸易总体保持强劲的增长势头（表 7-3）；各国社会经济发展对海洋渔业部门呈现出一定程度的依赖性（WorldFish Center，2011）；中国和东南亚国家对渔业产品的需求量将不断增加。

---

① 2002 年 11 月，中国和东盟 10 国签订《中国与东盟全面经济合作框架协议》，标志着中国-东盟建立自由贸易区（简称自贸区）的进程正式启动，2010 年 1 月 1 日贸易区正式全面启动。自贸区建成后，东盟和中国的贸易占到世界贸易的 13%，成为一个涵盖 11 个国家、19 亿人口、GDP 达 6 万亿美元的巨大经济体。

表 7-3　2010—2018 年中国-东盟水产品贸易额　　单位：亿美元

年份	中国-东盟贸易总额	中国水产品进出口总额	中国-东盟水产品进出口总额	中国-东盟水产品进口额	中国-东盟水产品出口额
2010	2 928	203. 64	16. 25	5. 94	10. 31
2011	3 629	258. 09	23. 11	5. 93	17. 18
2012	4 001	269. 81	28. 69	7. 43	21. 26
2013	4 436	289. 01	33. 36	9. 58	23. 78
2014	4 804	308. 84	37. 95	10. 80	27. 15
2015	4 720	293. 14	38. 46	10. 70	27. 76
2016	4 522	301. 12	40. 65	12. 55	28. 1
2017	5 148	324. 96	41. 59	14. 27	27. 32
2018	5 878. 7	371. 88	49. 67	21. 98	27. 69

来源：农业农村部网站，海关统计数据。

以国际贸易为特征的经济全球化和区域一体化对生物多样性有着复杂影响。如野生动物及其制品国际贸易随着全球化带来的经济增长和需求增加使得鲨鱼、金枪鱼、海龟等物种受到非法捕捞、过度开发的威胁甚至呈现濒危状态，大量列入 CITES 管制贸易目录的物种承受着国际贸易的压力；对珊瑚制品的需求加速了东南亚区域珊瑚礁资源的过度开发和生境丧失，东南亚国家是世界范围珊瑚制品的最主要出口地（Nijman，2010）；国家工业化和城市化发展增大对生物资源如木材的需求导致了对红树林破坏和改造的程度加剧，如印度尼西亚、泰国和菲律宾；国际海上贸易往来带来的跨界海洋环境污染和生物入侵对区域的生态安全构成严峻挑战；等等。虽然 CITES 建立了全球性规范框架来防止特定濒危物种的贸易，以及对管制物种贸易的监测和规范，但是仍然需要国家层面采取更为严格、更科学有效的管理措施，如建立许可登记制度、强制性最低标准、适当的检查制度等（Shepherd and Nijman，2010），并对列入 CITES 附件物种及其制品（包括爬行动物、哺乳动物、鱼类、珊瑚等）的生产国和消费国加强监测和评估，遏制列入保护目标的野生动植物的非法贸易。

区域海洋生态系统及生物多样性由于自然地理、空间分布以及社会经济发展等因素，具有跨越国界的渗透性。国家层面的某些生态环境问题具有国际或区域性根源以及影响的痕迹，一国的社会经济发展和环境政策会对其他国家产生影响。生物多样性面临的威胁和挑战是区域共同关注的问题、共同面临的困境，不是单一国家可以独立解决的，对海洋生物多样性可持续发展这一公共产品的需求是关乎区域社会经济长久发展的整体利益，任何个体追求自身利益的行动后果不能保证区域社会共同利益的实现，反而可能造成各个主体利益持续处于脆弱和动荡的状态（苏长和，2009）。基于此，以纯经济利益驱动的生物多样性资源不合理开发改变为以可持续利用和保护并进、促进合作共赢为导向的区域一体化规制，是相互依存的网络关系中解决海洋生物多样性问题的必然选择。

二、自然–社会系统互动下的敏感性

敏感性是指相互依赖效应的强度与速度。自然生态环境的敏感性是指生态系统要素之间某个组成部分的变化在多大程度、多长时间里引起其他组成部分、结构或功能发生变化。由于人类活动是生态环境变化的主要干扰和驱动要素，因此生态环境敏感性就是指生态系统对人类活动干扰和自然环境变化的反映程度，说明发生区域生态环境问题的难易程度和可能性大小（欧阳志云等，2000）。比如，同样面临跨界性海洋环境污染的威胁情况下，不同的生态系统受到干扰或污染破坏的程度不同。通常，珍稀、濒危物种及其栖息地和具有生态上或生物上重要性的生态系统（如珊瑚礁、红树林、海草床、鱼类和其他重要保护物种洄游通道等）区域具有相对高的敏感性。敏感性还与重要性（包括国际层面、区域层面、国家层面和地方层面的重要性价值）相联系，二者共同构成识别生态系统优先保护目标的重要参照标准。

生物多样性的区域敏感性还体现在相互依赖的各国之间在开发利用区域性生物多样性资源和环境中形成的敏感性关系。区域海洋生物多样性所提供的生态系统服务支撑着区域各国社会经济的发展，生物多样性的健康或衰退与丧失直接关乎区域整体利益，各国在因应生物多样性状况变化的敏感程度上还存在着差异性。比如，一国珊瑚礁因过度开采而造成当地珊瑚礁鱼类种群的减少和民众生计的损失，但对于进口珊瑚礁的国家而言，仅会受到珊瑚礁供应逐渐减少而导致的消费量下降，民众生计不会受到直接冲击，敏感程度较小。可见，对于具有全球性或区域性重要意义的重要生境，由于其空间分布的差异，敏感性较大的是对其依赖性较强的当地社会，对此类生境的管理需要密切结合地方层面的需求和直接利益相关主体的参与。另一种情况，当珊瑚进口国基于野生动植物保护的宗旨而加强对珊瑚贸易的管控，缩紧进口量，珊瑚出口国短期内经济收益会受到直接影响，但从长期来看，刺激其降低对珊瑚资源开采的力度，反而有利于可持续的发展。故而，在生态环境领域可能存在不相对称的依赖情势，各方主体对某一要素变化的敏感性体现了不平衡的依赖程度，当双方都重视该领域的这种相互依赖关系时，具有较大敏感性的一方有时要付出更多权力资源成本来维系此种相互依赖关系（Nye and Welch，2014）。又比如，当区域内各国对共同依赖的跨界性资源如渔业生物资源及生境的衰退都呈现出较高负面的敏感性时，出于共同利益的需要，要么各方出于自身短期利益考虑消极行动或者决定“搭便车”承受别国采取自我限制的养护措施所带来的收益，要么积极谋求合作或集体行动、基于长远利益调整国家政策适应和减缓消极的敏感性影响，显然前者可能造成更多的矛盾和冲突，后者是最符合整体利益的选择。而敏感性在多大程度上会对相互依赖的关系产生影响并进而促进主体进行合作，还取决于主体适应这种变化的能力（体现为脆弱性）、决策者的认识和重视程度、国家的行动偏好等。当国家间对生物多样性衰退变化具有相当程度的敏感性相互依赖关系，同时决策者认识到合作才可以避免“公地悲剧”的发生获得更可持续的长远效益，则谋求集体行动才有可能。

如果说生态环境问题上的敏感性着重考察环境公共问题在跨界主体间影响的传播，那么通常所形容的关于某一经济问题、环境问题、安全问题等的政治敏感性概念关注的角度则是该领域问题对于政治权力的溢出性影响，这种影响可以是积极的，也可以是消极的影响。从相互依赖关系来看，主体间在不同问题领域的相互依存状况是不对称的，一个国家根据自己的利益和地位，希望利用自己占优势的领域左右相互依存的情势，以避免在自己处于相对劣势的领域为对方所操控。从这个意义来看，国际制度建设的功能在于通过设定议程和明确独立问题领域，制定行为规则，平衡地位悬殊国家间的利益分配，避免强势一方利用优势权力资源压制弱小国家。现实中，很多国家试图将不同领域的问题联系起来以增大自身的筹码，以期在争夺相互依赖操控权的竞争中占据上风或取得先机，而也有国家为避免此种压力或风险反对建立这种联系，更倾向于形成独立的议程和规则（Keohane and Nye，2012）。比如，UNEP/GEF“南中国海项目”的空间范围排除了存在海域重叠主张海域，议题上也排除了渔业领域和海洋性珊瑚礁问题。

与政治敏感性相关的还有高级政治、低级政治的概念。国际关系中高级政治领域涵盖了对于国家生存至关重要的事宜，即国家和国际安全问题，比如，战争与和平等事项；低级政治领域是指对一个国家的生存并不是绝对至关重要的事宜，如经济、社会和环境事务，是关乎国家人民和社会安全领域的福利。传统的国际关系理论是基于国家安全这一高级政治形成的简单的相互依存，新自由主义理论则是基于低级政治形成的复杂相互依赖国际关系框架。根据新自由主义理论的观点，国家利益分为“相对收益”和“绝对收益”。在高级政治领域，各国计较的是获得的“相对收益”，换言之，各国不仅在乎自己分得多少利益，还关注其他国家的收益，所以达成军备控制等协议的难度较大；而在低级政治领域，各国更看重“绝对收益”，即各国只关注己方能获得多少收益，因此寻求合作的机会相对较大。这也是低政治敏感领域合作得到广泛认同和实际推动的一个重要原因。

南海区域海洋生物多样性问题对于国家间主权安全等高级政治领域具有的敏感性或重要作用主要体现在哪里？对这一公共问题的解决以及国家间合作关系的发展具有怎样的影响呢？第一个问题主要体现在两个方面：一是南海生态系统及其资源与环境关乎周边某些国家的经济安全和能源安全（如渔业捕捞权和航运自由），对生物多样性的保护和规制会对其高级政治安全造成一定影响；二是海洋生物多样性保护的划区管理工具可能会对国家在相关权益主张方面造成潜在影响。国家间关系和合作模式也会受到这种敏感性因素的影响，因而，为避免政治敏感性因素妨碍环境问题的集体行动解决，可将高级政治和低级政治领域相分离处理，确保相关联的相互依赖情势的稳定性，降低生态环境敏感性溢出效应带来的潜在不确定性风险。此外，区域海洋生物多样性保护方面的合作以及相关规制的建立可以促进相互依赖主体间的沟通和互信，有助于对相关行动政治敏感性的判断，降低发生冲突的可能性，如现有的《南海各方行为宣言》就是一个重要的信任建设框架机制。

三、自然–社会系统的脆弱性

生物多样性的脆弱性是指生态系统要素链条中容易断裂的薄弱环节，指的是生态系统具有的内在脆弱性。例如，湿地生态系统较之其他生态系统具有更大的脆弱性；某些鱼类种群在生命周期的不同阶段具有不同的脆弱性。脆弱性反映的是应对某种变化的适应和恢复能力，脆弱性目前在气候变化领域已经形成了广泛使用的概念框架。任何尺度的系统脆弱性反映在系统对于不利干扰条件的暴露和敏感性，以及从该干扰因素的影响中适应或恢复的可能性或能力（Smit and Wandel，2006）（图7–1）。这种恢复力和适应性能力既包含了自然生态系统本身的承载力及弹性，也包括了人类社会–生态系统作用下的适应能力。由于社会–生态系统的复杂关联性，影响生态系统脆弱性的因素也是多样和错综联系的。对于南海区域生物多样性的脆弱性，主要体现在社会–生态系统综合性不利因素及其影响的持续存在和作用，如陆源和海上活动产生

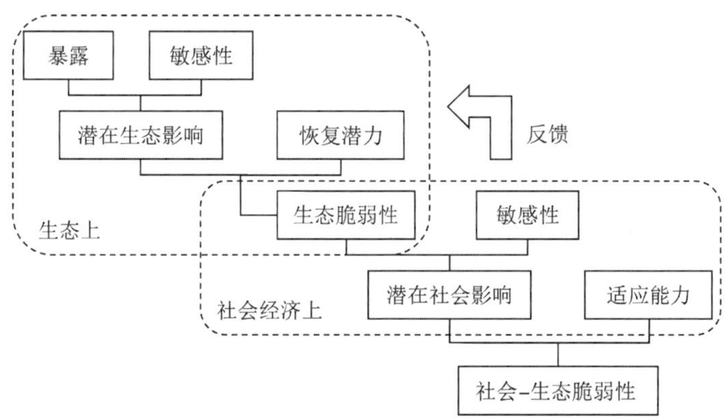

图 7-1　社会-生态脆弱性的概念框架

来源：Gallopín，2006

的海洋污染、对重要生态系统破坏性开发的情况没有得到充分改善（Graham et al.，2011）、对珍稀野生动植物的过度开发或人类活动威胁没有得到有效管控，以及部分国家对生物资源的开发利用超过了最大可持续利用的数量或规模（Funge-Smith et al.，2012），还有当前和未来气候变化影响下生物多样性的脆弱性风险加剧，等等（Beaugrand et al.，2015）。随着跨尺度联系的日益增多，面对生物多样性脆弱性的多样复杂特征，需要建立和实施基于多目标、多策略并行的生物多样性养护规划，根据不同物种或生境的脆弱性程度相应采取不同的响应措施，分别针对脆弱性的三个构成要素采取有助于增强自然生态系统恢复力和提升适应性管理能力的政策及行动干预（表 7-4）。

表 7-4　应对脆弱性的政策干预措施举例

政策干预	具体措施	对应的要素
促进生态系统健康	生态系统功能或服务的修复，养护措施等	暴露
规制破坏性开发利用活动	禁止拖网、围网、爆炸方式、有毒氰化物的使用等	暴露
渔业管理战略	渔具限制，可捕捞总量限制，禁渔期，许可，报告，监测等	暴露、适应能力
强化执行效力的法律程序	执行措施，惩罚措施等	暴露、适应能力
发展水产养殖	工具、物种分配规定等	敏感性、适应能力
支持渔业的集约化和资本化	渔网分布，燃料补贴，增加市场准入	敏感性、适应能力
督促能力建设	强化组织、制度、人力和资源投入	适应能力
社区参与管理	利益相关者咨询，决策中发挥作用	适应能力

来源：Ferrol-Schulte et al.，2015。

人类社会经济系统对自然生态系统健康构成各种压力和威胁，反之，社会经济系统也暴露于海洋生态系统或资源衰退和变化的影响之下，付出相应的社会经济成本，呈现出不同程度的脆弱性。比如，珊瑚礁衰退相对应的社会经济脆弱性，通过对珊瑚礁面临的威胁，以及社会经济发展对珊瑚礁生态系统服务的依赖性和对珊瑚礁丧失的潜在影响的适应能力等指标因素的综合考察，可以得出关于社会经济脆弱性的大体分布（Burke et al.，2011）。

社会经济-生态系统的脆弱性是由自然生态系统的健康程度、社会经济系统的敏感性或依赖性和社会经济适应能力相互制约相互影响而形成的，一般来讲，具有持续风险暴露或低健康状态、高度社会经济依赖性和较低适应能力的地区，具有较高的社会经济脆弱性。脆弱性是这三个要素的复合函数，与敏感性呈正比，与健康程度和适应性呈反比。即敏感性越强，脆弱性越强；健康程度和适应性越弱，脆弱性越强。具体对于南海周边地区而言，已有研究分析了不同国家针对典型生境及物种衰退或丧失具有不同的社会经济敏感性和适应能力，也因而具有不同的相对脆弱性（图7-2）。社会经济应对生物多样性衰退和丧失的脆弱性也是识别资源管理优先事项、采取行动降低潜在影响的重要参照，对于具有可接受水平的脆弱性的国家也可以采取预防性措施。总的来说，降低社会经济脆弱性、增强恢复力的途径主要包括：提高对生态环境问题的风险意识，完善环境影响评估；提升监测和预防水平与能力；完善综合治理（Newton and Weichselgartner，2014）。具体而言，对于具有较高社会经济依赖性和较低生态系统健康水平，同时较低适应能力的国家，如柬埔寨，需要协调国家层面和地方层面的发展规划，降低对自然生态系统的依赖程度，同时加强适应性能力建设，并减缓现有的威胁因素；对于面临严重生态威胁但是有限的适应能力，以及中等程度国家依赖性的国家，如马来西亚，鉴于面临的威胁可能来自地方层面，可通过采取针对性措施降低威胁，同时提升地方层面的能力建设，如提高政府部门对相关问题和知识的认识等。对于具有较高生态系统健康水平、较好适应能力和低社会经济敏感性的国家，如印度尼西亚和泰国，脆弱性较低，可以在继续维持现有的健康生态系统前提下，提升社会经济水平，增强适应能力；对于健康程度较低，但是社会经济敏感性不高，适应性较高的国家，如越南，可以着重改善生态系统状况，同时推动可持续的海洋资源综合开发利用；对于生态系统处于健康状态，适应性不高，社会经济敏感性高的国家，如菲律宾，需要继续可持续地开发利用海洋自然资源，同时提升基础设施和治理水平，进一步减小因能力不足带来的潜在压力；对于中国，社会经济发展依赖海洋自然生态系统，同时对生态系统造成的压力也巨大，需要转变发展模式，朝着更加可持续和协调发展的目标改革，同时大力提升治理能力和水平，进而降低整体脆弱性，增强社会经济-生态系统韧性。

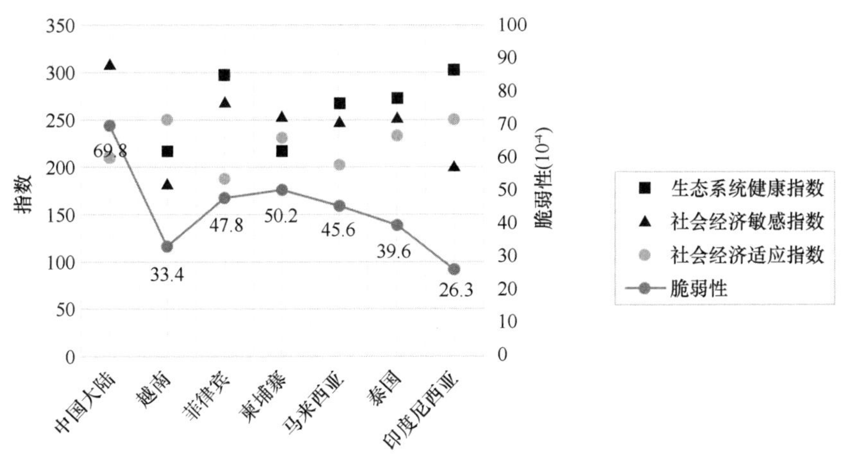

图 7-2　各国家和地区的社会经济-生态脆弱性大概情况

除了生态、社会经济方面体现的复杂脆弱性关系，在相互依赖的国家政治、社会和经济关系中脆弱性还体现在不平衡依赖关系的不对称当中，即脆弱性相互依赖。比如，两个国家应对同一个相关联的生态环境问题，脆弱性不高的国家不一定不敏感，而是该国能够通过迅速响应、政策调整或者替代性方案以相对较低的代价避免受到伤害（Nye and Welch，2014）。如果说敏感性决定了主体所能获得的短期性权力优势，那么脆弱性决定了较长期的权力，相互依赖的关系中能够左右对称性关系的主体拥有权力优势资源。但是，经济、军事等硬实力强大的国家不一定总是占据优势地位，弱国往往会借助其他能够对对方造成有效损害的方面获取权力资源；而小国也并不必然处处受大国操控，往往能够利用较强的意愿和较高的信用，克服自己在不对称的相互依存情势中的相对脆弱性地位，进而在与大国博弈过程中维护己方利益。例如，全球变化下较为脆弱的小岛屿发展中国家，通过积极参与和主导相关国际和区域层面的行动，并努力推动相关国际治理进程，在全球范围树立了先驱性典范和积极的影响力，并使其在国际规则制定中形成一股不可忽视的力量。类比观察南海周边国家，东南亚国家在南海区域海洋生物多样性养护实践经验、科研进展、国际交流合作等很多方面具有自然条件优势，随着经济、信息和技术水平提高其适应能力也在逐步增强，与中国之间的脆弱性不对称情势也会发生改变，届时相互关系或合作中的主导地位也会具有多种可能性。

目前来看，南海周边国家生态环境合作关系稳定和发展的挑战，或者影响各主体在生物多样性保护领域脆弱性相互依赖关系的复杂因素，主要包括：一是区域内各国在地理、政治、法律制度和社会经济发展情况的多样化增大了区域性海洋合作机制建立的难度；二是渔业、油气开发和航行对区域周边国家社会经济发展而言具有显著的重要性和敏感性，造成海洋生态系统养护与管理的成本负担将较大；三是某些国家对于区域性海洋环境保护的意识不足，对强化环境政策规制的能力建设欠缺，政治意愿低；四是认知共同体的影响有限，非政府组织、科研机构对决策过程和适应性调整的作用有限。因此，通过在存在共同差距的弱势领域合作、在具有较强共同依赖性领域的沟通交流，以及在优势互补领域的协作，构建利益共享、责任共担的公正合理的制度性规则体系，减小相互依存关系的不对称性对区域整体利益造成的不确定性和溢出效应，提升区域各国应对潜在全球变化的适应能力，既是必要的，也是可行的策略。

第三节　小结与讨论

全球化带来了全球治理，但无法改变国际政治无政府状态下的竞争本质。合作，是区域海洋治理等理念与实践的最核心内容。尽管生物多样性是“全人类共同关切事项”，关乎区域安全与发展的共同利益，但是合作并不会顺其自然地发生，尤其在复杂的地缘政治环境下，复合性相互依赖的情势一方面减小了大国使用武力的可能性，也加强了小国家政策的机动性。随着沟通交流渠道的多样化，政策上的相互依赖和问题的政治化可能随之加强，为相关国家带来挑战的同时也能够使其从复杂的关系中获得更多发展机遇。围绕海洋生物多样性问题形成的区域国家间相互依赖理论和方法为具体解析自然生态系统-区域社会宏观系统-国家主体的互动关系，及其在主体间利益博弈、合作形成及策略选择，以及合作机制构建等方面的作用提供了概念框架。从国家主体间的关系及合作视角来看，国家自身主动采取调整和修复性措施维护生态系统健康可以降低生物多样性内在敏感性，提高生态系统功能稳定性；提高相关数据信息获取和科学技术水平，可以提升社会经济对生态系统变化的适应能力。鉴于主要国家在政治、经济、安全等方面的敏感性因素，采用问题导向的应对策略，避免敏感性溢出效应对生态环境议题进程的阻碍会是某些国家的主要倾向，但从长期的整体利益来看，海洋生物多样性问题不可能与其他问题孤立考虑，短期的过渡性安排应该为长期的综合性规划做准备；另外，还需要通过建立国家间信任机制减少潜在敏感性因素的不确定性风险，进而巩固国家间合作的政治意愿。

从影响相互依存的国家间权力地位和战略选择角度分析，脆弱性分析的过程建立在对特定问题领域国家社会经济、政治法律等及其构成的生态-社会系统综合的恢复能力和适应能力评估基础上。脆弱性程度的高低可显示出国家在从冲突到合作的政治进程中的因果地位和行为倾向，体现了从合作到治理的规则化或制度化变迁过程中形成的主体间权力结构。构成国家间脆弱性关系的要素决定了政策干预和利益或义务平衡的切入点，具体的措施围绕降低风险或威胁的暴露程度和敏感性，增强社会经济和管理层面的能力建设提升对现实和潜在变化的适应能力。总之，在以海洋生物多样性保护为核心的区域一体化治理过程中，应强化这一进程中的交流与合作，促进规则创建与能力建设，同时，结合双边或多边主体间互动关系的变化，推动直接和间接相互依赖的主体间达成广泛共识，协同推进区域议程与行动目标朝着有利于整体利益的方向持续发展。

第八章　构建南海区域海洋生物多样性合作治理体系

南海是一个政治、安全、社会、经济、文化和环境等问题错综联系的特殊区域。该区域海洋可持续发展的需求既包括海洋安全风险的有效管控，也包含满足海洋社会经济福祉的生态系统服务的有效维护。从冲突管理到合作治理的发展过程，需要通过精心设计的机制将区域生态环境公共问题汇聚在一系列政策共识、调控规则和行动指导框架内，使行为体能够在相互依赖的关系中通过遵守共同认可的原则或安排维持有序竞争，开展互惠合作，推动实现区域海洋生物多样性养护和可持续利用的善治目标。区域内现有沟通与合作机制安排与实践行动呈现出“碎片化”特征。理念革新、规则创设和机制建设是推动区域海洋生物多样性保护走向制度化和综合性治理的重要范畴和主要路径。因此，本部分将理论和实践相结合，探讨建立和完善南海区域海洋生物多样性合作治理体系的原则、主体、规则、结构和方法等主要构成要素。

第一节　发展策略选择

南海区域的政治环境是历史和现实条件综合作用下的结果。为了促进区域可持续发展，中国与周边主要利益相关国家基于不同时期的形势和需要提出了海洋领域合作倡议或策略。为未来区域海洋合作治理的发展策略选择提供原则和方向指引。

一、海洋环境保护合作

随着南海区域海洋环境与可持续发展问题受到越来越多关注，推动区域海洋合作，维护地区稳定，实现共同发展逐渐成为中国与东盟国家的高层共识，海洋环境保护成为中国和东盟各国之间海洋合作的重要议题。较多研究也从可持续发展视角提出本区域开展资源环境领域的共同保护应成为各国合作的重点（管松，2012b；张丽娜和王晓艳，2014；朱云秦，2015）。

中国在2009年4月中国人民解放军海军成立60周年之际，根据国际国内形势特别是海洋形势发展需要，提出了构建“和谐海洋”的倡议或理念，以共同维护海洋持久和平与安全，该理念是继2005年我国在联大提出“和谐世界”理念以来，在海洋领域的具体化。中国政府层面自2011年起实施《南海及其周边海洋国际合作框架计划（2011—2015）》以及《南海及其周边海洋国际合作框架计划（2016—2020）》，主导和推动与东盟国家在海洋与气候变化、海洋环境保护、海洋生态系统与生物多样性、海洋防灾减灾、区域海洋学研究以及海洋政策与管理等方面开展形式多样的双边合作。2016年，中国与东盟成员国正式发布《中国－东盟环境合作战略（2016—2020）》，加强环境保护优先领域的合作，以实现区域环境可持续发展。2017年11月，东盟各国与中国通过了《关于未来十年南海海岸和海洋环保宣言（2017—2027）》，文件指出，南海当前的情况要求有关各方共同行动起来，才能保护海上生态系统和生物多样性。各国强调，南海海岸和海洋环保与可持续管理对东盟各国与中国的经济繁荣发展、双方人民生活水平的提高等至关重要，有关各方将在不损害各方立场的基础上研究或进行相关合作活动。这一宣言所包含的高层共识，为未来10年南海区域周边国家海洋环保合作确立了基本原则和发展目标。

海洋环境保护合作所具有的低政治敏感性使其具有较强的功能性和包容性，可以作为一种临时性安排，与其他领域合作或措施并不冲突。同时，海洋环境共同保护有助于增强合作方的互信，积极参与或主导相关领域合作计划也有利于提升国家的话语软实力。从生物地理角度来看，基于生态系统的管理方法以生态系统范围作为研究边界，根据生态的和生物地理的标准确定优先保护区域和合作事项，可以绕开界定行政边界的障碍，有助于合作的顺利开展。从区域长远共同利益来看，在相关原则性共识基础上，仍然存在一些不足需要未来实践过程中积极推进完善：建立和维持中国和东盟国家之间的高层对话机制将有助于推动实施区域尺度的共同行动计划；海洋环保领域和海洋资源开发利用的综合管理需要跨部门、跨领域的协同合作，海洋生态环境保护与海洋经济合作体系的建设需要密切衔接；海洋环保合作机制和制度规则的建设仍然需要进一步完善，为区域多层次合作治理体系的形成提供有力保障；政府、智库和民间组织等多元主体间的合作应相互促进，推动区域海洋治理网络体系的形成。

二、共建21世纪海上丝绸之路

21世纪海上丝绸之路是“一带一路”倡议的重要组成部分，在性质和功能上是一种新型国际和区域合作模式与路径。2013年10月，中国国家主席习近平在出访东南亚国家期间，提出共建21世纪海上丝绸之路的重大倡议，促进中国-东盟海洋合作伙伴关系发展，通过合作互通有无和优势互补，实现共同发展和共同繁荣。此后，中国政府通过发布一系列政策性文件推动这一倡议的实施，例如，2015年3月28日发布的《推动共建丝绸之路经济带和21世纪海上丝绸之路的愿景与行动》，2017年5月10日发布的《共建“一带一路”：理念、实践和中国的贡献》，2017年6月20日发布的《“一带一路”建设海上合作设想》，以及2019年4月22日发布的《共建“一带一路”倡议：进展、贡献和展望》，以阐释“一带一路”倡议的主要内容和本质及特征以及目标愿景，并通过设立多个重要平台，如，中国推进“一带一路”建设工作领导小组及其办公室、“一带一路”国际合作高峰论坛、中国进口博览会等，以及保障性基础制度，如亚洲基础设施投资银行、丝路基金、中国-东盟投资合作基金、中国-东盟海上合作基金等，推进“一带一路”建设进程。

东盟国家在海上丝绸之路建设中具有枢纽地位，这一倡议以经济发展为重心，秉承共商、共享、共建原则，通过深化和拓展合作领域，建立完善双边联合工作机制，强化多边合作机制作用，发挥沿线各国区域、次区域相关国际平台的建设性作用，有利于中国与东盟之间搁置争议、增进共识、合作共赢，构建和平稳定、繁荣共进的周边环境，海洋生态环境领域的合作也借机得到进一步深化和拓展。2017年6月，国家发展改革委和国家海洋局联合发布《“一带一路”建设海上合作设想》，提出加强在海洋生态保护与修复、海洋濒危物种保护等领域务实合作，推动建立长效合作机制，共建跨界海洋生态廊道，推动区域海洋环境保护，建立中国-东盟海洋环境保护合作机制等。这些中国政府积极支持和推动下实施的合作实践为多边和区域性合作治理水平和能力的提升不断积累着有益的经验。

三、构建区域海洋命运共同体

2018年11月，中国和东盟发布的《中国-东盟战略伙伴关系2030年愿景》指出，东盟赞赏中国致力于促进更紧密的中国–东盟合作，包括构建中国–东盟命运共同体的愿景；通过中国"一带一路"倡议等平台，进一步促进海洋经济合作领域的对话交流；鼓励中国–东盟蓝色经济伙伴关系，促进海洋生态系统保护和海洋及其资源可持续利用，开展海洋科技、海洋观测及减少破坏合作，促进海洋经济发展等，从中国和东盟战略关系发展的高度谋划了未来海洋合作的发展方向和主要内容。2019 年 4 月，中国国家主席习近平首次提出海洋命运共同体理念，是对人类命运共同体理念的丰富和发展，也是人类命运共同体理念在海洋领域的具体实践。这一理念是中国在新时期围绕海洋问题处理国际关系的新基点。"海洋命运共同体"是针对全球海域的构想，而分区海域是全球海域的有机构成，构建区域海洋命运共同体是全球海洋命运共同体的组成部分（陈秀武，2020）。这一理念内涵所包含的治理原则、价值目标和发展路径为南海区域合作治理提供了新的理论支撑和方法指引。

中国在南海区域践行海洋命运共同体思想，实施多边海洋行动是方法，构建区域海洋命运共同体是目的（孙超和马明飞，2020）。海洋命运共同体提倡区域海国家之间进行合作，通过共同行动应对区域海洋问题。双边海洋合作可以有针对性地解决具体海洋问题，易于达成一致性行动计划，但是考虑到海洋生态环境问题的跨界性，为了解决相同的海洋生态环境问题，区域海国家需要签订多个内容相似的双边条约，造成重叠和资源分散。中国与区域国家签订了一系列双边条约，需根据海洋新形势升级多边和区域合作关系。构建南海区域海洋命运共同体具备有利的现实条件：首先，周边国家有着天然的地缘联系，为开展多边海洋行动提供了便利；其次，周边国家处于同一海洋文化圈中，有着相似的海洋文化，有利于周边国家达成海洋共识，形成共同的海洋价值观和发展观；再次，周边国家面对共同的海洋环境问题，由于海水的流动性和海洋生态环境问题的跨界性，需要通过共同的海洋行动来应对海洋生态环境威胁，中国和其他南海区域国家是以海洋为纽带、相互依存的区域社会经济–生态复合系统下命运相连的利益共同体。未来，南海区域海洋命运共同体的构建需要周边国家在尊重彼此政治交往、经济发展和文化传统的前提下，基于海洋共识和共同的海洋利益深入凝聚认同感和归属感，通过建立具有区域特色的规则准则和合作机制，推动在海洋领域形成合作治理的联合体。

四、小结

综上所述，南海区域合作问题既需要借鉴区域海洋治理的已有经验，还要基于区域实际条件做出合理可行的策略选择和机制安排。持续推动区域海洋生态环境保护合作，充分发挥区域共同保护在增进交流、增强互信和提升能力等方面的积极作用。南海周边国家海洋生物多样性保护合作是未来区域海洋环境保护合作、共建 21 世纪海上丝绸之路，以及区域海洋命运共同体的重要组成，区域海洋生物多样性合作治理体系的构建和完善还有赖于多元主体的参与并发挥作用、必要的规则和制度基础、有效运行的组织框架支持和可靠的能力建设保障，推动实现南海区域建设和平、合作和和谐之海的目标。

第二节　合作治理主体的角色和功能

区域海洋生物多样性合作治理的主体及其角色和功能，是区域治理的重要范畴，是区域合作治理结构设计和机制运行的核心要素。从广泛意义上来讲，南海区域海洋生物多样性公共问题关乎周边整个社会-自然复合生态系统区域的利益，所有相关国家和地区、政府机构和部门、非政府组织和社区团体，以及个人都可以成为参与养护合作的广义上的主体。而从治理的角度来讲，生物多样性养护合作的制度化过程一般由政府自上而下主导，治理的运行过程通常需要基层主体自下而上的响应行动。理想状态下的合作治理主体及其角色和功能，应该是多元主体积极参与，通过多层次、多渠道合作机制形成自上而下和自下而上两种路径有效互动的协同治理效应。

一、多元化主体的功能

在南海区域合作治理机制的形成和发展过程中，虽然参与主体呈现多元化的特征，但周边国家始终发挥核心的作用，尤其中国和东盟在相关领域发挥了主导性的角色。合作治理的主体及其地位和相互关系，直接反映了相关领域的利益和权威性。如果说区域合作治理的权威来源于所有国家主体的共识和承诺，那么，多元化主体的参与为区域合作治理的变迁提供了重要的动力。除了国家主体，对多元主体的角色和地位的考察，需要综合考虑在海洋生物多样性领域的专业性和信息技术上的优势资源、相关合作领域内的较好声誉和地位、已有实践基础和经验上的领先示范性，以及在社会经济可持续发展方面的先驱地位等。例如，东盟作为东南亚区域一体化的重要政治和经济实体，在成员国间环境政策协调与合作发展方面为海洋生物多样性保护合作提供了充分、稳定的交流平台和能力支持。同时，随着21世纪海上丝绸之路倡议的实践发展，中国-东盟之间的合作层级提升、内容更加丰富，海洋环保合作逐步得到更广泛的重视，中国和东盟两大重要主体间的互动将发挥更具建设性和引导性的作用。

除了主要国家和区域一体化国家组织，参与本区域海洋治理事务的主体还包括国际、区域和次区域等多层级的组织机构或实体，并在各自职能领域发挥不同作用。UNEP作为联合国系统内负责全球环境事务的牵头部门和权威机构，在促进全球资源与环境的有效保护和可持续利用方面发挥着重要的技术指导和协助作用；IMO是联合国负责海上航行安全和防止船舶污染的一个专门机构，是一系列条约的制定和实施监督机构，并为国家提供相关信息和科技支持与技术援助；GEF和世界银行都是协力解决全球性环境问题的重要资金机制。除了国际性组织机构，还有一些专门性的区域性组织，例如，COBSEA是UNEP框架下设立的东亚海区域协调性机构以及东亚海海洋环境事务的指导机构；PEMSEA是一个致力于东亚海区域海洋与环境健康和可持续发展的政府间组织，并在海洋和海岸带综合管理方面为合作伙伴提供管理方法、技术和专业能力的支持；东盟框架下的海洋生物多样性机构为促进成员国之间的合作与协调保护生物多样性养护和可持续利用提供支撑。

在南海生物多样性保护合作的已有实践中，UNEP在促进南海国家间环境合作中的角色和作用尤为突出。首先，UNEP通过各种论坛和区域性会议等平台为各国及其专家学者提供一个信息交流和政策对话的场所和科学网络，降低国家间由于信息沟通不畅带来的合作成本，增加国家行为透明度进而提升国家间的信任。其次，UNEP在环境问题协商过程中发挥着催化剂的作用，对于具有区域性或全球性意义的优先事项识别和议程设置起着杠杆作用；还利用其在信息和专业方面的优势资源为区域合作项目的实施提供科学信息和智力支持，制定了《保护和开发东亚区域海洋与海岸行动计划》。更重要的是，UNEP站在实现人类共同利益的出发点和立场，比其他联合国机构更具有低政治敏感性的身份。但是UNEP的引导性和推动性作用仍然无法替代周边国家主体在防治污染、管理监督涉海活动和实施保护行动等方面的实质性作用，区域海洋生物多样性合作治理必须依靠沿岸各国的集体力量主导（张丽娜和王晓艳，2014），如在达成区域性协议和框架制度的构建方面，UNEP等参与的国际组织在治理过程中依其职能和授权发挥辅助性作用，包括在信息和技术咨询、科学问题的识别和确定、培训和能力建设，以及协调与沟通平台搭建等方面。

二、双边与多边主义的路径

双边层面合作具有问题针对性强，易于达成合意的特定优势，是处理国际公共事务的有效方式之一。海洋的公共性和流动性决定了，没有一个国家可以独立、独自地解决全球性或区域性海洋问题，唯有依靠合作才有出路。双边的海洋环境保护合作是解决跨界问题的必要途径，但是，从区域整体性视角来看，海洋生态系统及环境作为一个整体，而双边方式的合作区域划分如果不与区域性目标相一致和协调，会使得区域海洋管理更加破碎化和零散，产生新的冲突或重叠问题。虽然南海区域内相邻海域国家间的双边海洋合作实践已经较为丰富，但是不同合作之间的协调互动不够，不同合作的发展水平和进度存在不均衡。另外，双边协议还存在第三方效力问题，除非经过第三方认可，否则协定采取的措施不会对第三方自动具有约束力。故而，从区域宏观发展目标来看，双边合作的有效性需要满足多项条件：首先，合作区域范围是构成整个大海洋生态系统的次级生态系统，确保管理区域是相对独立的生态区域，满足基于生态系统管理的区划标准；其次，双边合作采取的措施或行动构成区域性政策目标、标准或计划的具体实践，或者在已有区域性组织框架内经过规范程序的确认，进而确保次区域、跨界或地方尺度内采取的措施符合区域总体目标要求，例如，对于具有区域重要性的保护地或保护目标可以参照地中海保护地网络体系的认定程序，为具体保护行动提供高层级的统一协调与指导。

南海区域海洋生态系统健康面临着全球气候变化和海平面上升等共同的国际性危机，本区域内同样存在着海盗活动、自然灾害、海洋生物多样性丧失、海洋突发事故等区域性挑战，这些问题无法仅仅依靠单边或双边行动有效应对，基于多边主义的区域海洋合作治理是本区域社会应对海洋新问题和新挑战、构建区域海洋命运共同体的必由之路。对于涉及区域共同利益关切的领域，如国际航运带来的海洋环境污染问题，可能涉及航行与海洋环境保护的平衡，航行与海洋渔业资源养护的平衡，涉及复杂的法律和政治问题。这种情况下，需要区域层面形成稳固的利益共识，或从区域命运共同体角度出发，基于相关国际法有关保护海洋环境的一般义务，通过主管国际组织或协商一致确立公正、合理的政策和规则，维护本区域具有国际重要价值和意义的海洋生态环境，维护本区域良好的海洋空间秩序和生态安全。总之，区域性或多边合作需要主要利益相关方的参与，充分考虑到区域性利益和其他国家利益关切，设计和承载更多样化、个性化的内容（姚莹，2015）。

三、构建区域合作治理伙伴关系

全球海洋治理和区域海洋治理具有多元主体共同参与的特征，主权国家、政府间组织、非政府组织、跨国企业、个人都是参与海洋治理的主体。“独行快，众行远”，建立紧密的海洋治理伙伴关系是推动海上合作的有效渠道，通过缔结各类伙伴关系，为多元治理主体尤其是非政府行为体提供了参与全球和区域海洋治理的途径和机会。在海洋领域，以海洋垃圾、蓝色经济、海岸带综合管理为主题的伙伴关系发展迅速。中国政府在2017年6月召开的联合国支持落实可持续发展目标14的“保护和可持续利用海洋和海洋资源以促进可持续发展”会议上正式提出“构建蓝色伙伴关系”的倡议。旨在通过构建蓝色伙伴关系这一途径，围绕蓝色经济、海洋环境保护、防灾减灾、海洋科技合作等主要领域加强与合作伙伴的协作和协调，共同促进全球海洋治理体系的完善。2017年中国发布的《“一带一路”建设海上合作设想》也提出“与21世纪海上丝绸之路沿线各国一道开展全方位、多领域的海上合作，共同打造开放、包容的合作平台，建立积极务实的蓝色伙伴关系”这一愿景。在全球和区域海洋治理进展滞后、动力不足的背景下，中国积极推动的蓝色伙伴关系倡议对提高多元主体治理意愿、调动多渠道治理资源和促进治理行动的协同增效具有重要意义。

中国已经与世界主要海洋国家和实体签订了建立蓝色伙伴关系合作文件，如：2017年9月，“中国-小岛屿国家海洋部长圆桌会议”在福建平潭举行，中国与来自12个小岛屿国家的政府代表签署了《平潭宣言》，就共建蓝色伙伴关系、提升海洋合作水平达成共识。2017年11月，国家海洋局与葡萄牙海洋部签署《关于建立“蓝色伙伴关系”概念文件及海洋合作联合行动计划框架》。2018年7月，中国与欧盟签署《关于为促进海洋治理、渔业可持续发展和海洋经济繁荣在海洋领域建立蓝色伙伴关系的宣言》。2018年9月，中国自然资源部与塞舌尔环境、能源与气候变化部签署《关于面向蓝色伙伴关系的海洋领域合作谅解备忘录》。2018年11月，中国与东盟成员国共同发布的《中国-东盟战略伙伴关系2030年愿景》中提出“鼓励中国-东盟蓝色经济伙伴关系，促进海洋生态系统保护和海洋及其资源可持续利用，开展海洋科技、海洋观测及减少破坏合作，促进海洋经济发展等”。2022年6月29日联合国海洋大会期间，中国自然资源部与中国海洋发展基金会等在合作主办的“促进蓝色伙伴关系，共建可持续未来”边会上发布了《蓝色伙伴关系原则》，原则共16条，从四个方面分别明确了蓝色伙伴关系合作的重点领域、合作途径和措施、推进合作基本方式，以及合作需要遵循的理念。总之，通过构建不同区域和领域的蓝色伙伴关系，搭建双多边常态化合作平台，成为新形势下促进海洋可持续发展、海洋经济科技等国际合作进一步深化，推动全球海洋治理发展变革的重要手段。

南海区域海洋治理面临的多重困局可以通过建立互利共赢的蓝色伙伴关系寻求突破：首先，中国和东盟作为双方重要贸易伙伴，区域经济对世界经济增长贡献较大，但是本区域并不掌握全球海洋科技、海洋运输安全等方面的定价权，区域治理重心和经济重心存在错位，需要双方进一步提升伙伴关系的战略层次，拓展双方合作发展空间。其次，区域海洋治理机制的碎片化与低共识，以及长期存在的复杂海洋争议和立场分歧，需要多维度建立区域蓝色伙伴关系，搭建稳定有效的沟通渠道和平台，提出务实的解决方案，商定采取共同的行动计划，提高区域海洋合作治理水平。再次，南海区域海洋环境和生物多样性面临着日益严峻的人类活动压力，现有治理体系中存在“真空”或“赤字”，区域海洋公共产品供求关系失衡，建立健全区域海洋合作治理新规则新体系和新格局刻不容缓。同时，针对新出现的全球性重要问题，区域周边国家需要积极凝聚共识和协同行动，建立区域海洋问题认知共同体，提升全球议题设置能力、区域代表性和话语权，才能在全球海洋治理体系变革和国际海洋秩序建构中占据有利地位，以谋求区域整体利益的实现。

第三节　合作治理的法治化路径

全球化和区域化背景下，国家在海洋领域的相互依赖与互相依存使得国际海洋合作不可或缺，而海洋法治是保障合作顺利开展、国家利益界定与获取的稳定有效的途径。区域海洋法治是国际海洋法治的重要组成部分，区域海洋法治的形成是特定区域社会化的产物，在区域海洋治理视野下，如何塑造公平、有效的法治模式，实现区域的整体利益，是区域海洋生物多样性合作治理体系构建的重点问题。

一、区域法治的目标

海洋法治是国家在海洋社会的核心价值追求，其对于海洋治理具有重要作用。首先，区域海洋法治是区域海洋法律体系完善的客观需要，现有的区域海洋法律体系建设存在局限性和滞后性，处理国家间海洋权利和义务的相关规则不明确、规定模糊不清等问题导致实践中冲突不断，在解决区域共同面临的某些海洋危机方面仍存在着法律空白，难以适应区域社会可持续发展的共同价值和利益需求，在海洋生态环境保护方面的治理监督和协调机制不够完善，难以保障各国有效执行相关国际义务，完善区域海洋法治是解决当前面临的国际和国内层面相关法律体系困境的现实要求。其次，区域海洋法治是推动区域海洋治理发展的最佳方式，区域海洋法治是应对全球和区域海洋问题的回应与解决，也是区域社会在海洋领域的一种制度设计与构建，是区域对于维护良好的海洋秩序和国家利益的一种理想。在区域海洋治理中，区域海洋法治体系是以调节海洋关系和规范海洋活动、区域海洋秩序的所有区域性或跨国性的海洋法律原则、规范、标准、政策和运行程序等，是一种具有法律责任的制度性安排。通过法律制度设计，一方面需要对非合作的非理性个体行动自由进行约束；另一方面通过制度创新和选择性的激励手段引导个体行为不对公共利益造成损害（苏长和，2009）。可以说，区域海洋法治为区域海洋治理提供框架体系，并推动区域海洋治理的发展，而区域海洋治理是区域海洋法律制度发展的重要实践。

归根结底，良法和善治两方面是区域海洋法治的核心要素和追求目标。具体而言是促进人海和谐，实现可持续发展。首先，区域海洋法治中的“法”应当是良法，应符合国际海洋法治的基本价值追求，即和平与安全，并在建立和维护公正合理的区域海洋秩序、提高海洋治理效率等方面发挥积极的作用，并能够使国际海洋法治的总体目标和区域目标得以实现。其次，可持续发展是海洋的价值追求，是人类开发、利用海洋所应秉持的理念，以实现代与代之间、人类与自然之间的和谐，因此，区域海洋法治的根本目标也是通过调整人类对海洋资源环境价值和功能的认识，协调不同文化和思想观念的共同发展，促进区域自然-社会生态系统整体的协调与可持续发展，最终实现国家之间的和谐相处与人海和谐。

二、法律体系的构成

综合已有区域实践来看，UNEP 推动下的 18 个区域海项目中，已经有 14 个区域达成具有约束力区域环境条约（表 8-1）。南海区域至今尚无囊括所有周边国家的具有法律拘束力的海洋环境保护区域协定，区域行动主要依靠各国对相关国际环境条约的自主遵守开展区域合作。南海国家虽然加入了一系列相关国际条约，但并未将这些承诺转化为有效的区域集体行动，在项目和计划之间无系统的合作，整体合作的缺乏导致计划以及机构之间知识交流的不足（隋军，2013）。中国与东盟之间在海洋合作领域签订的一系列行动计划、宣言、决议等都是“软法”，对于推动双边和多边交流合作起到了积极作用，但是由于不具有强制约束力，可操作性和实效性有待加强。已有合作机制在组织形式上相对松散，没有形成一个具有完备职能机构的合作制度框架。缺乏有效的合作机制支持使得区域海洋合作治理在实质性进展上困难重重，限制了中国和东盟之间海洋环保合作的深入开展（张丽娜和王晓艳，2014）。如何在现有法律框架基础上进一步完善规则体系和制度内容，是未来的发展方向。

表 8-1　主要条约模式及其特征比较分析

条约类型	实例	特征	要点
分立性条约体系	东北大西洋海洋环境保护公约体系	对具体的污染问题予以详细规定明确合作重点，提高周边国家处理该污染的能力和效率	对国家之间的协调性要求很高；国家履约水平存在差异，缔约成本过高；对于适用于各种海洋污染源的环境制度以及相关规则标准和程序需要重复制定，且会造成机构重叠
综合性公约-附件模式	波罗的海的赫尔辛基公约体系	将海洋环境问题作为一个整体在公约中做原则性规定，具体问题的规则标准和程序在附件中加以规定，签订公约时，国家同时承担公约和附件中规定的义务	对原则性条款，达成一致意见较为容易，而对于具体规则，各国由于不同的标准和制度，协调起来有一定的难度；合作重点不明，所有相关问题在附件中予以同等对待，在能力资源有限的条件下，会影响合作治理效果
框架公约-议定书-附件模式	地中海的巴塞罗那公约体系	开放性的框架公约规定有关海洋环境保护的基本原则和一般义务，吸引普遍性成员的参与；议定书针对具体问题制定具体的解决方案标准和程序，但是并不要求各国在签订框架公约时一揽子接受，可根据自身面临的环境问题和履约能力先签订至少一项议定书，再决定其他议定书的签署时间；为各国合作治理海洋环境提供持续谈判的平台和机会	框架公约属于最低限度的法律框架，与生态环境改善的关联度低，具体的措施需要签订议定书明确规定；允许国家自行决定接受哪些附加议定书，在实际过程中这种灵活性也是双刃剑

续表

条约类型	实例	特征	要点
区域与分区域双层结构框架模式	1992 年联合国欧洲经济委员会《跨界水道和国际湖泊保护和利用公约》（UN-ECE）	分区域协定是指公约作为其上位公约和众多关于河流流域的已经创设并发展成为具有自身协议和裁决机构的综合性规制体系；公约的第一、二部分以及相关指南确保分区域协定保持与整体区域协定的协调统一；涵盖了区域性和分区域不同层次生态环境问题的解决措施；促进尚无区域性法律或碎片化的分区域达成有效保护的协定	虽不是区域海洋计划，但其独特而创新的促进区域合作结构和方法可以对加强海洋环境保护区域合作提供参考

来源：隋军（2013）；张丽娜和王晓艳（2014）；姚莹（2015）。

从法律体系的构成来看，虽然软法是没有法律约束力的行为规范，但由于软法源于各国之间的合意行为，仍然可以产生某种实际法律效果（李建勋，2015）。区域合作中的软法主要体现为会议决议、行动计划、宣言和谅解备忘录等，还包括国际性软法文件及其所包含的广为认可的国际性原则、目标等高层次的规范框架。采用软法形式可以在一定程度上弥补国际环境公约在区域、次区域和国家层面实施的某些不足，例如，行动计划这种软法形式有助于引导行为主体实施上位法律，通过对区域框架公约或其他协定进行具体化，以及在相关国际公约和各国实施之间提供有效互动来促进区域合作，这也是国际环境法发展至今日趋流行的做法。软法的灵活性可以迅速对相关海洋生态环境事项作出回应并达成一致意见，但是缺乏法律约束力使实施效果难以保障，软法机制无法对合作或集体行动进行有效监督。因此，在条件成熟的情况下，有必要通过确立适当的硬法规则实行激励或惩罚机制确保合作及其成果的稳定性。

随着“南海行动准则”的磋商逐步进入实质性阶段，磋商进程的顺利推进体现了中国和东盟各国、区域社会齐心构筑地区规则、维护地区和平稳定发展的坚定信心。“准则”磋商本身具有多重意义，这不仅是中国和东盟国家增进互信的有效渠道，也是有关国家管控南海潜在危机的实际措施，同时还是中国和东盟国家推动海上合作的线路图。未来达成的“准则”将是一份更具效力、更符合地区实际需要、有更多实质内涵的高质量的地区规则。可以预见，在“准则”框架下，南海周边各国海洋领域的合作将更加深入，推动各个合作领域落地的相关行动计划、合作方案，以及环境保护的规范和导则都将为区域可持续发展进程提供软法的必要支撑。软法和硬法的密切互动和相互补充，将有利于构建形成更加完善的区域海洋生物多样性合作治理的法律体系。

三、法律框架的结构

区域海洋生物多样性保护法律框架的结构体现的是对法律制度形式的选择，而区域的政治、社会、经济和文化等制度环境决定了法律体系的基本结构，进而对具体的法律机制设计产生影响。建立和完善南海区域海洋生物多样性养护和可持续利用的法治体系，首先应当符合区域整体的利益需求和价值追求，同时兼顾区域内国家和地区发展的多样性和差异性特征，构建起以鼓励、引导、包容和协调为核心的利益公平分享、责任合理分担、区域合作共治的法律框架。在法律体系构建的模式选择上，已有不同层次的合作机制和制度框架构成未来法律框架形式选择的重要基础。南海区域的海洋利益格局和权力分配状况较为复杂，区域性合作治理的法制创设不可能自发产生，有赖于区域内主要相关国家和组织实体的推动和多元利益相关主体的参与。从法律体系的公平、秩序和效率等基本价值目标来看，区域性法律体系的结构形式需要充分考虑区域迫切需要和优先事项，从价值体系层面明确法律框架结构设计的发展方向。

随着国际环境法治和海洋法治的发展演进和不断革新，已有的国际和区域实践为南海区域合作治理的法律构建提供有益的经验启示。通过比较分析可知，在 UNEP 区域海项目所建立的法律框架中，以区域性框架公约模式较为典型，统分结合的构建方式通过统领全局的框架协议解决现有机制重叠和缺位的现象，既考虑到不同国家履约能力和水平差异，又通过确立一般性的法律框架，为区域内国家海洋合作的整体发展提供基础性的制度保障和能力支持。但是，考虑到南海周边各国对是否采用区域框架公约模式存在明显分歧，并不偏好于传统模式的区域海洋条约，并且，框架公约的形成需要对现有的区域协议进行综合评估，还要确保区域海洋计划与 UNEP 相关战略指南以及其他国际海洋法和国际环境法的相关内容相符合（Basiron and Lexmond，2013），因此，短期内签订具有法律约束力的区域海洋治理的框架公约的条件并不成熟。同时，UNEP 区域海洋项目中，采取单层公约模式的区域实践大多从原则、目标和措施上重申相关国际公约的内容，对实际进程的有效性关注也较为欠缺。相对而言，具有双层结构的类似 UNECE 模式的区域公约具有很多明显优势（隋军，2013），主要表现为：一是包容不同层次、不同范畴和不同类型的法律构成要素，满足区域整体利益发展需求并关注到特殊事项形势需要，尤其兼顾到本区域存在海域争议的相关国家间双边合作进程及特殊安排；二是通过多层级法律框架在纵向和横向维度的联动配合，协调并整合形成基于海洋整体性和连通性的区域规制体系，充分调动和发挥现有区域合作机制和多元化组织机构的资源和作用，促进区域海洋可持续发展整体目标和综合效益的实现；三是通过完善次区域和国家层面的分区域或双边协定体系，满足地方性特殊需求，从规则层面促进区域治理和国家或地方治理的统筹发展，增强基于地方自下而上的积极效应。

四、法律规则的导向

对于具体法律规则的价值导向，国际环境法的发展呈现出从传统的目标导向型规则向过程导向型规则转变的趋势。目标导向型是以调整具体权利义务为主的实质性规则，如冲突与合作关系、海岸带综合管理、物种和栖息地保护、可持续渔业、环境影响评价，等等。过程导向型则注重制度设计的有效性，包括建立共识，基于充分科学依据的制度设计，基于科学知识的决策机制，评价、监督和反馈机制，适应性管理，建立功能强大的秘书处，解决问题的能力建设（如建立综合数据库），增进协调合作和沟通交流，增进跨国学习和战略伙伴关系，以及其他提高效率的策略等（隋军，2013）。过程导向型规则具有程序性、规范性和基础性特点，可以为具体管理计划和行动的有效执行提供可操作性的准则依据。区域海洋生物多样性养护和可持续利用规制体系中的过程导向性规则主要具有三个方面的重要功能：一是在区域性条约缺位的情况下，为双多边合作机制的培育建立规范的步骤和方法，有助于塑造形成海洋合作法治的文化和秩序；二是对国际法相关一般性义务、区域性软法规则和通行准则提供具体的、可操作性的实施指引，推进宏观的政治共识和原则逐步转化为有实际效力的行动或约束；三是对现有法律框架之间的协调和平衡，过程导向型规则关注科学、政策和管理等各环节中各要素之间的互动关系，透明、包容和开放的程序有助于相关利益冲突的评估和协调，有利于完善合理的制度设计。

五、区域合作治理法治共同体

区域海洋生物多样性养护和可持续利用法律秩序的生成主要基于区域公共利益共

识，通过相关主体间的利益博弈与互动生成主体的活动范围和行为边界。区域海洋合作治理水平的提升要依靠法律制度建设，而制度的合法性从根本上又来自于区域社会的共同利益根基。为了保证整个区域社会-生态共同体有坚实平衡的公共利益基础，有必要使共同利益具备更广泛的包容性，形成包容共进的法治共同体，吸引每一个区域国家、地区和利益相关主体积极参与到区域海洋合作治理中，落实主体权利、义务和责任，为区域多元化海洋社会的和谐共生提供坚实的保障。综上分析，南海区域合作治理的法律框架可遵循硬法与软法相结合的发展路径，基于过程导向型策略，采用分层结构模式（图 8-1）。在区域层面促进达成区域海洋生物多样性养护和可持续利用的框架协议，其约束力强度居于各国政府或部门间签署的谅解备忘录①和区域框架公约之间，旨在形成一个有效实施现有国际、区域和国家层面法律和政策的协调、统一的区域合作法律框架，也是落实《南海各方行为宣言》及相关政策倡议在海洋合作领域的共识以及未来达成的具有约束力的区域行为准则的重要参照。因此，在法律原则和宗旨上，该文书应进一步明确或重申所适用的重要国际海洋法和海洋治理一般原则与方法，确立海洋生物多样性养护和可持续利用问题在区域海洋合作治理及法治构建中的重要地位，为区域合作治理提供有力的保障。从具体框架和内容上，该协议基于过程导向的推进思路，突出合作治理范式的特征及其构成要素，明确区域海洋生物多样性养护和可持续利用的基本原则、规则和程序，综合采用经济、政策和管理手段促进区域合作治理框架下从科学决策到管理计划，再到实施评估与监督完善机制的有效运行。

在区域性协议之下的战略行动计划主要为区域合作提供实质性的行动平台，同时在具体事项的实施层面上协调和指导分区域和双边框架以及国家层面的执行内容。相关国家根据区域性协议的总体战略愿景、优先议题的实际需要和相关国家间的特殊安排等现实情况达成各类型的分区域协定和双边协定，这一层面的协定可以是软法、硬法或相结合的灵活形式。现有的一些初步合作意向、联合宣言、声明和合作协议都是区域合作治理法律体系酝酿和形成进程中的重要进展，为构建公平、有序区域合作治理法律秩序奠定基础。

① UNEP/GEF“南中国海项目”的区域法律事务特别小组（Regional Task Force on Legal Matters <RTF-L> of the UNEP/GEF SCS Project）2008 年会议报告中曾建议各参与国考虑以各国环境部长签署的谅解备忘录形式架构起区域合作的伞状框架（图 8-1），但是并未得到签署。所有国家并未对区域战略行动计划的所有内容作出一致承诺。

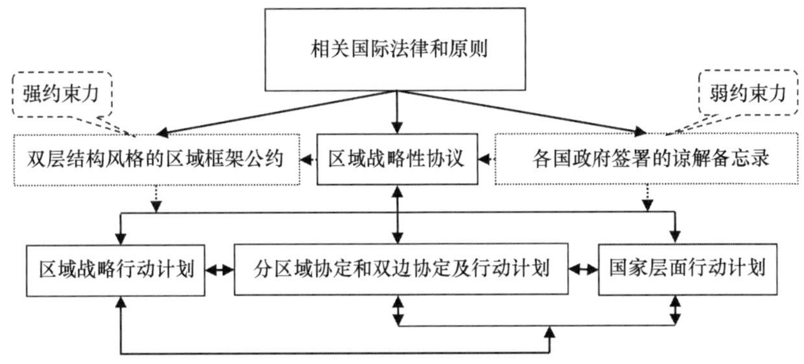

图 8-1　关于南海区域海洋生物多样性养护合作法律框架的设想

第四节　合作治理的制度化安排

南海区域海洋生物多样性治理是全球海洋生物多样性治理的区域路径，也是区域合作治理的具体实践。南海区域海洋生物多样性合作治理框架围绕区域海洋治理的三个核心要素，即问题指向（或治理动因）、价值理念和治理体系进行设计（图 8-2）。从区域治理的基本范畴来看，首先，不同的问题指向是区分不同区域治理模式的前提，实践问题是不同区域治理的内在驱动，南海区域社会经济-生态复合系统相互依存的关系，以及以海洋为纽带形成的区域利益共同体，构成了区域合作治理框架构建的社会基础。其次，治理的价值理念是认识、解释和解决问题的概念、价值、信念、原则等的整合体，是基于对现实环境和未来形势的认识产生解决方案的依据，当前全球海洋治理面临重大变革的背景下，人类命运共同体和海洋命运共同体理念为推动全球和区域海洋治理发展革新提供了重要理念指导，“共商共建共享”的指导原则既是对区域海洋治理理念的深刻诠释，与区域海洋可持续发展的具体目标也密切契合，为解决区域合作治理面临的问题和困境给出了合理方案，为构建主体间权利平等、责任分担和利益分享的治理体系提供了可行的实现路径。同时，中国和东盟之间已达成的高层共识为继续构建全方位、深层次的区域海洋命运共同体提供了政策基础和实践机遇。最后，治理体系是区域治理范式在实践运行层面的具体表现，它包括了治理主体、治理规则和治理机制等现实要素，直接反映了本区域海洋合作治理范式的实在特征。其中，主体层面旨在构建多元治理主体参与的开放性、包容性的区域合作共同体；规则层面推动形成多层次、多样化规则对接融合的区域架构，促进基于规则治理的区域法治共同体建设；实在层面围绕组织协调机制、实施行动策略和执行能力保障等重点领域，推动构建系统性、协调性和综合性的区域治理共同体。以下主要探讨区域海洋合作治理的动态运行机制、策略和执行层面的发展思路。

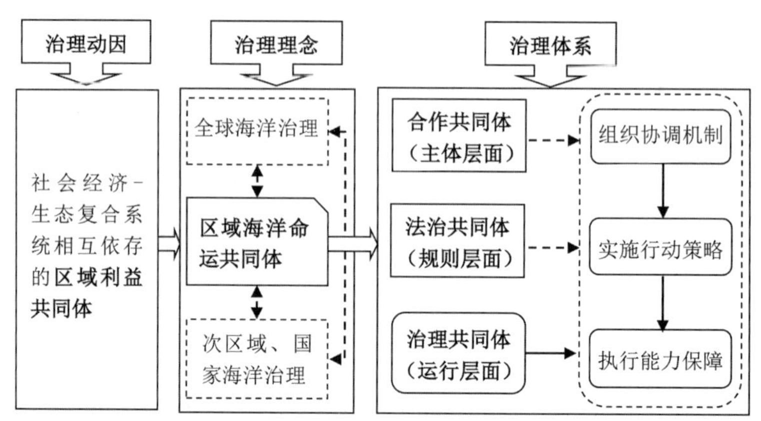

图 8-2　南海海洋生物多样性养护和可持续利用区域合作治理框架设想

一、组织协调机制

区域各国自身的利益追求是区域治理的核心驱动，对区域政策和行动具有重要影响，涉及区域合作机制的角色、利益分配和利益协调。区域合作治理框架下的组织协调机制从根本上是对区域治理主要参与主体之间角色及利益协调的制度化安排。虽然区域海洋治理呈现主体多元化特征，但是主权国家仍然是核心治理主体，组织协调既包括主权国家之间的协调，也涉及非国家主体的地位和角色，还需要处理好不同层次、领域组织机构或框架的关系问题。区域层面建立正式的政策沟通协调机制既包含静态的支撑载体或平台建设，也包含动态的组织运行过程，协调机制需要贯穿区域宏观战略和决策制定、具体行动的实施和发展完善的全过程。

（一）政策协调机制

现有区域海洋环境合作治理实践中的体制机构安排各异，如地中海和波罗的海区域性条约框架下建立了相对完备的组织体系，包括专门的决策和实施机构（如缔约方会议、区域委员会）。制度化程度较低的区域或多边实践则通常设立专门的沟通协调机构或平台，负责合作进程的政策沟通与协调。区域层面合作治理的政策协调机制建设有两种路径，一种是设立全新的区域性协调机构，在统筹区域治理发展目标、政策计划等方面具有最高权威性；另一种是利用区域内现有机构或平台的功能，完善现有机制的政策协调功能。不同的模式和路径选择受区域现实条件和发展需要的影响，具体机构安排的形式也需要根据不同功能定位采取灵活性的设计。从功能角度出发，政策协调遵循政策交流、政策衔接和政策融合，以及政策一体化等循序渐进的发展阶段，机制的设计和优化需要根据实际情况推进。

从目前南海区域现状来看，中国和东盟作为最主要的区域治理主体，已经建立了多渠道的沟通合作机制或平台，已有合作项目也建立了相关领域的双多边协调机制，可以适时推动将现有中国-东盟海上合作机制进一步优化升级为统一的、权威性的南海区域性海洋合作治理机制，为区域海洋生物多样性养护和可持续利用合作治理提供系统性、协调性的体制框架，更好地吸纳广泛的区域利益相关主体参与区域合作进程，更有效地整合分散的优势资源解决区域优先事项。在职权和功能上，虽然东盟是一体化水平较高的政治实体，但是中国与东盟在海洋治理领域的区域化进程仍然相对滞后，需要在现有交流合作基础上进一步促进战略和政策的对接和逐渐融合。因此，需要区域层面的政策协调机制充分发挥协调指导功能，包括：宏观战略上，制定发布区域性海洋生物多样性养护和可持续利用合作治理的目标愿景和发展路线图，为区域、次区域和国家各层面的政策和规划提供整体性的框架；政策行动上，为不同次区域或国家相关部门的政策衔接提供高级别的论坛，推动区域、跨界共识的凝聚和战略对接，并基于对现有合作进展的综合评估发挥监督、支持和完善相关行动进程的作用，服务于区域海洋可持续发展整体目标的实现；利益平衡上，通过不同领域或部门广泛主体的参与和沟通，促进海洋生物多样性保护目标纳入海洋开发利用活动的考虑范畴，推进海洋生物多样性保护在各海洋部门的主流化发展，平衡各国对海洋资源的发展需求和具有区域重要性的生态系统保护利益。

（二）实施协调机制

实施协调机制包括组织协调工作和技术协调及支持两个主要层面。首先，无论是政策还是执行层面的协调平台的搭建和实质性事务的沟通协调，离不开强有力的日常秘书机构的支持，通常情况下，区域合作治理框架下的秘书处负责区域合作行动的日常执行工作，通过搭建常态化沟通渠道和程序，确保国家和区域、次区域组织机构之间纵向和横向维度的信息沟通与参与机制便利畅通，秘书处一般也是区域性高级别会议的召集和组织保障机构。秘书处的协调作用还体现在与次区域、双多边框架下的执行协调机构，以及各国家联络处，建立密切的沟通与合作关系，促进区域整体目标和治理原则在次区域、国家各个层面得以贯彻落实。实践中，区域内存在的国际组织下设的区域中心或区域项目（如区域渔业管理组织的次区域机构），可以通过成为区域协调机构的成员或伙伴关系等形式建立合作关系，协调不同领域和职责范围的组织机构的政策和行动，共同为本区域海洋合作治理贡献积极作用。各国家设立的联络机构是各国与区域协调机构对接的国家层面协调机构，协助国家落实区域性承诺、制定和实施国家战略行动计划，同时，各国通过联络机制向区域实施协调机构提供国家层面的相关数据信息，反映国家的现实状态和发展需求，在区域政策酝酿和形成过程中顾及本国利益诉求。

其次，从技术支持层面，科学技术辅助机构或认知共同体是区域治理体系中不可或缺的组成部分，也是促进基于科学的决策和采用最佳技术方法的基础性支撑。在区域实践中，科学技术机构或组织实体的构成通常包括由相关领域的专家组成的专家库、技术小组或专家网络，区域内科技机构或单位组成的科学联盟，区域性科学研究计划等形式，建立区域数据库和信息交换所，开展区域性评估，为区域、次区域和国家层面的治理提供决策支持、经验案例和交流论坛，促进科学和政策之间的良性互动与有效融合。

二、实施行动策略

区域治理的具体策略和实施行动的针对性和有效性及其相互协同需要统筹谋划。海洋生物多样性的系统保护除了成效上具有目标和结果导向性外，规划管理上也体现动态的过程导向特征。实施这一长期性和系统性工程可以采取基于价值导向的行动策略（图8-3），基于本区域海洋生物多样性变化的驱动力、压力、状态和影响，聚焦减缓或适应各环节面临的问题或挑战，规划设计有针对性和优先性的响应策略及行动。其中，每个组成部分都对各环节问题的处理具有特定的价值或功能，例如，对于区域内相互依存的社会经济-自然生态系统而言，目标和重点在于如何优化调整区域社会经济发展模式和水平，促进区域合作与可持续发展；对于区域内人类海洋活动和全球变化因素对海洋生态系统的干扰和压力而言，核心问题在于如何平衡发展和保护两个目标和利益取向，协调不同资源开发利用活动之间的冲突关系，促进海洋自然资源与生态环境的综合管理；对于海洋生物多样性要素、结构和过程的现状和趋势方面，迫切需要维持海洋生态系统功能的健康和弹性，满足整体性、系统性和连贯性的保护要求；对于海洋环境面临的风险、受到的不利影响和生态不利后果，同样需要采取系统性的预防、减缓和补偿性措施，维护社会民生的安全、健康和发展等基本利益和福祉。

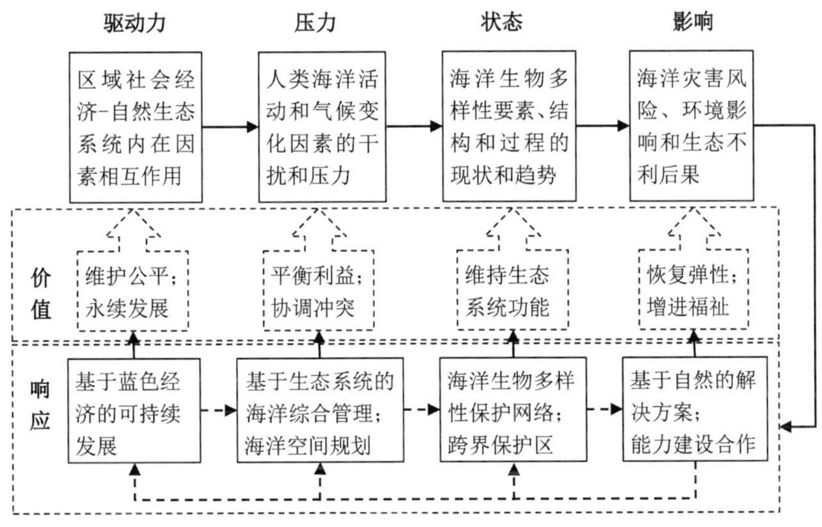

图 8-3　基于价值链方法的行动策略

在南海区域现有合作经验和各国实践进展基础上，结合国际海洋生物多样性治理的新问题和新发展动态，吸收借鉴全球公认的自然资源治理和生态系统管理新理念、新原则和新方法，建议围绕以下四大重点领域和优先事项推进具体行动计划的协调与合作。

（一）基于蓝色经济的可持续发展模式

蓝色经济是当前全球海洋领域发展的重点，作为一种新型的国际海洋合作理念，蓝色经济以实现海洋可持续发展、促进人海和谐共生为目的，寻求海洋资源开发利用与海洋生态环境保护相互平衡的发展方式；发展蓝色经济即通过科学的决策和治理，在追求海洋经济公平性和包容性增长的同时，维持海洋资源、海洋环境和海洋生态系统服务的可持续性（杨薇和孔昊，2019）。发展蓝色经济是落实联合国 2030 可持续发展目标（SDGs）的内在要求，即“促进持久、包容和可持续的经济增长，促进充分的生产就业和人人获得体面的工作”（目标 8）和“保护和可持续利用海洋和海洋资源，以促进可持续发展”（目标 14）。蓝色经济理念为沿海国家实现海洋可持续发展提供新的思路，沿海国家大都希望通过实施蓝色经济理念以发展经济、消除贫困、创造就业以及减少环境污染和碳排放。蓝色经济理念所强调的可持续性和包容性发展，与中国建设人类命运共同体的理念不谋而合，发展蓝色经济可服务于海洋利益共同体、责任共同体和命运共同体的总体目标，促进建立更加公正合理的海洋治理体系。因此，以蓝色经济为主要载体和内容的国际合作将在区域海洋可持续发展和区域海洋命运共同体构建过程中发挥重要的引领和带动作用。从区域合作角度来看，蓝色经济合作的领域广泛，包括海洋资源、海洋产业、海洋科技、海洋环境等诸多领域，不同国家因资源禀赋、发展程度差异等，需要对合作重点领域进行甄别，合理选择符合区域或者国家特点，具备比较优势和符合区域共同利益的领域进行合作，如南海区域各国所面对的共性的问题，包括海洋可再生能源开发、海洋战略性新兴产业以及蓝色海洋经济发展所需的科学技术支撑领域合作等，这些问题可以通过国家间的合作获得彼此间最大的收益。

首先，国际社会对深海资源开发活动的生物多样性影响日益重视，在南海区域油气资源勘探、开发、储存、运输、生产和停运等整个过程都需要关注并完善对海洋生态环境的影响评估、风险预警、应急响应等全生命周期的管理体系，践行各国海洋环境保护和保全的责任。其次，渔业资源的养护与管理需要国家之间开展可持续渔业合作，既有利于推动各国渔业资源的利用和渔业产业的发展，也可以借机推动各国远洋渔业的发展，同时可以促进当地渔业社区的就业和增收。再次，海洋和海岛旅游业的可持续发展建立在自然生态系统服务健康的基础上，因此，生态旅游开发需要依据生态系统的承载力和恢复力，合理规划和适度开发自然和文化旅游资源，不造成对生境的破坏，不产生对海洋环境的污染，不威胁生物的生存和发展，并在开发利用岛礁过程中重视对自然生态系统的维护和修复。

（二）基于陆海统筹的海洋与海岸带综合管理

海洋与海岸带综合管理（ICM）被认为是解决人类对海洋和海岸带生物多样性的影响和促进海洋生物多样性保护与可持续利用的最佳框架，作为海洋环境、资源和生物多样性的管理手段，其有效性得到广泛认同。PEMSEA 积极推动的 ICM 地方实践对于促进海岸带和近海可持续发展提供了重要框架和平台，发展形成的示范性做法、模式和伙伴关系为推广和拓展至更广泛的海岸带区域提供了重要的经验积累。海岸带地区既是海岸带和近海生物多样性压力的主要来源，也是实施基于生态系统管理过程中存在复杂关系和利益冲突的地带，这就意味着，海洋问题的解决不只面向海洋，而且面向陆地。南海周边国家的发展过程中都共同面临着处理好陆地和海洋的关系，充分发挥海洋在经济发展、资源保障和国家安全中的作用，统筹协调好海陆资源开发、产业布局、生态保护等领域和区域发展的关系，因此，各国实施海洋与海岸带综合管理需要坚持陆海统筹、合作共赢等指导原则，促进存在着内在密切联系和相互影响的区域陆海社会经济-生态复合系统的协调、均衡与可持续发展。

从陆海统筹的本质要求出发，区域协同发展需要注意衔接六个维度的基本内容：一是衔接陆域功能定位与海域发展定位；二是衔接陆域经济发展规划与海域发展规划；三是衔接陆域与海域的开发布局；四是衔接陆域与海域资源开发；五是衔接陆域与海域生态质量；六是衔接陆域与海域防灾（潘新春等，2012）。对于南海区域协调发展和综合治理而言，这一系统思路具有重要的实践指导意义。首先，各国海岸带和海洋资源开发利用必须以资源环境承载能力为基础，加强对海洋资源开发利用的能力，以开发强度和开发潜力等为边界，促进陆域、流域与海洋的和谐发展，同时，在海洋功能定位上，需要充分考虑相邻国家陆域和海域经济发展水平、战略、区位等因素对海域开发的影响，促进相邻地区和海域间发展定位的有效衔接。其次，在发展规划的协调方面，需要加强各行业、部门规划制定之间的衔接，形成整体协调的陆海规划体系，区域性的战略规划或行动计划要秉持陆海联动的意识，促进区域级、国家级、产业和项目规划的有序衔接。第三，海陆产业空间布局是相互交融的，海陆两类经济活动同时存在于海岸带地区，海洋经济对陆域经济有很强的带动性，通过优化调整陆海产业结构和资源配置，推动新兴产业发展和高技术领域合作共赢，有利于形成沿海地区优势互补和良性竞争的发展格局。第四，海洋资源开发是解决陆地资源短缺的重要途径，随着经济发展对资源、能源的需求与日俱增，对海域空间资源的刚性需求会持续上升，海域、海岛和海岸线资源的稀缺性也会逐步显现，因此，从区域长远发展和共同福祉角度来看，加快深海、远海资源勘探开发步伐的同时，需要从陆海资源禀赋和差异性等多方面因素出发，提升海洋资源开发的科技水平，推进海洋资源的高效利用和有效保护。第五，陆海协调良好的生态环境是海陆经济健康快速发展的基础，近海海洋污染问题、近岸典型海洋生态系统破坏等问题迫切需要陆海协调治理，形成从陆域到海洋生态环境保护、污染治理的一体化治理体系。南海区域海岸带和近海既是生物多样性热点也是面临最大风险的区域，但现有的 ICM 地方实践中对生物多样性的考虑仍然不够充分，ICM 对于维持和提高海洋生物多样性的潜力有待深入发掘。

ICM 规划过程中应该体现从流域、海岸带到近海和远海整个生态系统空间管理的内在衔接与一致性，推动将生物多样性纳入环境影响评价的进程以及相关能力建设中，完善近海和海洋生物多样性的系统保护规划，采用基于生态系统方法划分海洋生物多样性保护空间单元，在生态功能区划和海洋功能区划基础上规划海洋生物多样性保护的重点领域等（杜建国等，2011）。第六，南海区域是世界上海洋灾害频发的地区之一，沿海地区既是经济与社会发达区，又是海洋灾害多发区和海洋生态极端脆弱区，海洋灾害对沿海经济与社会造成的损失已成为制约区域沿海经济与社会可持续发展的重要因素之一，因此，对区域共同面临的海洋灾害与海平面上升等范围广、危害大的风险预警和防御，需要各国的有效协调和联动响应，提高灾害预警发布、应急处置、应急服务与应急管理的能力和效果。

（三）基于跨界空间规划的管理方法和措施

空间性规划管理工具是解决人类活动冲突及其对海洋环境累积影响的一种重要手段，也是实现基于生态系统管理的一种重要途径。根据规划的层次、尺度和形式来看，一是覆盖整个大海洋生态区的总体愿景规划，从宏观层面确定区域长期的发展愿景和战略目标；二是次区域尺度的跨境海洋空间规划措施及划区管理工具，主要用于平衡海洋活动和海洋环境保护利益关系；三是特定领域如海洋生物多样性保护的系统规划，主要包括跨界海洋保护地建设和区域性海洋保护网络构建，这属于广泛意义上的空间性养护工具。

1. 区域性战略规划

完善区域性海洋生物多样性保护的战略规划或战略行动计划是区域一体化治理的重要体现。现有区域海洋合作实践中，如波罗的海区域就确立了明确的基于生态系统的愿景、目标和指标体系，为综合性地评估、监督和反馈海洋生物多样性保护和管理成效提供了系统全面的指标依据；《东亚海可持续发展战略》（SDS-EAS）提出了健康和有弹性的海洋、人类与经济愿景，综合性管理方法和伙伴关系等方面的目标任务，以及合作协调的综合性策略，具有鲜明的区域针对性和实践指导意义。

具体而言，整个南海区域性海洋生物多样性战略规划或行动计划需要首先明确长远的发展愿景，例如，实现海洋生物多样性的组成要素及生态系统服务功能健康和弹性，维护健全的生态环境状况以支持人类社会经济活动的可持续发展；通过综合性的生态系统方法和有效的多层次、多元化合作与协调治理促进国际性义务和措施的履行，促进整个区域的和平、合作和发展等。然后，确定区域共同关切的领域或利益事项的发展目标，例如，实现海洋生物资源可持续利用，免受航运活动的干扰及污染等不利环境影响，免受陆源污染破坏和污染等不利影响，确保重要物种、典型生态系统得到有效养护等。再进一步地，明确实现各个不同目标需要优先采取的重要应对措施或行动内容，确立可追踪、可量化的相关指标体系，为落实区域战略和规划的集体行动提供重要依据。

2. 空间性规划管理工具

空间规划或划区管理工具是协调海洋开发活动和环境保护之间的关系的重要手段。南海区域面临的突出问题主要来自航运活动的环境污染风险，渔业资源的过度开发等，如何协调航行权利和环境保护义务、渔业资源养护和可持续利用的权利和责任，需要区域内所有利益相关方的共同参与来有效解决。

（1）基于生态安全的航行规制

南海对于航行及其污染风险的生态敏感性和脆弱性将随着航运的不断发展而加剧，某些特定区域的生物多样性健康也承受着逐渐增加的威胁。参照波罗的海等其他海域的实践，设置特别敏感海域等方式是协调航行与生态环境保护之间关系的重要划区管理工具之一。UNCLOS 和相关国际法的规定为特定海域建立特别区域和特别敏感海域（PSSA）提供了重要依据。但是，南海是否以及如何设置 PSSA 的方案首先建立在区域内各国共识基础上，且只能通过各国联合申请和提议的方式推进。PSSA 这一规划措施具有鲜明的特征：一方面，由于 PSSA 的相关保护措施（APMs）在执行上是经由 IMO 通传所有成员国，由船旗国负责确保其船舶遵守相关措施，由周边港口国协同监督，可以避免在管辖上产生更复杂的问题；另一方面，PSSA 制度可采取的相关保护措施非常广泛，包括：禁航区、推荐航线、强制性禁止锚定区域、强制性深水航线、建议或强制性船舶报告制度、分道通行制度、排放控制区等（IMO，2001），且可以后续调整和修改完善，具有政策上的变通与灵活性，也体现了其作为临时性合作安排的优势；同时，PSSA 的建立意味着国际组织层面对具有区域重要性的生态安全利益的认可和支持，借助具有权威性的主管国际组织的“授权”或监督激励作用，有利于争取区域自身的共同利益。

除了采取上述基于区划的航行规制措施，航行安全保障和航行污染事故处理不仅关系着海洋生态安全，更关系着人命和财产安全。因此，还需提升区域性航行事故应急反应的能力，形成和完善区域联动的应急计划和协作程序，从区域层面协调相关信息交流、会议论坛、技术协助、应急行动等活动的开展，推动形成区域联合应急行动的指导性规则或建议。相关国家在特定海域，如马六甲海峡附近，定期联合举行航行安全巡航和救援演练活动，也是维护航行安全和航行自由权利的可行途径。

（2）基于生态系统方法的渔业资源养护措施

基于生态系统方法的渔业资源养护和可持续利用的综合管理是履行相关国际条约关于合作养护跨界鱼类资源、维护脆弱海洋生态系统健康的内在要求。“南中国海项目”下的渔业合作在泰国湾取得了一定成果，整个区域性合作尚未取得突破性进展。从区域渔业资源可持续利用角度，各国需要依据生态可持续性标准，结合各自社会经济依赖程度来适度控制其捕捞能力的投入，维护渔业生物资源整体的恢复力和可持续发展。有必要针对区域各国共同关切的问题或重要领域，如 IUU 捕捞活动，推动在区域及双、多边合作机制下制定具体的指导性行为准则或措施，如中国实行的禁渔期；对于识别出的重要渔业资源区，可以拓展渔业庇护所的建设和管理，通过合作建立相应的渔业资源养护区、实施专门的行动计划或项目，对幼鱼丰度较大的水域开展重点生态监测和管控可能造成不利影响的人类活动。

对于国家层面而言，鱼类种群生命周期的重要阶段对于渔业资源养护具有时间维度的指示意义，不同国家间在休渔制度上的实施存在差异。例如，中国在南海相关海域范围实行的休渔制度（5 月初至 8 月中旬左右）对遏制渔业资源衰退，减缓捕捞强度，促进资源休养生息起到了重要作用，可以产生良好的生态和经济效益。但是越南等周边国家没有实行一致的休渔期制度，不仅造成管理上的冲突，也使得休渔的成效受到减损。因此，需要周边国家共同实施南海渔业资源养护的最佳实践方法，有效实现渔业资源养护和可持续利用的区域整体目标。

（三）构建区域海洋生物多样性保护网络

海洋生态系统整体性和连通性要求对海洋生态系统构成要素、结构和过程进行系统保护规划，构建基于生态系统方法的区域海洋生物多样性保护网络。区域海洋保护地网络是海洋生物多样性保护网络的一种特殊形式和有效手段。区域性保护地网络的构建不仅需要考虑生态系统的完整性方面，同时还涉及环境、政治、经济、社会等多个领域。世界范围内保护地网络建设的数量和范围不断增加，不同尺度、不同区域的网络构建模式各异，如全球性的《野生动物迁徙物种保护公约》框架下建立的保护区网络，通过“核心区域”和“廊道”两部分重要元素来实现对特定物种潜在繁殖地、迁徙和越冬地的全球保护（王伟等，2014）；洲际尺度的覆盖几乎整个欧洲大陆的Natura 2000保护地网络，通过欧盟成员国之间的区域合作，保护重要野生动植物物种、受威胁的栖息地以及物种迁徙的关键通道；在全球环境基金（GEF）和欧盟等支持的中美洲保护区网络，涉及8个国家和37个保护区的跨界合作，促进区域合作和生态环境的有效保护；区域尺度的东北大西洋OSPAR海洋保护地网络和地中海区域海洋保护地网络建立了较为完善的区域性海洋保护地确认和网络管理的体系，东盟建立的覆盖所有成员国的遗产地公园体系也是保护地网络的重要区域实践。

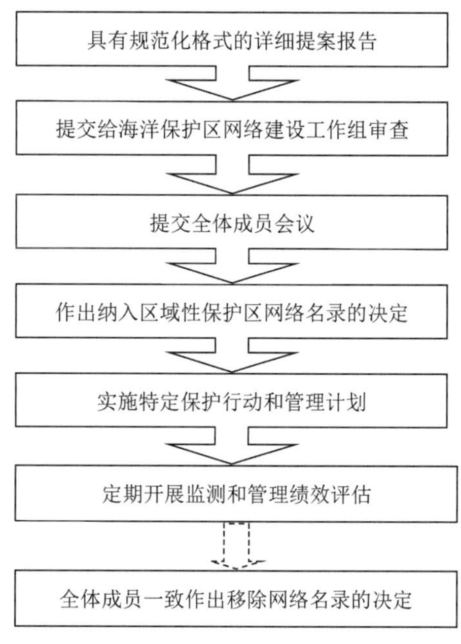

图8-4　具有区域重要性的保护地网络认定和管理流程设想

结合已有国际典型实践，南海区域可以借鉴“节点-廊道”模式的海洋保护地网络构建经验，推动建立具有本区域重要性的海洋保护地识别和认定体系（参照图8-4），有效提升区域海洋生物多样性保护水平和管理成效。可以通过分步骤整合已有的标准和机制，强化国家、区域层面的合作，提升已有跨界保护地的管理有效性和养护措施的实施成效，逐步建立起系统的区域性海洋生物多样性保护网络。为实现这一目标，还需要做好充分的准备，具体而言，首先，作为世界上生物多样性最为丰富的地区之一，南海区域分布着许多世界意义的关键生态系统和珍稀濒危物种，应加强南海区域尺度海洋保护地网络构建研究，获取完整的物种、生态系统分布数据，进一步研究本区域内海洋生态系统的连通性，分析识别出需要优先保护的重要目标和区域，为实现具有区域重要性和全球意义的生物多样性跨界保护提供坚实的科学基础。其次，需要确立适应于南海区域实际情况的海洋保护地网络建设方式和管理模式，跨界保护地网络的构建和管理，需要不同国家、不同政治体制、不同社会经济条件和文化背景的合作者共同参与进行有效合作来实施，这一目标通常需要经过循序渐进的过程实现——从初级层次的点对点的联系和沟通交流实践经验开始，然后从点到线建立起双多边海洋保护地建设和管理的主体间伙伴关系，开展示范性保护地网络建设项目，进一步深化特定生态区管理协调和保护地管理的能力建设等方面合作，最后逐步拓展（scaling-up）形成一体化、多层次、宽领域和多边协同的海洋保护地网络或联盟，如珍稀濒危物种保护网络、珊瑚礁保护网络、红树林和海草床等蓝碳生态系统网络等，推动建立有力的保护地网络建设的机构框架，采取系统性的研究项目、资助方案、管理措施或行动计划等。最后，需要关注和开展海洋保护地网络的有效性评估，开展跨界保护区网络的有效性评估对检验跨界保护的成效十分必要和重要，包括生态有效性、管理有效性和社会经济、政治等各个方面的有效性，以及面临的问题、差距或新的挑战，为保护地网络的拓展和优化提供政策建议，持续推动区域海洋生物多样性保护网络的有效管理和发展完善。

国家间的协调与合作是推动区域海洋生物多样性保护合作治理发展的主要驱动力。南海区域内合作建设跨界海洋保护区或保护网络是否可行，需要视特定海域的具体情况而定。简单来讲，主要存在三种情形：一是海域管辖边界明确或已经划定的情况，二是争议海域范围明确的情况，三是存在重叠主张的海域且相关方对争议的性质或状态存在分歧的情况。对于第一种情况，例如，中越北部湾已定界海域内，可以由双方根据需要合作建立适当类型的跨界保护区或资源养护区，采取协调一致的养护措施，由双方的相关部门负责执行，双方通过定期开展信息交流、能力建设和联合行动计划等促进北部湾资源环境整体保护。对于第二种情况，相关方可以将特定区域的海洋生物多样性养护合作或共同开发作为划界达成前的临时性安排和信任建设机制，开展跨界海洋生物多样性保护的科研、监测、交流等合作行动，并积极协调双方依据各自国内法采取的养护措施。对于第三种情况，可以根据海洋生物多样性保护的现实需要探索与相关国家开展功能性合作，如，对于具有全球性重要价值或意义的关键生境或珍稀濒危迁徙物种的重要通道，可以识别为优先保护的自然保留区或生态廊道，共同承担保护责任，防止各自管辖或控制下的破坏性开发活动的不利干扰或影响，也可以由各国商定采取相互一致的养护政策或环境规制措施，禁止破坏性开采活动等，同时，这种合作不妨害各方原有权益主张及其地位，以及未来海域划界。

（四）推行基于自然的解决方案

人类的历史就是与自然相处的历史，工业革命以来的人口激增与城镇化推进剧烈地改变着地球生态，人类发展面临气候变化、生态环境破坏、资源枯竭和空间紧缩等诸多威胁，以往的基于工程技术的解决方案或基于末端治理的手段方法无法从根本上有效应对这些复杂问题，走向可持续发展需要一条更具包容性与开放性的道路。在此背景下，基于自然的解决方案（Nature-based Solutions，NbS）这一全新概念被提出并迅速被国际社会所接纳。IUCN 将 NbS 定义为“保护、可持续利用和修复自然的或被改变的生态系统的行动，从而有效地和适应性地应对当今社会面临的挑战，同时提供人类福祉和生物多样性”。当今的 NbS 更多地被视为一种依托于自然力量解决问题的新方式，从广义上来说，这一理念也是建立在对人与自然关系更深刻认识基础上的一种发展思想，对于认识和解决系统性、广泛性和复杂性的海洋可持续发展问题具有重要理论指导意义和实践应用价值。

海洋对于减缓和适应气候变化具有重要作用，未来十年将是海洋领域应对气候变化和促进可持续发展的关键时期。南海区域受到海洋气候变化深刻影响，海洋生物多样性和可持续发展问题具有全球性意义，因此，从区域尺度提出系统性的海洋 NbS，将开展海洋 NbS 领域合作纳入区域性倡议和机制框架下，切实加强海洋和海岸带地区减缓和适应气候变化的能力，促进区域海洋生物多样性可持续发展。例如，对于 NbS 关注的生物多样性指标，需要制定合理的生物多样性指标，包括从遗传和物种到营养级和生态系统的多样性信息，以及关注生态系统的连通性——避免生物多样性的丧失和生态系统的简化以维持景观的稳定与弹性，突出其“基于自然”的思想理念；在管理上，生态系统的动态性与不确定性，使 NbS 要求纳入动态的适应性管理机制，需要关注和监测生物多样性和生态系统状态和变化趋势，并进行阶段性评估和调整完善规划实施策略，以促进 NbS 的适应性管理；在政策上，需要推动 NbS 的主流化，使其纳入全球和国家政策框架，综合考虑生态、社会、经济、法律和政策多种因素和机制，寻求经济社会效益和生态环境效益相协同的综合效益，着力解决关乎人类福祉的重大挑战，促进人类社会经济和生态环境可持续发展综合目标的实现。

（五）基于公共产品服务的能力建设合作

海洋生态系统管理中面临着自然生态环境动态变化的不确定性，也面临着社会经济发展的复杂关系不确定性，还面临着特殊地缘政治环境带来的法律和政策复杂性影响及不确定性，建立完善区域合作治理框架下的适应性管理机制，有助于弥补科学知识和行动能力上的不足，也有利于国家间增进互信和共识。根据区域海洋合作治理的需要，可以主要从以下几方面推动实施面向公共服务的能力建设合作。

1. 加强区域海洋数据和信息共享

充分翔实的科学知识和信息数据有赖于全面系统的调查研究获取，进而为综合评估区域海洋生物多样性现状及影响，以及制定科学的规划策略和管理措施提供必要的基础支撑，同时通过动态的监测评估和反馈机制为区域养护和管理成效逐步提升提供决策依据。目前在南海各海域实施的科学研究项目发展滞后，现有的机制所建立的数据库或信息平台力量分散、关注的问题领域各异，不能满足整个大海洋生态系统区域一体化治理的需要。未来需要在现有合作机制基础上，整合各方资源力量，加强区域性的联合监测和综合评估项目，尤其对具有重要生物多样性价值的区域进行深入翔实的调查研究，定期更新数据信息和综合反映区域海洋生物多样性保护发展情况的评估结果，共同推动国家间海洋数据和信息产品共享，建立海洋数据中心之间的合作机制和网络，共同开展海洋数据再分析研究与应用，建设 21 世纪海上丝绸之路海洋和海洋气候数据中心，建立中国-东盟生物多样性信息和共享服务平台，共同研发海洋大数据和云平台技术，建设服务经济社会发展的海洋公共信息共享服务平台。

2. 完善区域科技协作网络和平台

区域管理行动的规划和有效实施中的最佳可得科学信息和经验有助于生态系统完整性和弹性的恢复。科研人员和科技实体之间的协作对于理解自然过程，发现和发展能力建设相关海洋领域技术都具有重要作用，科技交流论坛为联合开展特定海域的生物多样性研究提供了机会；UNESCO 的西太平洋政府间海洋学委员会（IOC-WESTPAC）的海洋科学区域培训和研究中心网络，成员涵盖了南海周边国家，可以为科学家和管理者提供共享学习、培训和技术协助的合作交流机会，同时，利用这个平台与来自其他国家或地区的专家学者之间建立密切联系，有助于为本区域的科学技术能力增强活力（Juinio-Meñez，2015）。其他非政府组织机构，如IUCN和WWF，通过融入区域框架下的特定领域，有助于将新的知识和经验融入区域海洋生态系统治理的规划设计和决策实施的过程中，对南海海洋生物多样性保护与可持续发展提供专业性的支持。未来，需要进一步完善国家间海洋研究基础设施和科技资源合作平台，推动构建区域内各类海洋科技平台和机构的协作网络或联盟，促进区域认知共同体的形成与发展，为区域海洋合作治理提供智力基础。

3. 确保充足的资金支持和保障

稳定、充足和可持续的资金是确保海洋生物多样性养护行动和有效管理的重要保证。资金资源的缺乏是大多数海洋保护区管理上面临的主要约束之一。海洋生物多样性保护资金的来源有政府年度预算分配，个人、企业、基金会和国际机构的捐款，以及使用者付费、环保税、罚款和其他专用于生态系统保护的收益等。可持续的资金保障需要具有开放性和多元化来源途径的，并有效用于海洋生态系统养护，能够使当地利益相关者获得较好收益的资金管理。区域海洋生物多样性养护和综合管理框架下的资金来源需要充分整合和高效利用现有的渠道，如GEF、世界银行等，按照具体项目需要积极申请特定领域的资金支持。例如，中国-东盟海上合作基金包含了海洋科研与环保、航行安全与搜救，以及打击海上跨国犯罪等具体合作范围，定位是服务于建设中国-东盟海洋伙伴关系、建设21世纪海上丝绸之路的综合海上合作平台（康霖和罗亮，2014），中国-东盟海上合作基金和中国-印尼海上合作基金，为实施《南海及其周边海洋国际合作框架计划》提供了必要支持。亚洲基础设施投资银行、丝路基金也对重大海上合作项目提供了资金支持。未来，还需要各国政府积极统筹相关资源，或推动设立各领域的海上合作基金，促进区域性行动计划的有效实施。

第九章 结 语

海洋具有整体性、开放性、流动性和连通性等天然特性，海洋生态系统保护需要世界各国的齐心协力。在海洋生物多样性面临日益严峻的衰退和威胁情况下，海洋生物多样性保护攸关人类社会可持续发展的物质基石，各国对此具有广泛而重要的战略利益。海洋生物多样性保护作为全球公共产品，得到国家、区域和国际战略和政策层面的广泛认可，并被纳入国家海洋管理体制和全球海洋治理体系中。

同时，我们也注意到，当前国际政治经济格局处于剧烈变化的阶段，经济全球化和多边体制遭遇逆流，国际主要政治力量的博弈对全球和区域社会经济发展领域的溢出效应不可忽视。当前海上安全环境较之以往更加严峻复杂，不仅有来自传统安全的威胁，还面临很多非传统安全的挑战。如何解决人类社会发展中的和平赤字、治理赤字，以及在当前形势下我们的出路在哪里？这一系列问题的答案，需要我们顺应和平与发展的潮流，秉持公平和正义的理念，以维护人类共同的根本利益为出发点去找寻。因此，亟待各国摒弃零和博弈的对抗思维，携手应对各种海上新老问题的共同威胁，实现海洋的和平安全和可持续开发利用。

中国历来关注海洋生物多样性保护和生物资源养护管理，不仅通过国内海洋管理体制机制改革不断强化对管辖范围内海域生物多样性的治理，还积极参与全球海洋生物多样性治理的国际进程，贡献全球海洋治理的中国智慧和中国方案。同时，中国提出的共建 21 世纪海上丝绸之路倡议，以及构建人类命运共同体和海洋命运共同体的理念为全球海洋治理理念和实践的变革与创新发展提供了新路径；所倡导的“共商、共建、共享”核心思想也为国际和区域社会合作共赢提供了新的发展方向和新的动能。

在此背景下，东盟区域作为 21 世纪海上丝绸之路建设重要的核心区域，中国与南海区域国家间的合作与发展在新形势和新要求下，也面临治理理念和模式的革新发展需求。对南海区域海洋治理的有效模式和发展路径的研究和探索，需要抓住新的发展机遇，积极拓展海洋领域合作空间和深度，对传统治理理念和模式不断丰富、发展和创新，以海洋生物多样性养护和可持续利用为抓手，进一步探索构建一个“开放、包容、共享”的合作治理体系。

参考文献

阿戴尔伯特·瓦勒格，2007. 海洋可持续管理——地理学视角［M］//张曙光，孙才志译. 北京：海洋出版社，35-46；75-95；161-174.

薄燕，2007. 环境治理中的国际组织：权威性及其来源——以联合国环境规划署为例［J］. 欧洲研究，1：87-101.

蔡守秋，2011. 论生态系统方法及其在当代国际环境法中的应用［J］. 法治研究，4：60-66.

陈芳，2013. 政策扩散、政策转移和政策趋同——基于概念、类型与发生机制的比较［J］. 厦门大学学报（哲学社会科学版），(06)：8-16.

陈国宝，李永振，2005. 南海岛礁渔业可持续利用的探讨［J］. 海洋开发与利用，6：84-87.

陈灵芝，马克平，2001. 生物多样性科学：原理与实践［M］. 上海：上海科学技术出版社，66-67.

陈灵芝，钱迎倩，1997. 生物多样性科学前沿［J］. 生态学报，17（6）：565-572.

陈明宝，韩立民，2016. “21世纪海上丝绸之路”蓝色经济国际合作：驱动因素、领域识别与机制构建［J］. 中国工程科学，18（2）：98-104.

陈清潮，2005. 中国海洋生物多样性的保护［M］. 北京：中国林业出版社，18.

陈清潮，2011. 南海生物多样性的保护［J］. 生物多样性，19（6）：834-836.

陈伟光，曾楚宏，2014. 新型大国关系与全球治理结构［J］. 国际经贸探索，30（3）：94-106.

陈秀武，2020. 东北亚海域“海上命运共同体”的构建基础与进路［J］. 华中师范大学学报（人文社会科学版），59（2）：153-162.

陈泽浦，霍军，2009. 海峡两岸南海资源合作开发机制探析——以南海油气资源为例［J］. 中国渔业经济，6（27）：79-84.

褚晓琳，2010. 海洋生物资源养护中的预警原则研究［M］. 上海：上海人民出版社，30.

杜殿虎，2014. 论自然资源价值的补偿［C］. 生态文明法制建设——2014年全国环境资源法学研讨会（年会）论文集（第一册），15-18.

杜建国，Cheung W W L，陈彬，等，2012. 气候变化与海洋生物多样性关系研究进展［J］. 生物多样性，20（6）：745-754.

杜建国，陈彬，周秋麟，等，2011. 以海岸带综合管理为工具开展海洋生物多样性保护管理［J］. 海洋通报，30（4）：456-462.

冯士筰，李凤岐，李少菁，2006. 海洋科学导论［M］. 北京：高等教育出版社，277-282.

傅秀梅，王长云，2008. 海洋生物资源保护与管理［M］. 北京：科学出版社，24-25.

格雷厄姆·凯勒，2008. 海洋自然保护区指南［M］//周秋麟，周通，张军译. 北京：海洋出版社，12.

葛红亮，鞠海龙，2013. 南海地区渔业合作与管理机制分析——以功能主义为视角［J］. 昆明理工大学学报（社会科学版），13（1）：18-26.

龚迎春，2009. 专属经济区内的管辖权问题研究——特别区域、冰封区域和特别敏感海域［J］. 中国海洋法学评论，（2）：1-17.

管松，2012a. 南海建立特别敏感海域问题研究［J］. 中国海洋法学评论，（2）：50-62.

管松，2012b. 争议海域内航行权与海洋环境管辖权冲突之协调机制研究——以南海为例［D］. 厦门大学博士学位论文.

桂静，范晓婷，公衍芬，等，2013. 国际现有公海保护区及其管理机制概览［J］. 环境与可持续发展，5：41-45.

何勤华，2002. 法的移植与法的本土化［J］. 中国法学，3：3-15.

贺义雄，勾维民，2015. 海洋资源资产价格评估研究［M］. 北京：海洋出版社，3-4.

胡帆影，2013. 欧盟区域法制化探析［D］. 重庆大学硕士学位论文.

黄森，2009. 区域环境治理［M］. 北京：中国环境科学出版社，33-63.

贾宇，2015. 中国在南海的历史性权利［J］. 中国法学，（3）：179-203.

江莹，秦亚勋，2005. 整合性研究：环境社会学最新范式［J］. 江海学刊，3：96-99.

蒋金龙，王金坑，傅世锋，等，2012. 基于海岸带综合管理的海洋生物多样性保护规划——以泉州湾为例［J］. 海洋开发与管理，1：46-49.

金太军，2008. 从行政区行政到区域公共管理——政府治理形态嬗变的博弈分析［J］. 中国社会科学，（4）：48-62.

康霖，罗亮，2014. 中国-东盟海上合作基金的发展及前景［J］. 国际问题研究，（5）：27-36.

利比安娜，罗伯特，2010. 美国海洋政策的未来：新世纪的选择［M］//张耀光，韩增林译. 北京：海洋出版社.

莉萨·马丁，贝思·西蒙斯，2006. 国际制度［M］//黄仁伟，蔡鹏鸿，等译. 上海：上海人民出版社，468-469.

李滨，2010. 空间碎片损害法律责任的类型划分［J］. 北京航空航天大学学报（社会科学版），5：23.

李凤宁，2013. 我国海洋保护区制度的实施与完善：以海洋生物多样性保护为中心［J］. 法学杂志，3：75-84.

李广兵，李国庆，2002. 全球公域法律问题研究［OL］. http：//www. riel. whu. edu. cn/article. asp? id=24931.

李广义，肖时秋，2004. 自然价的含义、分类和特征［J］. 哈尔滨学院学报，25（3）：17-21.

李建勋，2015. 南海低敏感领域区域合作生态环境保护法律机制［J］. 黄冈师范学院学报，35（2）：

4-9.

李励年，王茜，2009. 欧美科学家研究全球气候变化对海洋生物多样性的影响［J］. 现代渔业信息，24（8）：20-21.

李双建，王江涛，刘佳，等，2012. 海洋规划体系框架构建［J］. 海洋湖沼通报，2：129-136.

李文昶，季宇彬，2013. 影响海洋生物多样性因素的研究进展［J］. 哈尔滨商业大学学报（自然科学版），29（1）：46-48，53.

李晓浩，2015. 国际海洋空间规划简析［J］. 中国科技纵横，（2）：15-17.

廖宝文，张乔民，2014. 中国红树林的分布、面积和树种组成［J］. 湿地科学，12（4）：435-440.

林金兰，陈彬，黄浩，等，2013. 海洋生物多样性保护优先区域的确定［J］. 生物多样性，21（1）：38-46.

刘惠荣，2015. 剩余权利语境下专属经济区内沿海国环境保护管辖权研究［J］. 求索，（6）：14-18.

刘惠荣，韩洋，2009. 特别保护区：公海生物多样性保护的新视域［J］. 华东政法大学学报，（5）：141-145.

刘惠荣，纪晓昕，2011. 论公海生物多样性的人类共同遗产属性［J］. 法治研究，7：70-74.

刘宁宁，2014. 生物多样性：破坏与修复的平衡［J］. 百科知识，21：33-36.

刘卫先，2015. 环境保护视野下人类共同遗产概念反思［J］. 北京理工大学学报（社会科学版），17（2）：121-128.

陆小璇，2014. 跨国世界自然遗产保护现状评述［J］. 自然资源学报，29（11）：1978-1990.

吕涛，2004. 环境社会学研究综述——对环境社会学学科定位问题的讨论［J］. 社会学研究，4：8-17.

吕一河，傅伯杰，2001. 生态学中的尺度及尺度转换方法［J］. 生态学报，21（12）：2096-2105.

马进，2014. 特别敏感海域制度研究——兼论全球海洋环境治理问题［J］. 清华法治论衡，（2）：368-381.

欧阳志云，王效科，苗鸿，2000. 中国生态环境敏感性及其区域差异规律研究［J］. 生态学报，20（1）：9-12.

潘新春，张继承，薛迎春，2012. “六个衔接”：全面落实陆海统筹的创新思维和重要举措［J］. 太平洋学报，（1）：1-9.

彭本荣，洪华生，2006. 海岸带生态系统服务价值评估——理论与应用研究［M］. 北京：海洋出版社，46-52.

乔卫兵，2002. 全球治理及其制度化［J］. 欧洲研究，6：25-35.

秦天宝，2006. 国际法的新概念“人类共同关切事项”初探——以《生物多样性公约》为例的考察［J］. 法学评论（双月刊），5：96-102.

秦天宝，2014. 生物多样性国际法原理［M］. 北京：中国政法大学出版社，26-74.

曲艺，栾晓峰，倪宏伟，2013. 生物多样性保护规划方法研究进展［J］. 黑龙江科学，4（9）：42-45.

宋鹏霞，2005. 上海生物多样性面临考验影响多样性因素［OL］. http：//www. sh. xinhuanet. com/2005-

05/22/content_4277663. htm.

苏长和，2009. 全球公共问题与国际合作：一种制度的分析［M］. 上海：上海人民出版社，73-96.

隋军，2013. 南海环境保护区域合作的法律机制构建［J］. 海南大学学报人文社会科学版，31（6）：12-21.

孙灿，2014. 国内学界“全球公域”研究综述［J］. 战略决策研究，3：85-95.

孙超，马明飞，2020. 海洋命运共同体思想的内涵和实践路径［J］. 河北法学，38（1）：183-191.

孙吉亭，2008. 海洋经济理论与实务研究［M］. 北京：海洋出版社，98-100.

唐双娥，2015.“全球公域”的法律保护［J］. 世界环境，3：21-24.

田野，2005. 国际制度的形式选择——一个基于国家间交易成本的模型［J］. 经济研究，7：96-108.

王琪，崔野，2015. 将全球治理引入海洋领域——论全球海洋治理的基本问题与我国的应对策略［J］. 太平洋学报，23（6）：17-27.

王铁崖，1999. 国际法［M］. 北京：法律出版社，283.

王伟，田瑜，常明，等，2014. 跨界保护区网络构建研究进展［J］. 生态学报，34（6）：1391-1400.

王曦，2005. 国际环境法（第 2 版）［M］. 北京：法律出版社，20.

王之琛，2012. 国际海底区域生物多样性法律属性问题研究［D］. 上海交通大学硕士学位论文.

吴建国，吕佳佳，艾丽，2009. 气候变化对生物多样性的影响：脆弱性和适应［J］. 生态环境学报，18（2）：693-703.

吴弦，2002.“政府间主义”与“超国家主义”［N］. 人民日报，2002 年 10 月 18 日第七版，http：//www. people. com. cn/GB/guoji/24/20021018/844787. html.

辛仁臣，刘豪，关翔宇，等，2013. 海洋资源［M］. 北京：化学工业出版社，31-39.

星野昭吉，刘小林，2011. 全球治理的结构与向度［J］. 南开学报（哲学社会科学版），(3)：1-7.

徐广才，康慕谊，贺丽娜，等，2009. 生态脆弱性及其研究进展［J］. 生态学报，29（5）：2578-2588.

薛达元，1997. 生物多样性经济价值评估：长白山自然保护区案例研究［M］. 北京：中国环境科学出版社，1.

颜利，王金坑，蒋金龙，等，2012. 海洋生物多样性保护空间规划分区体系构建及其在泉州湾的应用［J］. 台湾海峡，31（2）：238-245.

杨薇，孔昊，2019. 基于全球海洋治理的我国蓝色经济发展［J］. 海洋开发与管理，2：33-36.

杨毅，李向阳，2004. 区域治理：地区主义视角下的治理模式［J］. 云南行政学院学报，2：50-53.

姚莹，2015. 南海环境保护区域合作：现实基础、价值目标与实现路径［J］. 学习与探索，（12）：68-73.

于连生，2004. 自然资源价值论及其应用［M］. 北京：化学工业出版社，16.

喻常森，2007. 认知共同体与亚太地区第二轨道外交［J］. 世界经济与政治，(11)：33-39.

喻锋，2009. 治理视野下的欧盟区域协调发展研究［D］. 武汉：武汉大学博士学位论文.

曾令良，2008. 欧洲联盟治理结构的多元性及其对中国和平发展的影响［J］. 欧洲研究，3：1-17.

张彪，2015. 区域冲突的法制化治理 [J]. 学习与实践，3：18-26.

张风春，朱留财，彭宁，2011. 欧盟 Natura 2000：自然保护区的典范 [J]. 环境保护，6：73-74.

张莉，2003. 论南海海洋生物的多样性保护 [J]. 农业现代化研究，24（3）：217-221.

张丽娜，王晓艳，2014. 论南海海域环境合作保护机制 [J]. 海南大学学报人文社会科学版，32（6）：42-49.

张冉，张珞平，方秦华，2011. 海洋空间规划及主体功能区划研究进展 [J]. 海洋开发与管理，9：16-20.

张胜军，2013. 全球深度治理的目标与前景 [J]. 世界经济与政治，（4）：55-75.

张小平，2008. 全球环境治理的法律框架 [M]. 北京：法律出版社，210-294.

赵允勇，2010. 论“对一切”义务在海洋环境保护中的适用 [J]. 岱宗学刊，14（2）：11-12.

周玉渊，2009. 地区治理的法制化——以欧盟和东盟制宪为例 [J]. 世界经济与政治，（3）：36-45.

周忠海，2003. 论南海共同开发的法律问题 [J]. 厦门大学法律评论，（5）：190-209.

朱坚真，2010. 海洋资源经济学 [M]. 北京：经济科学出版社，21-53.

朱云秦，2015. 南海争端解决：从“共同发展”到“共同保护”[J]. 科技经济市场，（1）：144.

ACB（ASEAN Centre for Biodiversity），2010. Protected Areas Gap Analysis in the ASEAN Region [R]. Laguna，Philippines.

AID Environment，National Institute for Coastal and Marine Management/Rijksinstituut voor Kusten Zee（RIKZ），Coastal Zone Management Centre，the Netherlands，2004. Integrated Marine and Coastal Area Management（IMCAM）approaches for implementing the Convention on Biological Diversity [R]. Montreal，Canada：Secretariat of the Convention on Biological Diversity（CBD Technical Series no. 14），5-13.

Alexander L M，1984. Regionalising the U. S. EEZ [J]. Oceanus，27（4）：7-12.

Ambal R G R，Duya M V，Cruz M A，et al.，2012. Key Biodiversity Areas in the Philippines：Priorities for Conservation [J]. Journal of Threatened Taxa，4（8）：2788-2796.

Anderson O F，Guinotte J M，Rowden A A，et al.，2016. Field validation of habitat suitability models for vulnerable marine ecosystems in the South Pacific Ocean：Implications for the use of broad-scale models infisheries management [J]. Ocean & Coastal Management，120：110-126.

Angermeier P L，Karr J R，1994. Biological integrity versus biological diversity as policy directives [J]. Bioscience，44（10）：690-697.

Anon，1993. World Population Prospects：the 1992 Revision [R]. New York：United Nations.

APEC，2011. A Guide to Transboundary Spatial Marine Management [R]. Authors：Herriman M，Kirkman H，Costes S. Report of the APEC Marine Resources Conservation Working Group，20.

Ardron J A，Clark M R，Penney A J，et al.，2014b. A systematic approach towards the identification and protection of vulnerable marine ecosystems [J]. Marine Policy，49：146-154.

Ardron J A，Rayfuse R，Gjerde K，et al.，2014a. The sustainable use and conservation of biodiversity in ABNJ：

What can be achieved using existing international agreements [J]. Marine Policy, 49: 98-108.

Ardron J, Gjerde K, Pullen S, et al., 2008. Marine spatial planning in the high seas [J]. Marine Policy, 32: 832-839.

ASEAN Centre for Biodiversity , 2017. ASEAN Biodiversity Outlook 2. Philippine.

Asian Development Bank (ADB), 2022. Key Indicators for Asia and the Pacific 2022 [OL]. https: //kidb. adb. org/

Ausubel J H, 2008. On the Limits to Knowledge of Future Marine Biodiversity [J]. The Electronic Journal of Sustainable Development, 1 (2): 19-23.

Backer H, 2011. Transboundary maritime spatial planning: a Baltic Sea Perspective [J]. Journal of Coastal Conservation, 15 (2): 279-289.

Backer H, Frias M, 2013. Planning the Bothnian Sea -key findings of the Plan Bothnia project [R]. Plan Bothnia, 116-117.

Badjeck M C, Perry A, Renn S, et al., 2013. The vulnerability of fishing-dependent economies to disasters [R]. FAO Fisheries and Aquaculture Circular No. 1081. Rome, FAO.

Baldwin K, Mahon R, 2014. A Participatory GIS for Marine Spatial Planning in the Grenadine Islands [J]. EJISDC, 63 (7): 1-18.

Ban N C, Bax N J, Gjerde K M, et al., 2013. Systematic conservation planning: a better recipe for managing the high seas for biodiversity conservation and sustainable use [J]. Conservation Letters, 7 (1): 41-54.

Basiron M N, Lexmond S M, 2013. Review of the legal aspects of environmental management in the South China Sea and Gulf of Thailand [J]. Ocean & Coastal Management, 85: 257-267.

Bax N, Williamson A, Aguero M, et al., 2003. Marine invasive alien species: a threat to global biodiversity [J]. Marine Policy, 27: 313-323.

Beaugrand G, Edwards M, Raybaud V, et al., 2015. Future vulnerability of marine biodiversity compared with contemporary and past changes [J]. Nature Climate Change, 5: 695-701.

Beckman R, Bernard L, 2013. The use of PSSAs in the South China Sea [C] //Wu S, Zou K. Securing the Safety of Navigation in East Asia. Oxford: Chandos Publishing, 245-257.

Bento R, Hoey A S, Bauman A G, et al., 2015. The implications of recurrent disturbances within the world's hottest coral reef [J]. Marine Pollution Bulletin, 54 (1): 39-58.

Bewers J M, Pernetta J C, 2013. Outcomes of the SCS project and their applicability to multilateral cooperative initiatives for the management of coastal seas and marine basins [J]. Ocean & Coastal Management, 85: 268-275.

Blenckner T, Niiranen S, 2013. 4. 16 Biodiversity-Marine Food-Web Structure, Stability, and Regime Shifts [J]. Climate Vulnerability, 4: 203-212.

Boyes S J, Elliott M, Thomson S M, et al., 2007. A proposed multiple-use zoning scheme for the Irish Sea:

An interpretation of current legislation through the use of GIS-based zoning approaches and effectiveness for the protection of nature conservation interests [J]. Marine Policy, 31 (3): 287-298.

Brenkert H, Gailus J L, Johnson A, et al., 2004. Integrated Research Paradigm: A Neorealist Model for Environmental Sociology [R]. Working paper for research program on environment and behavior No. EB 2004—0003, Institute of Behavioral Science, University of Colorado at Boulder.

Brooks T M, Mittermeier R A, da Fonseca G A B, et al., 2006. Global biodiversity conservation priorities [J]. Science, 313: 58-61.

Burke L, Reytar K, Spalding M, et al., 2011. Reefs at Risk Revisited [R]. Washington DC, World Resources Institute.

Burrows M T, Schoeman D S, Buckley L B, et al., 2011. The Pace of Shifting Climate in Marine and Terrestrial Ecosystems [J]. Science, 334: 652-655.

Butchart S H M, Walpole M, Collen B, et al., 2010. Global biodiversity: Indicators of recent declines [J]. Science, 328: 1164-1168.

Campbell M L, Hewitt C L, 2006. A hierarchical framework to aid biodiversity assessment for coastal zone management and marine protected area selection [J]. Ocean & Coastal Management, 49 (3-4): 133-146.

Campbell M S, Stehfest K M, Votier S C, et al., 2014. Mapping fisheries for marine spatial planning: Gear-specific vessel monitoring system (VMS), marine conservation and offshore renewable energy [J]. Marine Policy, 45: 293-300.

CBD (Convention on Biological Diversity), 2002. Strategic Plan for the Convention on Biological Diversity [OL]. https: //www. cbd. int/decision/cop/default. shtml? id=7200.

CBD, 1995. Draft programme for further work on marine and coastal biological diversity [R]. COP/2/Decision/II/10, http: //www. cbd. int/ decision/cop/? id=7083.

Christensen V, Piroddi C, Coll M, et al., 2011. Fish biomass in the world ocean: a century of decline [R]. Working paper series of Fisheries Centre, University of British Columbia, https: //www. researchgate. net/publication/234554484_Working_Paper_Series_Fish_biomass_in_the_world_ocean_A_century_of_decline

Cicin-Sain B, Knecht R W, 1998. Integrated Coastal and Ocean Management: Concepts and Practices [M]. Washington D. C.: Island Press, 23-31.

Costello M J, 2015. Biodiversity: the known, unknown, and rates of extinction [J]. Current Biology, 25 (9): R368-R371.

Costello M J, Ballantine B, 2015. Biodiversity conservation should focus on no-take Marine Reserves [J]. Trends in Ecology & Evolution September, 30 (9): 507-509.

Costello M J, Coll M, Danovaro R, et al., 2010. A Census of Marine Biodiversity Knowledge, Resources, and Future Challenges [J]. PLoS ONE, 5: e12110.

Crews D, Mclachlan J A, 2006. Epigenetics, Evolution, Endocrine Disruption, Health, and Disease [J].

Endocrinology, 147 (6): 4-10.

Crowder L, Norse E, 2008. Essential ecological insights for marine ecosystembased management and marine spatial planning [J]. Marine Policy, 32: 772-778.

Davidson A D, Boyer A G, Kim H, et al., 2012. Drivers and hotspots of extinction risk in marine mammals [J]. PNAS, 109 (9): 3395-3400.

Davis S M C, 2009. Rethinking biodiversity conservation effectiveness and evaluation in the national protected areas systems of tropical islands: The case of Jamaica and the Dominican Republic [D]. Wilfrid Laurier University.

Deudero S, Alomar C, 2015. Mediterranean marine biodiversity under threat: Reviewing influence of marine litter on species [J]. Marine Pollution Bulletin, 98: 58-68.

Dirzo R, Young H S, Galetti M, et al., 2014. Defaunation in the Anthropocene. Science, 345: 401-406.

Douvere F, 2010. Marine spatial planning: Concepts, current practice and linkages to other management approaches [D]. Ghent University, Belgium.

Douvere F, Ehler C, 2008. Special volume: the role of marine spatial planning in implementing ecosystem-based, sea use management: Introduction [J]. Marine Policy, 32: 759-761.

Douvere F, Ehler C, 2009a. Ecosystem-based Marine Spatial Management: An Evolving Paradigm for the Management of Coastal and Marine Places [J]. Ocean Yearbook, 23 (1): 1-7.

Douvere F, Ehler C, 2009b. New perspectives on sea use management: initial findings from European experience with marine spatial planning [J]. Journal for Environmental Management, 90: 77-88.

Douvere F, Maes F, Vanhulle A, et al., 2005. The role of spatial planning in sea use management: the Belgian case [J]. Marine Policy, 31: 182-91.

Druel E, Gjerde K M, 2014. Sustaining marine life beyond boundaries: Options for an implementing agreement for marine biodiversity beyond national jurisdiction under the United Nations Convention on the Law of the Sea [J]. Marine Policy, 49: 90-97.

Druel E, Ricard P, Rochette J, et al., 2012Governance of Marine Biodiversity in Areas Beyond National Jurisdiction at the Regional Level: Filling the Gaps and Strengthening the Framework for Action [R]. IDDRI Studies NO. 04, 102, http: //www. iddri. org/Iddri/.

Dunn D C, Ardron J, Bax N, et al., 2014. The Convention on Biological Diversity's Ecologically or Biologically Significant Areas: Origins, development, and current status [J]. Marine Policy, 49: 137-145.

Dunstan P K, Bax N J, Dambacher J M, et al., 2016. Using ecologically or biologically significant marine areas (EBSAs) to implement marine spatial planning [J]. Ocean & Coastal Management, 121: 116-127.

Edgar G J, Langhammer P F, Allen G, et al., 2008. Key biodiversity areasas globally significant target sites for the conservation of marine biological diversity [J]. Aquatic Conservation: Marine and Freshwater Ecosystems, 983: 969-83.

Editorial, 2012. Marine environmental quality and biodiversity [J]. Marine Environmental Research, 76: 1-2.

Ehler C, 2008. Conclusions: Benefits, lessons learned, and future challenges of marine spatial planning [J]. Marine Policy, 32 (5): 840-843.

Ehler C, Douvere F, 2009. Marine Spatial Planning: a step-by-step approach toward ecosystem-based management [R]. Intergovernmental Oceanographic Commission and Man and the Biosphere Programme. IOC Manual and Guides No. 53, ICAM Dossier No. 6. Paris: UNESCO.

Eken G, Bennun L, Brooks T M, Darwall W, et al., 2004. Key biodiversity areas as site conservation targets [J]. Bioscience, 54: 1110-1118.

Esteban R, 2008. The Turtle Island Heritage Protected Area (TIHPA): the possibilities and limits of trans-border conservation [R]. The 12th Biennial Conference of the International Association for the Study of Commons: Governing shared resources: connecting local experience to global challenges, Gloucestershire, UK, July 14-18, 12.

Fabri M C, Pedel L, Beuck L, et al., 2014. Megafauna of vulnerable marine ecosystems in French mediterranean submarine canyons: Spatial distribution and anthropogenic impacts [J]. Deep-Sea Research Ⅱ, 104: 184-207.

FAO, 2020. The State of World Fisheries and Aquaculture 2020 — Sustainability in action [R]. Rome.

FAO, 2003. Status and trends in mangrove area extent worldwide [C]. Wilkie M L, Fortuna S, eds. Forest Resources Assessment Working Paper No. 63. Rome: Forest Resources Division, FAO.

FAO, 2009. International Guidelines for the Management of Deep-sea Fisheries in the High Seas [R]. Rome, FAO.

FAO, 2018. The State of World Fisheries and Aquaculture 2018 -Meeting the sustainable development goals. Rome.

Ferrol-Schulte D, Gorris P, Baitoningsih W, et al., 2015. Coastal livelihood vulnerability to marine resource degradation: A review of the Indonesian national coastal and marine policy framework [J]. Marine Policy, 52: 163-171.

Fidelman P, Evans L, Fabinyi M, et al., 2012. Governing large-scale marine commons Contextual challenges in the Coral Triangle [J]. Marine Policy, 36: 42-53.

Folke C, Carpenter S, Walker B, et al., 2004. Regime shifts, resilience, and biodiversity in ecosystem management [J]. Annual Review of Ecology, Evolution, and Systematics, 35: 557-581.

Fujioka E, Halpin P N, 2014. Spatio-temporal assessments of biodiversity in the high seas [J]. Endang Species Res, 24: 181-190.

Funge-Smith S, Briggs M, Miao W, 2012. Regional overview of fisheries and aquaculture in Asia and the Pacific 2012 [R]. Asia-Pacific Fishery Commission, FAO Regional Office for Asia and the Pacific. RAP Publication 2012/26, 139.

Gallopín G C, 2006. Linkages between vulnerability, resilience, and adaptive capacity [J]. Global Environmental Change, 16: 293-303.

Gilliland P M, Laffoley D, 2008. Key elements and steps in the process of developing ecosystem-based marine spatial planning [J]. Marine Policy, 32: 787-796.

Gjerde K, Rulska-Domino A, 2012. Marine protected areas beyond national jurisdiction: some practical perspectives for moving ahead [J]. International Journal of Marine & Coastal Law, 27 (2): 351-373.

Graham N A J, Chabanet P, Evans R D, et al., 2011. Extinction vulnerability of coral reef fishes [J]. Ecology Letters, 14: 341-348.

Green J, Bohannan B J M, 2006. Spatial scaling of microbial biodiversity [J]. Trends in Ecology & Evolution, 21 (9): 501-507.

Grilo C, Chircop A, Guerreiro J, 2012. Prospects for Transboundary Marine Protected Areas in East Africa [J]. Ocean Development & International Law, 43: 3, 243-266.

Guerreiro J, Chircop A, Dzidzornu D, et al., 2011. The role of international environmental instruments in enhancing transboundary marine protected areas: An approach in East Africa [J]. Marine Policy, 35: 95-104.

Halpern B S, Frazier M, Potapenko J, et al., 2015. Spatial and temporal changes in cumulative human impacts on the world's ocean [J]. Nature Communications, 6: 7615.

Halpern B S, Lester S E, McLeod K L, 2010. Placing marine protected areas onto the ecosystem based management seascape [J]. PNAS, 107 (43): 18312-18317.

Halpern B S, Walbridge S, Selkoe K A, et al., 2008. A global map of human impact on marine ecosystems [J]. Science, 319: 948-952.

Halpin P N, Read A J, Fujioka E, et al., 2009. OBIS-SEAMAP: The world data center for marine mammal, sea bird, and sea turtle distributions [J]. Oceanography, 22 (2): 104-115.

Hammond A, 1992. World Resources 1992-1993: Towards Sustainable Development [R]. Oxford: Oxford University Press.

Hauck J, Görg C, Varjopuro R, et al., 2013. Benefits and limitations of the ecosystem services concept in environmental policy and decision making: Some stakeholder perspectives [J]. Environmental Science & Policy, 25: 13-21.

Hector A, Bagchi R, 2007. Biodiversity and ecosystem multifunctionality [J]. Nature, 448: 188-191.

Hein L, Van Koppen K, DeGroot R S, VanIerland E C, 2006. Spatial scales, stakeholders and the valuation of ecosystem services [J]. Ecological Economics, 57: 209-228.

HELCOM (Helsinki Commission), 2006. Baltic Marine Environment Protection Commission, Nature Protection and Biodiversity Group [R]. Minutes of the eighth meeting, Annex4.

HELCOM (Helsinki Commission), 2016. Ecological coherence assessment of the Marine Protected Area network in the Baltic. Balt. Sea Environ. Proc, No. 148.

Hooper D U, Adair E C, Cardinale B J, et al., 2012. A global synthesis reveals biodiversity loss as a major driver of ecosystem change [J]. Nature, 486: 105-109.

Hutchings J A, Baum J K, 2005. Measuring marine fish biodiversity: temporal changes in abundance, life history and demography [J]. Philosophical Transactions of the Royal Society B Biological Sciences, 360 (1454): 315-338.

Hutchings J A, Ricard C M D, Baum J K, et al., 2010. Trends in the abundance of marine fishes [J]. Canadian Journal of Fisheries and Aquatic Science, 67: 1205-1210.

IHO (International Hydrographic Organization), 1953. Limits of Oceans and Seas [M]. International Hydrographic Organization, Bremerhaven, PANGAEA, http://scsenc. eahc. asia/spec. php.

IMO, 2001. Additional Protection for Particularly Sensitive Sea Areas (PSSAs) [R]. IMO/MPEC 46/6/1.

IUCN/WCPA, 1997. Special issue on parks for peace [J]. PARKS, 7 (3): 1-56.

IUCN/WCPA, 2008. Establishing Marine Protected Area Networks-Making It Happen [R]. IUCN World Commission on Protected Areas, National Oceanic and Atmospheric Administration and the Nature Conservancy. Washington, D. C.

Jacinto M R, Songcuan A J G, Yip G V, et al., 2015. Development and application of the fisheries vulnerability assessment tool (Fish Vool) to tuna and sardine sectors in the Philippines [J]. Fisheries Research, 161: 174-181.

Jacquet J, Blood-Patterson E, Brooks C, et al., 2016. Rational use in Antarctic waters. Marine Policy, 63: 28-34.

Juffe-Bignoli D, Burgess N D, Bingham H, et al., 2014. Asia Protected Planet 2014 [R]. UNEP-WCMC: Cambridge, UK.

Juinio - Meñez M A, 2015. Biophysical and Genetic Connectivity Considerations in Marine Biodiversity Conservation and Management in the South China Sea [J]. Journal of International Wildlife Law & Policy, 18 (2): 110-119.

Kachel M J, 2008. Particularly Sensitive Sea Areas: The IMO's Role in Protecting Vulnerable Marine Areas [M]. Berlin Heidelberg: Springer.

Kao S M, 2015. International Practices on the Management of Fishery Resources: Lessons Learnt for the South China Sea [J]. Journal of International Wildlife Law & Policy, 18 (2): 165-183.

Kaschner K, Tittensor D P, Ready J, et al., 2011. Current and future patterns of global marine mammal biodiversity [J]. PLoS ONE, 6 (5): e19653.

Katharina H, Knill C, 2005. Causes and conditions of cross-national policy convergence [J]. Journal of European public policy, 12 (5): 775-796.

Katsanevakis S, Stelzenmüller V, South A, et al., 2011. Ecosystem-based marine spatial management: Review of concepts, policies, tools, and critical issues [J]. Ocean & Coastal Management, 54: 807-820.

Kelly C, Gray L, Shucksmith R J, et al., 2014. Investigating options on how to address cumulative impacts in marine spatial planning [J]. Ocean & Coastal Management, 102: 139-148.

Kenchington R, Hutchings P, 2012. Science, biodiversity and Australian management of marine ecosystems [J]. Ocean & Coastal Management, 69: 194-199.

Kendall M A, Aschan M, 1993. Latitudinal gradients in the structure of macrobenthic communities: a comparison of Arctic, temperate and tropical sites [J]. Journal of Experimental Marine Biology and Ecology, 172: 157-169.

Kendall M A, Aschan M, 1993. Latitudinal gradients in the structure of macrobenthic communities: a comparison of Arctic, temperate and tropical sites [J]. Journal of Experimental Marine Biology and Ecology, 172: 157-169.

Keohane R O, 1985. International Institutions: Two Approaches [C]. Kenneth A O, eds., Cooperation under Anarchy. New Jersey: Princeton University Press, 159.

Keohane R O, Nye J S, 2012. 权力与相互依赖（第四版）[M] //门洪华译. 北京：北京大学出版社, 120-122.

Kidd S, Plater A, Frid C, 2013. 海洋规划与管理的生态系统方法 [M] //徐胜, 等译. 北京：海洋出版社, 18.

Kim J E, 2013. The incongruity between the ecosystem approach to high seas marine protected areas and the existing high seas conservation regime [J]. Aegean Review of the Law of the Sea and Maritime Law, (1-2): 1-36.

Kimball L, 2005. The international legal regime of the high seas and the seabed beyond the limits of national jurisdiction and options for cooperation for the establishment of marine protected areas (MPAs) in marine areas beyond the limits of national jurisdiction [R]. Technical series no. 19. Secretariat of the Convention on Biological Diversity, Montreal.

Kohler-Koch B, 2005. European Governance and system integration [J]. European Governance Papers (EUROGOV), C-05-01: 6.

Koricheva J, Siipi H, 2004. The phenomenon of Biodiversity [C] //Oksanen M, Pietarinen J. Philosophy and Biodiversity. Cambridge: Cambridge University Press, 31.

Langhammer P F, Bakarr M I, Bennun L A, et al., 2007. Identification and Gap Analysis of Key Biodiversity Areas: Targets for Comprehensive Protected Area Systems [R]. Gland, Switzerland: IUCN.

Leeuwen J V, 2015. The regionalization of maritime governance: Towards a polycentric governance system for sustainable shipping in the European Union [J]. Ocean & Coastal Management, 117: 23-31.

Lengyel S, Kosztyi B, Ölvedi B T, et al., 2014. Conservation strategies across spatial scales [C]. Henle K, Potts S G, Kunin W E, et al., Scaling in ecology and biodiversity conservation. Sofia: Pensoft Publishers.

Lewison R L, Crowder L B, Wallace B P, et al., 2014. Global pattern of marine mannal, seabird and sea turtle bycatch reveal taxa-specific and cumulative megafauna hotspots [J]. PNAS, 111 (14): 5271-5276.

Li J, Amer R, 2015. Closing the Net Against IUU Fishing in the South China Sea: China's Practice and Way Forward [J]. Journal of International Wildlife Law & Policy, 18 (2): 139-164.

Liu J Y, 2013. Status of Marine Biodiversity of the China Seas [J]. PlosOne, 8 (1): 1-24.

Loreau M, Naeem S, Inchausti P, 2002. Biodiversity and ecosystem functioning [M]. Oxford: Oxford University Press, 79-114.

Lundin C G, Linděn O, 1993. Coastal ecosystem: attempts to manage a threatened resource [J]. Ambio, 22: 468-473.

Luther D, Greenburg R, 2009. Mangroves: a global perspective on the evolution and conservation of their terrestrial vertebrates [J]. Bioscience, 59: 602-612.

Mackelworth P, 2012. Peace parks and transboundary initiatives: implications for marine conservation and spatial planning [J]. Conservation Letters, 5: 90-98.

Mangubhai S, Erdmann M V, Wilson J R, et al., 2012. Papuan Bird's Head Seascape: Emerging threats and challenges in the global center of marine biodiversity [J]. Marine Pollution Bulletin, 64: 2279-2295.

McCallum J W, Vasilijevi M, Cuthill I, 2015. Assessing the benefits of Transboundary Protected Areas: A questionnaire survey in the Americas and the Caribbean [J]. Journal of Environmental Management, 149: 245-252.

Mccauley D J, Pinsky M L, Palumbi S R, et al., 2015. Marine defaunation: animal loss in the global ocean [J]. Science, 347 (6219): 1255641-1255641.

McLellan L, Nickson A, Benn J, 2005. Marine Turtle Conservation in the Asia Pacific Region [R]. WWF.

McManus J W, Menez L A B, 1997. Potential Effects of a Spratly Island Marine Park [J]. Proceeding of the International Coral Reef Symposium, 2: 1943-1948.

McManus J W, Shao K T, Lin S Y, 2010. Toward Establishing a Spratly Islands International Marine Peace Park: Ecological Importance and Supportive Collaborative Activities with an Emphasis on the Role of Taiwan [J]. Ocean Development & International Law, 41: 270-280.

Monastersky R, 2014. Biodiversity: Life-a status report [J]. Nature, 516: 158-161.

Morzaria-Luna H N, Turk-Boyer P, Moreno-Baez M, 2014. Social indicators of vulnerability for fishing communities in the Northern Gulf of California, Mexico: Implications for climate change [J]. Marine Policy, 45: 182-193.

Muñoz P D, Sayago-Gil M, Murillo F J, et al., 2012. Actions taken by fishing Nations towards identification and protection of vulnerable marine ecosystems in the high seas: The Spanish case (Atlantic Ocean) [J]. Marine Policy, 36: 536-543.

Myers N, Mittermeier R A, Mittermeier C G, et al., 2000. Biodiversity hotspots for conservation priorities [J]. Nature, 403: 853-858.

Möllmann C, Diekmann R, Muller-Karulis B, et al., 2009. Reorganization of a large marine ecosystem due to atmospheric and anthropogenic pressure：a discontinuous regime shift in the Central Baltic Sea [J]. Global Change Biology，15：1377-1393.

Nagelkerken I，2009. Evaluation of Nursery Function of Mangroves and Seagrass Beds for Tropical Decapods and Reef Fishes：Patterns and Underlying Mechanisms [C]. Nagelkerken I，ed. Ecological Connectivity among Tropical Coastal Ecosystems. New York：Springer.

Newton A，Weichselgartner J，2014. Hotspots of coastal vulnerability：A DPSIR analysis to find societal pathways and responses [J]. Estuarine，Coastal and Shelf Science，140：123-133.

Nieto A，Ralph G M，Comeros-Raynal MT，et al.，2015. European Red List of marine fishes [M]. Luxembourg：Publications Office of the European Union.

Nijman V，2010. An overview of international wildlife trade from Southeast Asia [J]. Biodiversity Conservation，19：1101-1114.

Nye J S，Welch D A，2014. 理解全球冲突与合作：理论与历史 [M]. 张小明译. 上海：上海人民出版社，302-304.

Ong J E，1993. Mangroves -a carbon source and sink [J]. Chemosphere，27：1097-1107.

Ong P S，Afuang L E，Rosell-Ambal R G，2002. Philippine Biodiversity Conservation Priorities：A Second Iteration of the National Biodiversity Strategy and Action Plan [R]. Department of Environment and Natural Resources Protected Areas and Wildlife Bureau，Conservation International-Philippines，Biodiversity Conservation Program-University of the Philippines Center for Integrative and Development Studies，and Foundation for the Philippine Environment. Quezon City，Philippines.

Paterson C J，Pernetta J C，Siriraksophon S，et al.，2013. Fisheries refugia：A novel approach to integrating fisheries and habitat management in the context of small-scale fishing pressure [J]. Ocean and Coastal Management，85：213-228.

Paterson C，Try I，Tambunan P，et al.，2006. Establishing a Regional System of Fisheries Refugia [J]. Fish for the People，4（1）：22-27.

PEMSEA（Partnerships in Environmental Management for the Seas of East Asia），2015. Sustainable Development Strategy for the Seas of East Asia（SDS-SEA）[R]. PEMSEA，Quezon City，Philippines.

Pernetta J C，Jiang Y，2013. Managing multi-lateral，intergovernmental projects and programmes：the case of the UNEP/GEF South China Sea project [J]. Ocean & Coastal Management，85：141-152.

Pham C K，Vandeperre F，Menezes G，et al.，2015. The importance of deep-sea vulnerable marine ecosystems for demersal fish in the Azores [J]. Deep-Sea Research I，96：80-88.

Poiani K A，Richter B D，Anderson M G，et al.，2000. Biodiversity Conservation at Multiple Scales-Functional Sites，Landscapes，and Networks [J]. BioScience，50（2）：133-146.

Polidoro B A，Carpenter K E，Collins L，et al.，2010. The loss of species：mangrove extinction risk and geographic areas of global concern. PLoS ONE，5：e10095.

Queffelec B, Cummins V, Bailly D, 2009. Integrated management of marine biodiversity in Europe: Perspectives from ICZM and the evolving EU Maritime Policy framework [J]. Marine Policy, 33: 871-877.

Rees S E, Fletcher S, Gall S C, et al., 2014. Securing the benefits: Linking ecology with marine planning policy to examine the potential of a network of Marine Protected Areas to support human wellbeing [J]. Marine Policy, 44: 335-341.

Reuterswärd I, 2015. Valuation of Ecosystem Services in Ecosystem-Based Marine Spatial Planning in the Baltic Sea Region [R]. Lund University, IIIEE Theses, 04.

Rice J, Gjerde K M, Ardron J, et al., 2011. Policy relevance of biogeographic classification for conservation and management of marine biodiversity beyond national jurisdiction, and the GOODS biogeographic classification [J]. Ocean & Coastal Management, 54: 110-122.

Riera R, Becerro M A, Stuart-Smith R D, et al., 2014. Out of sight, out of mind: Threats to the marine biodiversity of the Canary Islands (NE Atlantic Ocean) [J]. Marine Pollution Bulletin, 86: 9-18.

Roberts J, 2007. Marine Environment Protection and Biodiversity Conservation -The Application and Future Development of the IMO's Particularly Sensitive Sea Area Concept [M]. Berlin Heidelberg: Springer-Verlag.

Roberts J, Tsamenyi M, Workman T, et al., 2005. The Western European PSSA proposal: a "politically sensitive sea area" [J]. Marine Policy, 29: 431-440.

Rochette J, Unger S, Herr D, et al., 2014. The regional approach to the conservation and sustainable use of marine biodiversity in areas beyond national jurisdiction [J]. Marine Policy, 49: 109-117.

Rogers A D, Gianni M, 2010. The Implementation of UnGa Resolutions 61/105 and 64/72 in the management of Deep-Sea fisheries on the high Seas [R]. Report prepared for the Deep-Sea Conservation Coalition. International Programme on the State of the Ocean, London, United Kingdom.

Rusli M H B M, 2012. Protecting vital sea lines of communication: A study of the proposed designation of the Straits of Malacca and Singapore as a particularly sensitive sea area [J]. Ocean & Coastal Management, 57: 79-94.

Sala E, Knowlton N, 2012. Global marine biodiversity trends [OL]. http://www.eoearth.org/view/article/153033

Selig E R, Turner W R, Troëng S, et al., 2014. Global Priorities for Marine Biodiversity Conservation [J]. PLoS ONE, 9 (1): e82898.

Shepherd C R, Nijman V, 2007. An overview of the regulation of the freshwater turtle and tortoise pet trade in Jakarta, Indonesia [R]. TRAFFIC Southeast Asia, Kuala Lumpur.

Sherman K, 1994. Sustainability, biomass yields, and health of coastal ecosystems: An ecological perspective [J]. Marine Ecology Progress Series, 112: 277-301.

Shucksmith R, Gray L, Kelly C, et al., 2014. Regional marine spatial planning - The data collection and mapping process [J]. Marine Policy, 50: 1-9.

Singleton R L, Roberts C M, 2014. The contribution of very large marine protected areas to marine conservation: Giant leaps or smoke and mirrors? [J]. Marine Pollution Bulletin, 87: 7-10.

Smit B, Wandel J, 2006. Adaptation, adaptive capacity and vulnerability [J]. Global Environmental Change, 16: 282-292.

Spalding M D, Blasco F, Field C D, et al., 1997. World Mangrove Atlas [R]. The International Society for Mangrove Ecosystems, Okinawa, Japan, 1-178.

Spalding M D, Fox H E, Allen G R, et al., 2007. Marine ecoregions of the world: a bioregionalization of coastal and shelf areas [J]. Bioscience, 57: 573-583.

Spalding M D, Ravilious C, Green E P, 2001. World Atlas of Coral Reefs [M]. Berkeley: University of California Press.

Sudara S, Fortes M, Nateekanjanalarp Y, et al., 1994. Human uses and destruction of ASEAN seagrass beds [C]. Wilkinson C R (ed.). Living Coastal Resources of Southeast Asia: Status and Management. Report of the Consultative Forum Third ASEAN-Australia Symposium on Living Coastal Resources. Thailand: Australian Agency for International Development, 110-113.

Tallis H, Kennedy C M, Ruckelshaus M, et al., 2015. Mitigation for one & all: An integrated framework for mitigation of development impacts on biodiversity and ecosystem services [J]. Environmental Impact Assessment Review, 55: 21-34.

Tammi I, Kalliola R, 2014. Spatial MCDA in marine planning: Experiences from the Mediterranean and Baltic Seas [J]. Marine Policy, 48: 73-83.

Tittensor D P, Mora C, Jetz W, et al., 2010. Global Patterns and Predictors of Marine Biodiversity across Taxa [J]. Nature, 466: 1098-1103.

Tomascik T, Mah A J, Nontji A, et al., 1997. The Ecology of the Indonesian Seas (Part 1) [R]. Dalhousie University, Periplus Editions (HK) Ltd, 1-642.

Torres-Pulliza D, Wilson J R, Darmawan A, et al., 2013. Ecoregional scale seagrass mapping: A tool to support resilient MPA network design in the Coral Triangle [J]. Ocean & Coastal Management, 80: 55-64.

Tun K, Chou L M, Yeemin T, et al., 2008. Status of coral reefs in Southeast Asia [C]. Wilkinson C. Status of Coral Reefs of the World: 2008. Global Coral Reef Monitoring Network (GCRMN) and Reef and Rainforest Research Center, 131-144.

Turner R A, Fitzsimmons C, Forster J, et al., 2014. Measuring good governance for complex ecosystems: Perceptions of coral reef-dependent communities in the Caribbean [J]. Global Environmental Change, 29: 105-117.

U. S. Environmental Protection Agency (EPA), 2009. A framework for categorizing the relative vulnerability of threatened and endangered species to climate change [R]. National Center for Environmental Assessment, Washington, DC; EPA/600/R-09/011, Available from the National Technical Information Service, Springfield, VA, and online at http: //www. epa. gov/ncea.

Uggla Y, 2007. Environmental protection and the freedom of the high seas: The Baltic Sea as a PSSA from a Swedish perspective [J]. Marine Policy, 31: 251-257.

UN, 2006. UN Report of the Secretary-General A/61/63. UN General Assembly sixty-first session.

UNEP, 2004. Mangroves in the South China Sea [R]. UNEP/GEF/SCS Technical Publication No. 1, UNEP, Bangkok, Thailand.

UNEP, 2006. Reversing environmental degradation trends in the South China Sea and Gulf of Thailand [R]. Report of the Seventh Meeting of the Regional Working Group on Seagrass, UNEP/GEF/SCS/RWG-SG. 7/3.

UNEP, 2007. National Reports on Coral Reefs in the Coastal Waters of the South China Sea [R]. UNEP/GEF/SCS Technical Publication No. 11. UNEP, Bangkok, Thailand.

UNEP, 2008a. National Reports on Mangroves in South China Sea [R]. UNEP/GEF/SCS Technical Publication No. 14. UNEP, Bangkok, Thailand.

UNEP, 2008b. National Reports on Seagrass in South China Sea. UNEP/GEF/SCS Technical Publication No. 12. UNEP, Bangkok, Thailand.

UNEP, 2008c. Strategic Action Programme for the South China Sea [R]. UNEP/GEF/SCS Technical Publication No. 16, UNEP, Bangkok, Thailand.

UNEP, 2011. Taking Steps toward Marine and Coastal Ecosystem-Based Management: An Introductory Guide [R]. UNEP Regional Seas Reports and Studies.

UNEP-MAP-RAC/SPA, 2003. Strategic Action Programme for the Conservation Of Biological Diversity (SAP BIO) in the Mediterranean Region [R]. Tunis.

UNEP-MAP-RAC/SPA, 2010. The SPAMIs of the Mediterranean Sea [R]. RAC/SPA edit., Tunis, 59.

UNEP-MAP-RAC/SPA, 2015. Best practices and case studies related to the management of large marine transboundary areas: Options for the preparation of joint proposals for inclusion in the SPAMI List in accordance with Article 9 of the SPA/BD Protocol [R]. By Johnson, D. E. and Tejedor, A. Ed. RAC/SPA, Tunis.

UNEP-WCMC, 2008. National and Regional Networks of Marine Protected Areas: A Review of Progress [R]. UNEP-WCMC, Cambridge.

UNEP-WCMC, 2014. Global statistics from the World Database on Protected Areas (WDPA), August 2014. Cambridge, UK: UNEP-WCMC.

Valavanidis A, Vlachogianni T, 2013. Ecosystems and Biodiversity Hotspots in the Mediterranean Basin: Threats and conservation efforts [OL]. Science advances on Environment, Toxicology & Ecotoxicology issues, www. chem-tox-ecotox. org

Valencia M J, Dyke J M V, 1998. Comprehensive Solutions to the SCS Disputes: Some Options II [C]. Blake G, Pratt M, Schofield C, et al (eds.). Boundaries and Energy: Problems and Prospects. London: Kluwer Law International, 85-117.

Vallega A，2002. The regional approach to the ocean，the ocean regions，and ocean regionalization−a post−modern dilemma［J］. Ocean & Coastal Management，45：721−760.

Vasilijevi　M，Zunckel K，McKinney M，et al.，2015. Transboundary Conservation：A systematic and integrated approach［R］. Best Practice Protected Area Guidelines Series No. 23，Gland，Switzerland：IUCN.

Veron J E N，De Vantier L M，Turak E，et al.，2009. Delineating the Coral Triangle［J］. Galaxea，Journal of Coral Reef Studies，11：91−100.

Vo S T，2010. An analysis on biodiversity in western waters of the South China Sea［C］. In：Proceeding of Scientific Conference for 35th Anniversary of Vietnamese Academy of Science and Technology. Publishing House of Natural Science and Technology，Ha Noi，316−322.

Vo S T，Pernetta J C，Paterson C J，2013. Status and trends in coastal habitats of the South China Sea［J］. Ocean & Coastal Management，85：153−163.

Wallace B P，Kot C Y，Dimatteo A D，et al.，2013. Impacts of fisheries bycatch on marine turtle populations worldwide：toward conservation and research priorities［J］. Ecosphere，4（3）：331−341.

Waycott M，Duarte C M，Carruthers T J B，et al.，2009. Accelerating loss of seagrasses across the globe threatens coastal ecosystems［J］. Proceedings of the National Academy of Sciences，106（30）：12377−12381.

Webb T J，Mindel B L，2015. Global patterns of extinction risk in marine and non−marine systems［J］. Current Biology，25（4）：506−511.

Wiering M，Verwijmeren J，2012. Limits and borders：stages of transboundary water management［J］. Journal of Borderlands Studies，27：257−72.

Wilkinson C，Caillaud A，DeVantier L，et al.，2006. Strategies to reverse the decline in valuable and diverse coral reefs，mangroves and fisheries：The bottom of the J−Curve in Southeast Asia［J］? Ocean & Coastal Management，49：764−778.

Wilkinson C，DeVantier L，Talaue−McManus L，et al.，2005. South China Sea［R］. GIWA Regional assessment No. 54. University of Kalmar，Kalmar，Sweden.

Williams M，Mannix H，Yarincik K，et al.，2011，供决策者参考的海洋生物普查计划摘要［R］. www. coml. org

WorldFish Center，2011. Aquaculture，Fisheries，Poverty and Food Security［R］. Working Paper，65，2011.

Worm B，Barbier E B，Beaumont N，et al.，2006. Impacts of biodiversity loss on ocean ecosystem services［J］. Science，314（5800）：787−790.

Worm B，Hilborn R，Baum J K，et al.，2009. Rebuilding global fisheries［J］. Science，325：578−585.

Worthington T A，M D Spalding，2018. Mangrove Restoration Potential：A global map highlighting a critical opportunity［R］.

Worthington T，Bunting P，Cormier N，et al.，2019. Mangrove restoration potential：A global map highlighting a critical opportunity［C］. The 5th international Mangrove Macrobenthos and Management meeting（MMM5）.

WRI（World Resources Institute），2011. Reefs at risk revisited [R]. Washington DC.

Wright G，Ardron J，Gjerde K，et al.，2015. Advancing marine biodiversity protection through regional fisheries management：A review of bottom fisheries closures in areas beyond national jurisdiction [J]. Marine Policy，61：134-148.

Zou K，2015. Managing Biodiversity Conservation in the Disputed Maritime Areas：The Case of the South China Sea [J]. Journal of International Wildlife Law & Policy，18（2）：97-109.

缩略语

ABNJ	Areas Beyond National Jurisdiction	国家管辖外海域
ACB	ASEAN Centre for Biodiversity	东盟生物多样性中心
AIS	Automatic Identification System	自动识别系统
APEIs	Areas of Particular Environmental Interest	特别环境利益区
APFIC	Asia-Pacific Fishery Commission	亚太渔业委员会
APM	Associated Protective Measures	相关保护措施
ASEAN	Association of Southeast Asian Nations	东南亚国家联盟（简称“东盟”）
ASMAs	Antarctic Specially Managed Areas	南极特别管理区
ASPAs	Antarctic Specially Protected Areas	南极特别保护区
ATBAs	Areas to Be Avoided	禁航区
BAHC	Biospheric Aspects of Hydrological Cycle	水循环生物学计划
BISE	Biodiversity Information System for Europe	欧洲生物多样性信息系统
BLG	Biodiversity Liaison Group	生物多样性联络组
BSR	Baltic Sea Region	波罗的海区域
CBD	Convention on Biological Diversity	《生物多样性公约》
CCAMLR	Commission for the Conservation of Antarctic Marine Living Resources	南极海洋生物资源养护委员会
CITES	Convention on International Trade in Endangered Species of Wild Fauna and Flora	《濒危野生动植物物种国际贸易公约》（《华盛顿公约》）

CMS	Convention on the Conservation of Migratory Species of Wild Animals	《保护迁徙野生动物物种公约》(《波恩公约》)
COBSEA	Coordinating Body for the Seas of East Asia	东亚海协调机构
CoML	Census of Marine Life	国际海洋生物普查计划
CTI	Coral Triangle Initiative	珊瑚礁三角区项目
DIVERSITAS	An International Programme of Biodiversity Science	国际生物多样性科学计划
DOC	Declaration on the Conduct of Parties in the South China Sea	《南海各方行为宣言》
DPSIR	Drivers-Pressure-State-Impact-Response	驱动力-压力-状态-影响-响应
EAS	East Asian Seas	东亚海项目
EAS/RCU	East Asian Seas Regional Coordinating Unit of UNEP	东亚海区域协调处
EBM	Ecosystem-based Management	基于生态系统管理
EB-MSM	Ecosystem-based Marine Spatial Management	基于生态系统的海洋空间管理
EB-MSP	Ecosystem-based Marine Spatial Planning	基于生态系统的海洋空间规划
EBSAs	Ecologically or Biologically Significant Areas	具有重要生态学或生物学意义的区域
EMG	Environmental Management Group	环境管理工作组
ENC	Electronic Navigational Chart	电子航海图
ES	Ecosystem Service	生态系统服务
FAO	Food and Agriculture Organization	联合国粮食与农业组织
GBA	Global Biodiversity Assessment	全球生物多样性评估
GEF	Global Environment Fund	全球环境基金

HELCOM	Helsinki Commission	赫尔辛基委员会
ICM	Integrated Coastal Management	海岸带综合管理
IMO	International Maritime Organization	国际海事组织
IOC	Intergovernmental Oceanographic Commission	政府间海洋学委员会
IPBES	Intergovernmental Science-Policy Platform on Biodiversity and Ecosystem Services	政府间生物多样性和生态系统科学与政策服务平台
IHO	International Hydrographic Organization	国际水文组织
IUCN	International Union for Conservation of Nature	国际自然保护联盟
IUU	Illegal, Unreported and Unregulated	非法的、未报告的和未受规制的
IWC	International Whaling Commission	国际捕鲸委员会
KBAs	Key Biodiversity Areas	关键生物多样性区域
LME	Large Marine Ecosystem	大海洋生态系统
MAP	Mediterranean Action Plan	地中海行动计划
MARPOL	International Convention for the Prevention of Pollution from Ships	《防治船舶污染国际公约》
MEA	Millennium Ecosystem Assessment	《千年生态系统评估》
MEDU	MAP Coordinating Unit	地中海行动计划协调机构
MEOW	Marine Ecoregions of the World	世界海洋生态区域
MEPC	Marine Environment Protection Committee	海洋环境保护委员会
MPA	Marine Protected Areas	海洋保护区
MSDC	Mediterranean Sustainable Development Commission	地中海可持续发展委员会
MSP	Marine Spatial Planning	海洋空间规划
MSY	Maximum Sustainable Yield	最大持续渔获量
OSPAR	Convention for the Protection of the Marine Environment of the North-East Atlantic	《保护东北大西洋海洋环境公约》

PEMSEA	Partnerships in Environmental Management for the Seas of East Asia	东亚海环境管理伙伴关系计划
PSSAs	Particular Sensitive Sea Areas	特别敏感海域
RACs	Regional Activity Centres	区域行动中心
RFMO/As	Regional Fisheries Management Organizations/ Agreements	区域性渔业管理组织或协议
ROG	Regional Ocean Governance	区域海洋治理
RSP/As	Regional Seas Programmes	区域海洋计划
SAP BIO	Strategic Action Programme for the Conservation of Biological Diversity in the Mediterranean	地中海生物多样性养护战略行动计划
SAs	Special Areas	特别区域
SCIs	Sites of Community Importance	具有共同体重要性的地点
SEAFDEC	Southeast Asian Fisheries Development Center	东南亚渔业发展中心
SOLAS	International Convention for the Safety of Life at Sea	《国际海上人命安全公约》
SPA/BD	Protocol concerning "Specially Protected Areas and Biological Diversity"	《特别保护区和生物多样性的议定书》
SPAMI	Specially Protected Areas of Mediterranean Importance	具有区域重要性的特别保护区域
TDA	Transboundary Diagnostic Analysis	跨界诊断分析
TMC	Transboundary Marine Conservation	跨界海洋养护
TMSP	Transboundary Marine Spatial Planning	跨界海洋空间规划
TSS	Traffic Separation Schemes	分道通航制度
UNCLOS	United Nations Convention on the Law of the Sea	《联合国海洋法公约》
UNDP	United Nations Development Programme	联合国开发计划署
UNEP	United Nations Environment Programme	联合国环境规划署

UNESCO	United Nations Educational, Scientific, and Cultural Organization	联合国教科文组织
VASAB	Vision and Strategies around the Baltic Sea	波罗的海区域空间规划与发展愿景及战略发展委员会
VMEs	Vulnerable Marine Ecosystems	脆弱海洋生态系统
VTS	Vessels Traffic Services	船舶交通管理
WCPA	World Commission on Protected Areas	世界保护区委员会
WCPFC	Western and Central Pacific Fisheries Commission	中西太平洋渔业委员会
WHC	Convention Concerning the Protection of the World Cultural and Natural Heritage	《保护世界文化和自然遗产公约》(《世界遗产公约》)
WWF	World Wildlife Fund	世界自然基金会